高等学校计算机专业规划教材

SQL Server 数据库管理与开发实用教程

第2版

李丹 赵占坤 丁宏伟 石建国 主编

赵尔丹 钟莲 石彦芳 副主编

Practical Coursebook on SQL Server Database Management and Development

机械工业出版社
China Machine Press

图书在版编目（CIP）数据

SQL Server 数据库管理与开发实用教程 / 李丹等主编 . —2 版 . —北京：机械工业出版社，
2015.10

（高等学校计算机专业规划教材）

ISBN 978-7-111-51821-1

I. S… II. 李… III. 关系数据库系统 – 高等学校 – 教材 IV. TP311.138

中国版本图书馆 CIP 数据核字（2015）第 245292 号

　　本书通过实例循序渐进地讲解了 SQL Server 2014 的理论知识和基本操作。主要内容包括：数据库的基本原理、SQL Server 2014 概述、数据库和表的创建与管理、表中数据的查询、Transact_SQL、索引、视图、游标、事务、存储过程、触发器、SQL Server 的安全性管理、备份与恢复、SQL Server 提供的应用程序接口、应用开发实例等。

　　本书突出实际技能的培养，每章后都有实训项目和习题，可加深学生对知识的理解。 此外，全书还用一个综合性的实例贯穿始终，逐步实现一个完整数据库系统的设计。最后的应用实例使学生能够开发自己的数据库管理系统，真正做到学以致用。

　　本书既可作为高职高专及大专相关专业教材，同时也可供广大初学者和数据库技术人员使用。

出版发行：机械工业出版社（北京市西城区百万庄大街 22 号　邮政编码：100037）

责任编辑：李　艺　　　　　　　　　　　　责任校对：殷　虹
印　　刷：北京诚信伟业印刷有限公司　　　版　　次：2015 年 11 月第 2 版第 1 次印刷
开　　本：185mm×260mm　1/16　　　　　印　　张：19.75
书　　号：ISBN 978-7-111-51821-1　　　　定　　价：39.00 元

前　言

随着信息技术的迅猛发展，数据库技术已被广泛应用于社会各个领域。各大型数据库管理系统的发展和企业对数据可靠性及安全性要求的不断提高，使得旧的数据库管理系统已经不能满足用户需求。SQL Server 2014 是 Microsoft 公司发布的最新的企业级关系型数据库管理系统，为用户提供了完整的数据管理和分析解决方案，满足了目前和未来管理及使用数据的需求，是新一代数据库管理与商业智能平台。

本书是编者在多年从事数据库教学和开发的基础上编写出来的，以实例为载体，采取理论和实践相结合的方式，一方面详细阐述了 SQL Server 2014 数据库的基本知识，另一方面注重数据库的实际开发与应用，以一个销售管理系统开发实例贯穿始末。在学习了本书后，读者能够快速掌握 SQL Server 2014 的相关知识并进行数据库开发。通过对项目程序中源代码的详细分析、学习，读者可以充分理解并掌握各章节中提出的概念，真正做到举一反三、融会贯通。

全书共分 14 章。第 1 章介绍数据库的基础知识和 SQL Server 2014 概述。第 2 章介绍数据库的创建与管理。第 3 章介绍表的创建，包括表结构的修改，约束及数据的插入、修改和删除。第 4 章介绍数据查询的使用。第 5 章介绍索引的创建与使用。第 6 章介绍视图的创建与使用。第 7 章介绍 Transact-SQL，包括变量、函数、批处理、条件判断语句和循环语句。第 8 章介绍游标、事务和锁。第 9 章介绍存储过程的创建与调用。第 10 章介绍触发器的创建。第 11 章介绍 SQL Server 2014 的安全性管理。第 12 章介绍数据库的备份与恢复以及数据的导入和导出。第 13 章介绍 SQL Server 提供的应用程序接口。第 14 章介绍一个应用实例——销售管理系统的具体实现过程。

本书由李丹、赵占坤、丁宏伟、石建国担任主编，赵尔丹、钟连、石彦芳担任副主编，耿兴隆、薛玉倩参编。其中，第 1、11 章由李丹编写，第 2、3、4 章由丁宏伟编写，第 5、6 章由石建国编写，第 7 章由石彦芳编写，第 8 ~ 10 章和第 14 章由赵占坤编写，第 12 章由赵尔丹编写，第 13 章由钟连编写。本书所有章节的实训项目和习题由耿兴隆和薛玉倩编写。在编写过程中，参考了大量的相关技术资料和程序开发源码，在此向资料的作者深表谢意。书中全部程序都已上机调试通过。由于编者水平和时间有限，书中难免有错误和疏漏之处，敬请各位同行和读者不吝赐教，以便及时修订和补充。

另外，如果读者在使用本书的过程中有什么问题可直接与编者联系，编者的 E-mail 为 LiDan8583@eyou.com。

编者
2015 年 7 月

教 学 建 议

教学章节	教学要求	课时
第 1 章 SQL Server 2014 概述	掌握关系数据库的基础知识	2
	了解 SQL Server 的历史、版本等 掌握 SQL Server 2014 的安装	2
	了解 SQL Server 2014 的常用工具 掌握注册服务器的方法	2
第 2 章 数据库的创建和管理	掌握数据库文件和文件组的概念 掌握数据库的存储结构 掌握创建、修改和删除数据库的方法	4
第 3 章 表的创建	掌握表结构的创建、修改和删除	4
	掌握表中数据的插入、修改和删除	4
	掌握约束的创建、修改和删除 掌握数据完整性的概念	4 ~ 6
第 4 章 数据查询	掌握使用 SELECT 语句操作表中的数据	12 ~ 16
第 5 章 索引的创建与使用	掌握索引的概念及优点 掌握索引的分类 掌握索引的创建、修改和删除	4
第 6 章 视图的创建与使用	了解视图的概念及优点 掌握视图的创建、修改和删除 掌握通过视图修改数据表的数据	4
第 7 章 Transact_SQL	掌握全局变量与局部变量 掌握常用运算符及其优先级 掌握常用函数的格式及用法	4
	了解批处理的概念 掌握流程控制语句 了解异常处理	4
第 8 章 游标、事务和锁	了解游标的定义和使用游标修改数据 掌握事务的概念 了解锁的概念	4
第 9 章 存储过程	了解存储过程的概念 掌握存储过程的创建、修改和删除 掌握存储过程的执行	8
第 10 章 触发器	了解触发器的概念 掌握触发器的创建、查看、修改和删除	4
第 11 章 SQL Server 2014 的安全性管理	了解 SQL Server 身份验证模式 掌握两种登录账户的管理 掌握数据库用户管理 掌握角色、权限管理 了解架构的概念	4

（续）

教学章节	教学要求	课时
第 12 章 数据库的备份和恢复	掌握备份的分类 了解备份设备的概念 掌握备份和恢复的方法 了解恢复数据的其他方法及数据的导入和导出	4
第 13 章 SQL Server 提供的应用程序接口	了解通过 ODBC、ADO.NET、JDBC 与 SQL Server 的连接	2（选讲）
第 14 章 应用实例——销售管理系统	掌握一个完整数据库管理系统的开发流程	16 ~ 20（选讲）
总学时	核心知识技能模块（第 1 ~ 13 章）学时建议	76 ~ 82
	技能提高模块（第 14 章）学时建议	16 ~ 20

说明：

1）建议课堂教学全部在多媒体机房内完成，实现"讲－练"结合。

2）建议教学分为核心知识技能模块（前 13 章的内容）和技能提高模块（第 14 章的内容），其中核心知识技能模块建议教学学时为 76 ~ 82，技能提高模块建议教学学时为 16 ~ 20，不同学校可以根据各自的教学要求和计划学时对教学内容进行取舍。

目　录

第1章　SQL Server 2014 概述

SQL Server 是一款优秀的数据库产品，性能好、可靠性高、易于管理。SQL Server 2014 是 Microsoft 公司发布的最新的企业级关系型数据库管理系统，它基于 SQL Server 2012 的强大功能，为用户提供了完整的数据管理和分析解决方案，是新一代数据库管理与商业智能平台。

本章学习要点：

- 关系数据库基本概念
- SQL Server 2014 的版本及组件
- SQL Server 2014 的安装、启动和退出
- SQL Server 2014 常用工具的使用

1.1　关系数据库基础知识

当今社会是一个信息社会，我们每天的工作、学习和生活都会接触到大量的信息，如雇员信息、工资报表、学生信息、课程信息、考试成绩等。通常我们将这些数据分门别类地保存在表格中。如果雇员数量很多，用户就必须借助工具以简化数据管理和数据查询的工作，例如可以将这些表格保存到计算机中。计算机不但能保存数据，还能对数据进行管理和维护，但需要借助于数据库技术。数据库技术是计算机应用领域中非常重要的技术，也是软件技术的一个重要分支。下面先来学习几个概念。

数据库（Database，DB）：数据库是存放数据的仓库，是相互关联的数据的集合。准确地说，它是长期存在计算机内，有组织、可共享的数据集合。它不仅包括描述事物的数据本身，而且包括相关事物之间的联系。例如，一个销售管理数据库可能包括如下信息：实体，如销售员、供应商、产品、订单和客户；实体间的关系，如销售员销售产品、供应商提供产品、客户发出订单等。

用户创建、管理和维护数据库必须有相应的计算机软件，即数据库管理系统。

数据库管理系统（Database Management System，DBMS）：数据库管理系统是位于用户与操作系统之间的数据管理软件，如 SQL Server、Oracle、MySQL 等。DBMS 能定义数据的存储结构，提供数据的操纵机制，维护数据库的安全性、完整性和可靠性。如今的数据库管理系统大多都建立在关系模型上，因此称为关系型数据库管理系统（Relational Database Management System，RDBMS）。

数据库系统（Database System，DBS）：一个由数据库、数据库管理系统、操作系统、编译系统、应用程序、计算机硬件和用户组成的复杂系统。

1.1.1　关系数据库的产生历史

数据处理是计算机应用中的一个重要组成部分，是对各种形式的资料进行分类、组

织、编码、存储、检索和维护的一系列活动的总和。其目的是从大量的、原始的资料中抽取、推导出对人们有价值的信息以作为行动和决策的依据。人们借助计算机进行数据处理，随着计算机硬件技术和软件技术的不断发展，对信息的处理经历了 3 个阶段：人工管理阶段、文件系统阶段、数据库系统阶段。

1. 人工管理阶段

20 世纪 50 年代中期以前，计算机主要用于科学计算。当时没有磁盘，也没有操作系统和管理数据的软件。此阶段的特点是：数据不能长期保存；系统中没有对数据进行管理的软件，由应用程序管理数据，数据是面向程序的；数据不具有独立性；数据不能共享。

2. 文件管理阶段

20 世纪 50 年代后期到 20 世纪 60 年代中期，计算机硬件和软件技术得到了发展，这时有了磁盘，操作系统中已经有了专门的数据管理软件，一般称为文件系统。此阶段的特点是：程序与数据有了一定的独立性，程序和数据分开存储，有了程序文件和数据文件的区别；数据文件可以长期保存；但数据冗余度大，缺乏数据独立性。

3. 数据库系统阶段

20 世纪 60 年代后期以来，计算机硬件和软件技术飞速发展，出现了数据库技术。数据库技术能有效地管理和存取大量的数据，避免以上两个阶段的缺点。采用数据库技术可实现数据共享，减少数据冗余；采用特定的数据模型；具有较高的数据独立性；并有统一的数据管理和控制功能。

数据库系统又经历了 3 个阶段：层次数据库、网状数据库和关系数据库。现在还出现了面向对象的数据库技术。自从 1970 年美国 IBM 公司 San Jos 研究室的研究员 Dr E.F.Codd 首次提出关系数据库系统的概念以来，随着数据库技术的发展，数据库产品越来越多。常见的关系型数据库管理系统有：SQL Server、Oracle、MySQL、DB2、Sybase、Informix 等；非关系型数据库（面向对象的）有：MongoDB、HBase 等。

1.1.2 关系数据库简介

自 20 世纪 80 年代以来，新推出的数据库管理系统几乎都是关系型数据库管理系统。E.F.Codd 指出：关系型数据库是一些相关的表和其他数据库对象的集合。这个定义包含了 3 层含义：

1）在关系数据库中，信息被保存在二维表格中，称为表（table）。一个关系型数据库包含多个数据表，每个表又包含行（记录）和列（字段），表的结构如图 1-1 所示。

图 1-1 表的结构

在关系模型中，行称为元组或记录，列称为属性或字段。字段规定了数据的特征。每个字段的数据类型、宽度等在创建表结构时定义。在图 1-1 中，编号、姓名、性别……就是字段。记录代表表的内容，记录是一个或多个字段的集合。在图 1-1 中，一个人的编号、姓名、性别等构成了一条记录，图中共有 4 条记录。

2）表和表之间是相互关联的。如部门表和雇员表，一个部门有多个雇员，每个雇员必须属于一个部门。表与表之间可以通过公共字段（部门编号）建立关系。这个公共字段叫作关键字，关键字分为主关键字（简称主键）和外部关键字（简称外键）。

主键是指表中的一列或多列的组合，该列的值可以唯一地标识表中的记录。如雇员表的编号、部门表的部门编号。每个表有且仅有一个主键。主键的值必须是唯一的，且不能为空。

外键是指表 B 中含有与另一个表 A 的主键相对应的列，那么该列在表 B 中称为外键。如图 1-2 所示，部门表中的部门编号是主键，雇员表中的部门编号是外键。我们把 A 表称为父表，B 表称为子表。

雇员表

编号	姓名	性别	出生日期	职称	部门编号
001	张三	男	1970-1-1	副教授	101
002	李四	女	1978-10-5	助教	101
003	王五	男	1974-9-8	讲师	102
004	赵六	男	1967-5-21	副教授	101

部门表

部门编号	部门名称
101	计算机系
102	教务处
103	办公室

图 1-2　表与表的关系

建立关系的目的是把独立存在的表连接起来，以获得有联系的信息。表和表之间有下列关系：

- 一对一关系（1:1）。假设有两个表——表 A 和表 B，表 A 中的一条记录在表 B 中有一条记录与之对应；反过来，表 B 中的一条记录在表 A 中仅有一条记录与之对应。例如，雇员表和工资表，一个雇员只有一个工资，而一个工资只能属于一个雇员，则雇员表和工资表之间具有一对一关系。
- 一对多关系（1:n）。假设有两个表——表 A 和表 B，表 A 中的一条记录在表 B 中有多条记录与之对应；反过来，表 B 中的一条记录在表 A 中仅有一条记录与之对应。例如，部门表和雇员表，一个部门有多个雇员，而一个雇员只能属于一个部门，则部门表和雇员表之间具有一对多关系。
- 多对多关系（m:n）。假设有两个表——表 A 和表 B，表 A 中的一条记录在表 B 中有多条记录与之对应；反过来，表 B 中的一条记录在表 A 中也有多条记录与之对应。例如，学生表和课程表，一个学生可以选修多门课程，而一门课程可以被多个学生选修，则学生表和课程表之间具有多对多关系。因为在数据库中不能表示出多对多的关系，所以在设计数据库时，必须增加一个表将一个多对多关系转化成两个一对多的关系。如增加学生课程成绩表，则学生表和学生课程成绩表之间是一对多关系，课程表和学生课程成绩表之间也是一对多的关系，如图 1-3 所示。

3）数据库中不仅包含表，而且包含其他对象，如视图、存储过程、索引等。这些对象的定义和创建将在后面的章节中介绍。

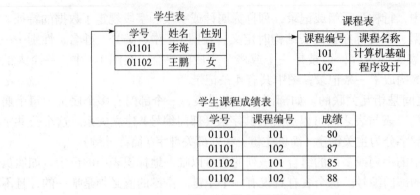

图 1-3　学生成绩关系图

1.1.3　关系数据库的设计

数据库设计的主要任务，是通过对现实世界中的数据进行抽象，得到符合现实世界要求的、能被 DBMS 支持的数据模型。下面介绍关系数据库的设计方法。

1. 设计的步骤

1）需求分析。通过调查、收集和分析，明确用户对数据库的要求。其中包括：信息要求，即用户要从数据库中获得的信息内容；处理要求，即用户要完成什么处理功能以及处理方式；安全性与完整性要求，即用户要达到的数据库安全和数据完整性约束。需求分析有助于确定数据库保存哪些信息，是设计过程的第一步，是数据库设计的关键。只有详细分析用户的需求，才有可能设计出满足用户要求的数据库。在收集信息的过程中，必须对数据中的关键对象（实体）加以识别，对象可能是一个实实在在的人或物，也可能是无形的东西，如商业事务等。

2）概念结构设计。此步骤是整个数据库设计的关键，它是对需求分析得到的用户需求进行综合、归纳与抽象，形成一个独立于具体 DBMS 的概念模型。在此步骤设计实体 – 关系模型，即 E-R 图。E-R 图的三大要素是：实体、属性、关系。

3）数据库的逻辑设计。将 E-R 图转化为关系模型，即生成表，并确定表中的列。

4）数据库的物理设计。真正实现规划好的数据库，是将一个满足用户信息需求的已确定的逻辑数据库结构转化为一个有效的、可实现的物理数据库结构的过程。

5）数据库性能的优化。改进数据库的读、写性能。

数据库设计是一个反复求精的过程，以上各步骤可能需要不断反复，直到满意为止。

2. 实体 – 关系模型（E-R 图）

实体 – 关系模型（Entity-Relationship Diagram，E-R 图）基于对象的模型，描述整个组织的概念模型，而不考虑数据库的物理设计及性能。它提供了表示实体、属性和关系的方法。E-R 图的表示方法为：

- 实体：用矩形表示，矩形框内写明实体名。
- 属性：用椭圆形表示，并用无向边将其与相应的实体连接起来。
- 关系：用菱形表示，菱形框内写明联系名，并用无向边分别与有关实体连接起来，同时在无向边旁标上关系的类型（$1:1$、$1:n$ 或 $m:n$）。图 1-4 所示的 E-R 图表示了学生和课程之间的关系。

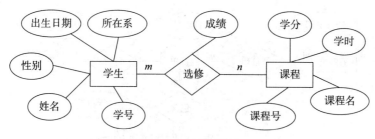

图 1-4 E-R 图示例

注意 不仅实体具有属性,关系也可以有属性。如图 1-4 中的"成绩"就是关系"选修"的属性。有时为了使 E-R 图简洁明了,常将图中的属性省略,而着重反映实体之间的关系。

3. 设计的原则

1)一个表描述一个实体或实体间的一种联系。

实体是客观存在并可相互区分的事物。实体可以是具体的人、事、物,也可以是抽象的概念或联系。例如,一个雇员、一个学生、一个部门、一门课、学生的一次选课、部门的一次订货等都是实体。每个实体可以设计为数据库中的一个表,即一个表描述一个实体或实体间的一种联系。

2)避免表之间出现重复字段。

除了保证表之间关系的外键外,还要尽量避免在表之间出现重复字段。这样做可以减少数据的冗余,防止在插入、删除和更新时造成数据不一致。例如,在课程表中有了课程名称字段,在学生课程成绩表中就不应再有课程名称字段,需要时可以通过两表联接找到。

3)表中的字段应是原始数据和基本数据元素。

表中不应包括通过计算得到的字段,如年龄字段,当需要查询年龄时,可以通过计算出生日期得到。

4)表中应由主键来唯一标识表中的记录,如学生表的学号、雇员表的雇员编号等。

5)用外键保证表之间的关系。

4. 数据库设计案例——销售管理系统

下面以为某单位设计一个销售管理数据库系统为例,具体讲解数据库设计的过程。

(1)项目的需求分析

通过销售管理数据库系统,用户可以对产品、客户、订单和销售员的信息进行增加、修改和删除,用户可以查询某销售员的销售业绩等。

(2)E-R 图的设计

根据需求分析,设计出如图 1-5 所示的 E-R 图。在这个 E-R 图中,有 5 个存储数据的主要实体,分别为:销售员、客户、产品、订单、产品种类。图中标出了每个实体的主属性。这些实体的关系可概括为:销售员可以开多个订单;客户可以拥有多张订单;一个订单中可以包含多种产品,相同的产品可以出现在不同的订单中;每种产品属于不同的种类,一个种类有多种产品。为简单起见,图 1-5 中只标出了主键属性。

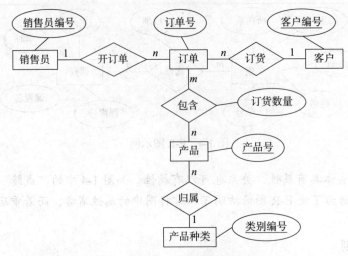

图 1-5　销售管理系统 E-R 图

（3）数据库的逻辑设计

将销售管理系统的 E-R 图转化为关系模型，即转化为相应的表，并确定各表的字段。把客户、销售员、产品、订单等每个实体都设计成一个独立的表。当确定表之后，为每个表设计字段。如销售员表中有编号、姓名、性别、出生日期、雇佣日期、地址、电话 7 个字段。产品表中有产品编号、产品名称、类别、单价、库存量、总价字段。其中，总价 = 单价 × 库存量。总价是计算的结果，不是基本的数据元素。因此，在产品表中删除该字段。确定每个表的字段后，确定表之间的关系。表之间的关系是通过主键和外键的参照关系体现的，针对上述表之间的 3 种关系，应该遵循以下原则：

- 表 A 和表 B 是一对一关系：既可以把表 A 的主键添加到表 B 中充当外键，也可以把表 B 的主键添加到表 A 中充当外键。
- 表 A 和表 B 是一对多关系：必须把表 A 的主键添加到表 B 中充当外键。在销售管理系统中，产品种类表和产品表是一对多关系，即一种产品种类中可以包括多种产品，而一种产品只能对应一个种类，所以产品表中的产品种类编号参照产品种类表中的主键——产品种类编号。客户表和订单表是一对多关系，即一个客户可以有多张订单，而一张订单只能属于一个客户。销售员和订单表也是一对多关系，即一个销售员可以开出多张订单，而一张订单只能由一个销售员开出。
- 表 A 和表 B 是多对多关系：除了生成表 A 和表 B 外，还应该生成一个关系表。这个关系表的字段是：由表 A 的主键 + 表 B 的主键 + 关系自己的属性。产品表和订单表是多对多关系，一张订单可以包含多种产品，一种产品可以出现在不同的订单中。因为多对多关系在数据库中不能直接表示出来，所以，除了生成产品表和订单表外，还应该生成一个订单详细信息表。订单详细信息表的字段包括订单编号（订单表的主键）、产品编号（产品表的主键）、数量（自己的属性），通过订单详细信息表把一个多对多的关系转换为两个一对多的关系，如图 1-6 所示。

产品

产品编号	产品名称	类别	单价	库存量

订单

订单号	客户编号	销售员号	定购日期	备注

订单详细信息

订单号	产品编号	数量

图 1-6　多对多关系的分解

通过前面的步骤确定了所需的表、字段和关系之后，应该再检查一下可能存在的缺陷和需要改进的地方。例如，是否遗忘了字段；是否有需要的信息没有包含进去；是否为每个表选择了合适的主键；是否有包含了同样字段的表；是否有字段很多而记录很少的表等。最后，生成如图 1-7 所示的逻辑数据库。

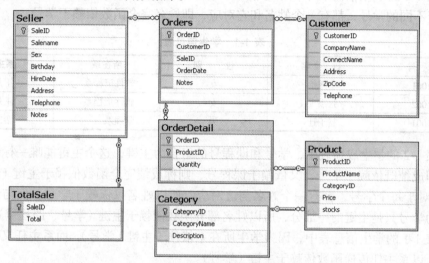

图 1-7　销售管理数据库的逻辑结构

（4）逻辑结构的物理实现

完成数据库的逻辑设计后，下一步是数据库的物理设计或数据库的物理实现。这一步骤首先根据设计的数据库的结构和以后的数据量查询和更新的频率，来决定选用哪个数据库管理系统。假定选择 SQL Server，然后根据具体的数据库管理系统来完成数据库的物理实现。在 SQL Server 中，需要创建数据库，创建表、视图等其他数据库对象。创建的方法是采用数据定义语言（Data Definition Language，DDL）或图形化工具来物理实现。具体的操作在后面的章节中会详细介绍。

1.1.4　关系数据库的规范化

设计数据库时，确保表中数据的一致性和相关性很重要。规范化是一个减少关系数据库中数据冗余的过程。冗余将导致以下问题：在插入、更新和删除数据时可能会导致数据的不一致；数据的重复存储更有可能造成数据不一致错误、浪费磁盘空间等。可以凭借经验和一些常规的理念来设计数据库（如前面所述），也可以使用系统方法（如规范化）来减少数据的冗余。因此，在设计数据库时，可以对数据库中的表进行规范化处理，以确保数据库更加规范。

规范化是通过使用某些规则，将复杂的表结构拆分成简单的表结构。规范化使得表的构成能够满足某些指定的规则并且代表某些范式。范式用于确保在数据库中不会引起各种异常和不一致。表结构始终是属于某种范式的。目前关系数据库主要有 4 种范式：第一范式（1NF）、第二范式（2NF）、第三范式（3NF）、BC 范式。第一、第二、第三范式最初是由 E.F.Codd 定义的。后来，Boyce 和 Codd 引入了另一种范式——Boyce-Codd 范式（BCNF）。一般情况下，数据库只需满足第三范式就可以了。

1. 相关概念

规范化理论是基于函数依赖的基础理论的。首先了解函数依赖的概念。

给定一个关系 R（表也可称为关系），如果 R 中的属性 B 的每个值完全与属性 A 的值相关联，则称属性 B 函数依赖于属性 A。换句话说，如果对于属性 A 的每个值来说，只有一个 B 值与其相关联，则属性 A 函数决定属性 B。

在表 1-1 的学生信息表中，学号能唯一标识学生信息表中的每一行，所以学号是主键。对于不同的学号，都有一个姓名和它对应，即姓名完全函数依赖于学号。

表 1-1　学生信息表

学　号	姓　名	性　别	所在系	系主任
081001	李海怡	女	软件工程系	王丹
081002	张杰	女	软件工程系	王丹
083001	赵子迁	男	管理系	秦宏利

在表 1-2 的学生成绩表中，学号和课程号的组合为主键，这个主键能唯一标识学生的成绩，即成绩既依赖于学号，又依赖于课程号，则称成绩完全函数依赖于主键（学号、课程号）。对于每个学号，都有一个姓名与之对应，所以姓名只依赖于学号，而与课程号无关。因为学号只是主键的一部分，所以姓名部分函数依赖于主键（学号、课程号）。

在表 1-1 的学生信息表中，因为学生所在系依赖于主键（学号），而系主任又依赖于所在系，所以系主任传递函数依赖于主键（学号）。

2. 范式

下面分别举例介绍第一范式、第二范式和第三范式。

（1）第一范式

当表的每个属性值都是不可再分的最小数据单元时，这个表就满足第一范式。第一范式是对关系模型的基本要求，不满足第一范式的数据库就不是关系数据库。表 1-3 的学生成绩表不是第一范式，因为课程号和成绩单元格可以再分割。当它转化为表 1-2 时满足第一范式。

表 1-2　学生成绩表　　　　　　　　　　表 1-3　非规范化的学生成绩表

学号	姓名	性别	课程号	成绩
081001	李海怡	女	101	80
081001	李海怡	女	102	90
083001	赵子迁	男	103	78

学号	姓名	性别	课程号	成绩
081001	李海怡	女	101	80
			102	90
083001	赵子迁	男	103	78

（2）第二范式

当一个表是第一范式，并且非主属性完全依赖于主键（不存在部分依赖）时，这个表就满足第二范式。表 1-2 中的学生成绩表是第一范式，但其存在部分依赖，姓名只依赖于主键（学号、课程号）中的一部分（学号），而不是整个主键，所以不是第二范式。将表转换为第二范式的方法是：将部分依赖的属性和被部分依赖的主属性从原表中分离，形成一个新表。在学生成绩表中，将具有部分依赖的属性姓名、性别和学号组成一个新表（学生表），这样成绩表（学号，课程号，成绩）和学生表（学号，姓名，性别）都满足第二范式。

（3）第三范式

当一个表是第二范式，并且每个非主属性仅函数依赖于主键（不存在传递依赖）时，这个表就满足第三范式。表 1-1 的学生信息表是第二范式，但存在传递依赖，因为系主任不但依赖于学号，还依赖于所在系（即所在系依赖于学号，而系主任又依赖于所在系，所以系主任传递依赖于学号，而不是直接依赖主键），所以不是第三范式。将表转换为第三范式的方法是：将具有传递依赖的属性从原表中分离，形成一个新表。在学生信息表中，将学生所在系和系主任组成一个新表，这样学生表（学号、姓名、性别、所在系）和系表（系名称、系主任）都满足第三范式。

1.2　SQL Server 简介

1.2.1　SQL Server 的历史

　　SQL Server 诞生于 1988 年，第一个版本是由 Sybase 公司、Microsoft 公司和 Asbton-Tate 公司联合开发的，只能在 OS/2 上运行，在市场是完全失败的。后来，Asbton-Tate 公司退出了 SQL Server 的开发。1993 年，SQL Server 4.2 For Windows NT Advanced Server 3.1 发布了。这个版本在市场上取得了一些进展，但不是一个企业级的 RDBMS。1994 年，Sybase 和 Microsoft 停止合作，各自开发自己的 SQL Server。Microsoft 公司致力于 Windows NT 平台的 SQL Server 开发，而 Sybase 公司则致力于 UNIX 平台的开发。1995 年，Microsoft 公司推出了 SQL Server 6.0。1996 年，推出了 SQL Server 6.5，SQL Server 6.5 是一个速度快、功能强、易使用、价格低的优秀数据库。1998 年，推出了 SQL Server 7.0 版本，此版本是一个真正的企业级数据库，从这个版本开始没有了 Sybase 代码，而是 100% 的 Microsoft 代码。2000 年，Microsoft 公司推出了 SQL Server 2000，它是微软 .NET 产品的重要组成部分，是大规模联机事务处理（OLTP）、数据仓库和电子商务应用程序的优秀数据库平台。2005 年，Microsoft 公司又推出了 SQL Server 2005，这是数据库引擎的又一次重写，将 SQL Server 进一步推向企业领域。SQL Server 2005 增加了许多新功能和技术，包括 Service Broker、通知服务、XQuery 等。此版本是具有里程碑性质的企业级数据库产品。它在企业级支持、商业智能应用、管理开发效率等诸多方面，较 SQL Server 2000 均有质的飞跃，是集数据管理与商业智能（BI）分析于一体的数据管理与分析平台。SQL Server 2008 是 SQL Server 的自然演变，增加了基于策略的管理、数据压缩、资源调控器以及关系数据类型之外的新功能，删除了通知服务。T-SQL 最终增加日期和时间数据类型和表值参数，恢复了调试器。SQL Server 2008 R2 主要关注新的商业智能特性以及对 SharePoint 2010 的支持。SQL Server 2012 作为新一代的数据平台产品，不仅延续了现有数据平台的强大能力，全面支持云技术与平台，并且能够快速构建相应的解决方案以实现私有云与公有云之间的数据扩展与应用迁移。针对大数据以及数据仓库，SQL Server 2012 提供了从数 TB 到数百 TB 全面端到端的解决方案。

　　SQL Server 2014 建立在之前版本提供的关键任务性能的基础上，为应用程序提供突破性的性能、可用性和可管理性。为联机事务处理（OLTP）和数据仓库提供内置到核心数据库中的新的内存数据库的功能，对现有内存中的数据仓库和 BI 功能加以补充。SQL Server 2014 还通过 Windows Azure 提供了新的灾难恢复、备份和混合体系结构解决方案，使客户能够将现有技能用于本地功能，从而利用 Microsoft 的全球数据中心。此外，SQL Server 2014 利用新的 Windows Server 2012 和 Windows Server 2012 R2 功能为物理环境或虚拟环境中的数据库应用程序提供非凡的可伸缩性。

1.2.2　SQL Server 的版本与组件

　　SQL Server 2014 的不同版本能够满足企业和个人在性能、运行以及价格上的不同要求。不同版本可用的功能差异很大，用户可以根据实际情况选择需要安装的版本。

1. SQL Server 2014 的版本

SQL Server 2014 包括如下 3 种主要版本：

- 企业版（Enterprise）（32 位和 64 位）：支持所有的 SQL Server 2014 特性，作为高级版本，SQL Server 2014 企业版提供了全面的高端数据中心功能，性能极为快捷，虚拟化不受限制，还具有端到端的商业智能，这使 SQL Server 成为能够处理关键任务的数据库。这个版本中也包含全部 BI 功能。
- 商务智能版（Business Intelligence，BI）（32 位和 64 位）：SQL Server 2014 商务智能版提供了综合性平台，可支持组织构建和部署安全，可扩展且易于管理的 BI 解决方案。它提供基于浏览器的数据浏览与可见性等卓越功能、强大的数据集成功能，以及增强的集成管理功能。
- 标准版（Standard）（32 位和 64 位）：SQL Server 2014 标准版提供了基本数据管理和商业智能数据库，是为规模有限的部门使用设计的。它使部门和小型组织能够顺利运行其应用程序并支持将常用开发工具用于内部部署和云部署，有助于以最少的 IT 资源获得高效的数据库管理。

除主要版本外，SQL Server 2014 还包括 Web 专业化版本，及针对特定用户应用而设计的扩展版（开发版和精简版）。

- Web 版（Web）（32 位和 64 位）：专业化版本的 SQL Server 面向不同的业务工作负荷，对于为从小规模至大规模 Web 资产提供可扩展性和可管理性功能的 Web 网站来说，SQL Server 2014 Web 版是一项总拥有成本较低的选择。
- 开发版（Developer）（32 位和 64 位）：SQL Server 2014 开发版支持开发人员基于 SQL Server 构建任意类型的应用程序。它包括企业版的所有功能，但有许可限制，只能用作开发和测试系统，而不能用作生产服务器。SQL Server 开发版是构建和测试应用程序人员的理想选择。
- 精简版（Express）（32 位和 64 位）：SQL Server 2014 精简版是入门级的免费数据库，是学习和构建桌面及小型服务器数据驱动应用程序的理想选择，也是独立软件供应商、开发人员和热衷于构建客户端应用程序人员的最佳选择。如果用户需要使用更高级的数据库功能，则可以将 SQL Server 精简版无缝升级到其他更高端的 SQL Server 版本。

2. SQL Server 2014 服务器组件

SQL Server 由数据库引擎、服务、商业智能工具及其他项（包括云功能）组成。

（1）SQL Server 数据库引擎

SQL Server 数据库引擎包括数据库引擎（用于存储、处理和保护数据安全的核心服务）、复制、全文搜索、用于管理关系数据和 XML 数据的工具以及 Data Quality Services（DQS）服务器。例如，在销售管理系统中，业务数据的添加、修改、删除、查询、安全控制等操作都是由数据库引擎完成的。

（2）分析服务（Analysis Service）

分析服务是在决策支持和商业智能解决方案（BI）中使用的联机分析数据引擎，它为商业报表和客户端应用程序（如 Excel、Reporting Services 报表和其他第三方 BI

工具）提供分析数据。分析服务还包括数据挖掘，用于发现隐藏在大量数据中的模式和关系。例如，在电子商务网站的销售系统中，可以使用分析服务对客户数据进行挖掘分析，发现更多有价值的信息和知识，为减少客户流失、提高管理水平提供有效的支持。

（3）报表服务（Reporting Service）

报表服务是基于服务器的报表平台，为各种数据源提供了完善的报表功能，包括用于创建、管理和部署表格报表、矩阵报表、图形报表以及自由格式报表的服务器和客户端组件。例如，在销售管理系统中，可以使用报表服务方便地生成所需的特定格式的报表。

（4）集成服务（Integration Service）

集成服务是用于生成企业级数据集成和数据转换解决方案的平台。可以提取和转换来自多种源（如 XML 数据文件、平面文件和关系数据源）的数据，然后将这些数据加载到一个或多个目标。例如，历史数据被存储在不同的数据库（Access、FoxPro、文本文件）中，现在需要合并数据并将其保存到数据库服务器的公共表中，集成服务为开发者提供了创建集成工程的平台。

1.2.3　数据库服务器的工作模式

1. 客户机 / 服务器模式

客户机 / 服务器（Client/Server，C/S）模式的应用又称为分布式应用。在该模式下，分布式应用程序中的数据处理不像传统方式那样集中在一台计算机上发生，而是把应用程序分为两部分：客户端和服务器端。在这种模式中，数据从客户端分离出来，存储在服务器上。而客户机和服务器通过网络连接相互通信。客户机通常用来完成用户界面的表示逻辑以及应用的业务逻辑；服务器通常用来存储数据、响应用户请求、从逻辑上维护数据。如果业务逻辑和表示逻辑结合在客户端，那么此客户机称为胖客户机，如图 1-8 所示。如果业务逻辑与数据库服务器结合起来，那么此服务器称为胖服务器。

在两层的 C/S 结构中，应用程序的升级要求所有的客户软件均要随之升级，并重新安装，这使得客户端的维护量较大；因此，系统的可扩展性、可维护性和可靠性较差。为了解决上述问题，出现了三层结构。在两层的基础上增加一个中间层，由客户机、应用服务器（中间层）和数据库服务器三层构成。

在三层结构中，客户机只用于实现表示逻辑（仅仅显示数据或接收用户输入的信息），而将业务逻辑交给应用服务器实现，如图 1-9 所示。应用服务器是数据库服务器和客户机之间的桥梁，客户应用程序不直接同数据库服务器打交道，而是间接从应用服务器获取数据。

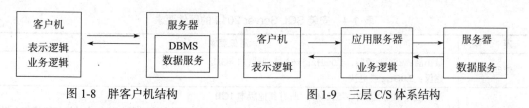

图 1-8　胖客户机结构　　　　　　　图 1-9　三层 C/S 体系结构

C/S 模式的典型例子有银行办理存取款业务、邮电局的各种汇款手续等使用的数据库系统。这种结构需要在每台计算机上安装专门的客户软件来存取后台数据库服务器的数据，主要是面向特定用户的基于行业的专门应用，缺点是客户机维护升级不方便。

2. 浏览器 / 服务器模式

浏览器 / 服务器（Browser/Server，B/S）模式是随着 Internet 技术的兴起，对 C/S 模式的一种变化或者改进的结构。由 Browser（浏览器）、Web 服务器、数据库服务器三层组成。在这三层中，Web 服务器担任中间层（应用服务器）的角色，它是连接数据库服务器的通道。在 B/S 模式中，无须在每台计算机上安装专门的软件，用户通过浏览器向 Web 服务器发出请求，服务器对浏览器的请求进行处理，将用户所需信息返回到浏览器。而其余的工作（如数据请求、加工、结果返回以及动态网页生成、对数据库的访问和应用程序的执行）全部由 Web 服务器完成，典型的例子有网上订票、购物等。在这种结构中，所有的业务逻辑都在 Web 服务器和数据库服务器上实现；如果业务逻辑变化了，只需对应用服务器进行修改和维护，客户端无须维护和升级。

1.3　SQL Server 2014 的安装

前面介绍了 SQL Server 2014 的版本与组件，在安装时可根据实际需要选择。SQL Server 2014 安装程序可以安装 SQL Server 的新实例或升级现有实例。多实例是指在同一台计算机上安装的多个 SQL Server 服务器。实例可分为默认实例和命名实例。

- 默认实例：使用计算机在网络上的名字来命名的实例。例如，一台计算机在网络上的名字是 HBSI，则这台计算机上运行的 SQL Server 服务器默认实例就是 HBSI。一台计算机上只能有一个默认实例。
- 命名实例：通过计算机在网络上的名字加上实例名字来标识，如"计算机名 \ 实例名"。在同一台计算机上可以运行多个命名实例。

无论是默认实例，还是命名实例，都有自己的一组程序文件和数据文件，同时还有在计算机上所有 SQL Server 实例之间共享的一组公共文件。对于包含数据库引擎、分析服务和报表服务的 SQL Server 实例，每个组件都有一套完整的数据文件和可执行文件，以及由所有组件共享的公共文件。

1.3.1　安装 SQL Server 2014 的系统需求

在开始安装 SQL Server 2014 前，最好先检查当前所使用的环境是否满足 SQL Server 2014 的需求。

1. 硬件要求

表 1-4 列出了不同版本的 SQL Server 2014 安装时对硬件的要求。

表 1-4　安装 SQL Server 2014 的硬件要求

硬　　件	最低要求
处理器速度	最小值：x86 处理器，1.0GHz；x64 处理器，1.4GHz 建议：2.0GHz 或更快
内存	最小值：精简版版本，512MB；所有其他版本 1GB 建议：精简版版本，1GB；所有其他版本，至少 4GB 并且应该随着数据库大小的增加而增加，以便确保最佳性能

（续）

硬　　件	最低要求
硬盘空间	SQL Server 2014 要求最少 6GB 的可用硬盘空间，磁盘空间要求随所安装的 SQL Server 2014 组件不同而发生变化 数据库引擎和数据文件、复制、全文搜索以及 Data Quality Services 需 811MB 分析服务和数据文件需 345MB 报表服务和报表管理器需 304MB 集成服务需 591MB 主数据服务（Master Data Service）需 243MB 客户端组件（除 SQL Server 联机丛书组件和集成服务工具之外）需 1823MB；用于查看和管理帮助内容的 SQL Server 联机丛书组件需 375KB
显示器	SQL Server 2014 要求有 Super-VGA（800×600）或更高分辨率的显示器

2. 软件要求

建议在使用 NTFS 文件格式的计算机上安装 SQL Server 2014。

安装 SQL Server 2014 需要安装 .NET Framework 3.5 SP1 或以上版本及支持 Windows PowerShell 2.0 环境。如果操作系统不具备该条件，可从微软官方网站下载并安装。

SQL Server 2014 安装时需要 SQL Server 本地客户端及 SQL Server 安装程序支持软件组件。

1.3.2　SQL Server 2014 的安装过程

下面以本地安装 SQL Server 2014 企业版为例，介绍安装的全过程。

1）启动 SQL Server 2014 安装程序，运行 setup.exe 文件，打开 "SQL Server 安装中心" 对话框，单击左侧导航区域中的 "安装" 选项卡，出现如图 1-10 所示的界面。

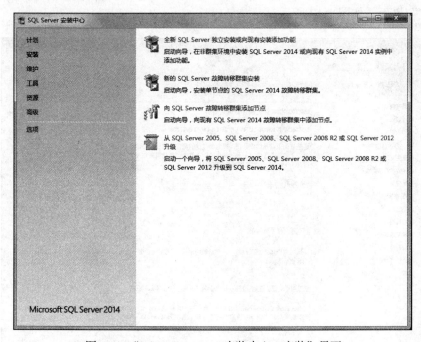

图 1-10　"SQL Server 2014 安装中心 – 安装"界面

2）选择 "全新 SQL Server 独立安装或向现有安装添加功能"，启动 SQL Server 2014

安装向导，弹出"产品密钥"界面，如图 1-11 所示。

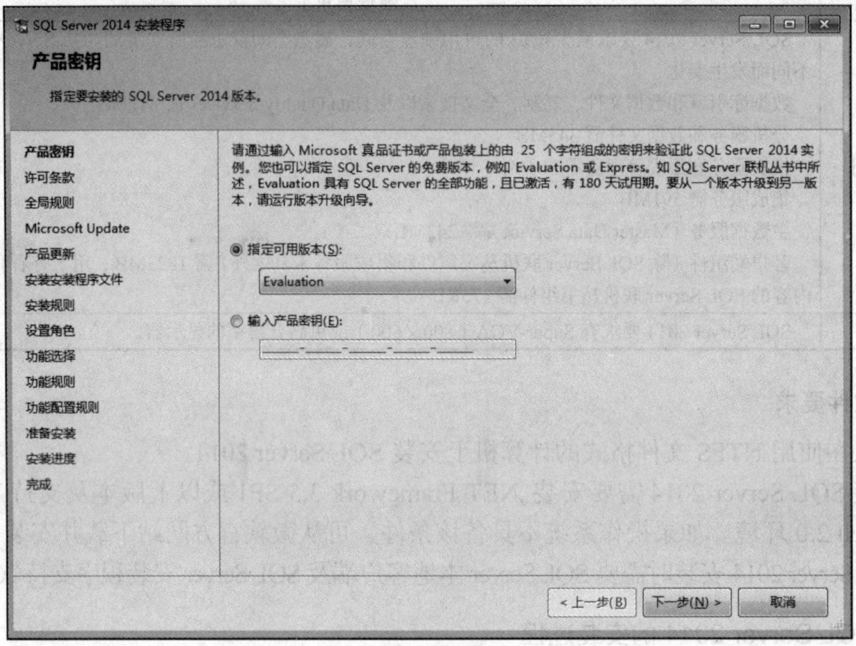

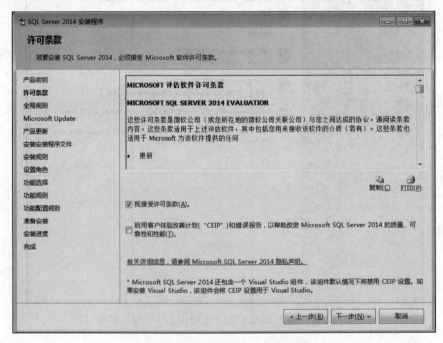

图 1-11 "产品密钥"界面

3）在"输入产品密钥"的文本框中输入产品序列号。如果使用免费版，选择"指定可用版本"，在下拉列表框中选择"Evaluation"选项，然后单击"下一步"按钮，弹出"许可条款"界面，如图 1-12 所示。

图 1-12 "许可条款"界面

4）选中"我接受许可条款"复选框，单击"下一步"按钮，弹出"全局规则"界面，如图 1-13 所示。

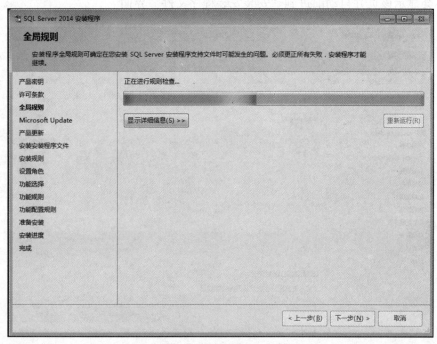

图 1-13 "全局规则"界面

5）单击"下一步"按钮，弹出"Microsoft Update"界面，如图 1-14 所示。

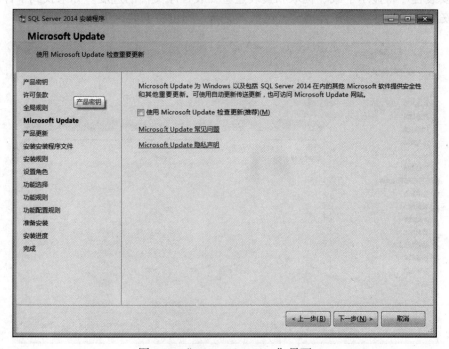

图 1-14 "Microsoft Update"界面

6）单击"下一步"按钮，弹出"产品更新"界面，如图1-15所示。在"产品更新"页中，显示最近提供的 SQL Server 产品更新。如果未发现任何产品更新，SQL Server 安装程序将不会显示该页并自动前进到"安装安装程序文件"界面。

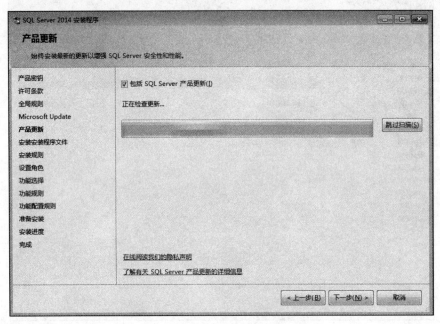

图1-15　"产品更新"界面

7）单击"下一步"按钮，弹出"安装安装程序文件"界面，如图1-16所示。在该界面上，安装程序将显示下载、提取和安装这些安装程序文件的进度。如果找到了针对 SQL Server 安装程序的更新，并且指定了包括该更新，则也将安装该更新。

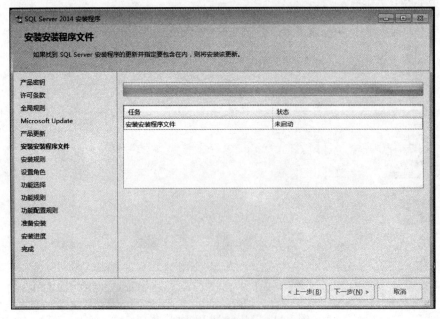

图1-16　"安装安装程序文件"界面

8）单击"下一步"按钮，弹出"安装规则"界面，如图 1-17 所示。通过运行安装规则，检查是否存在影响安装进程的项目。

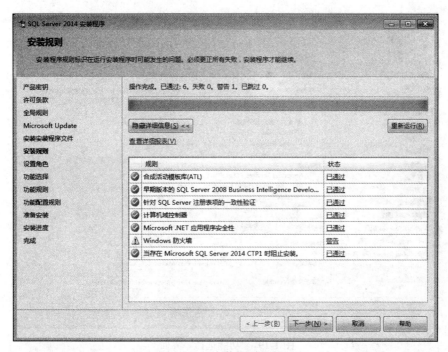

图 1-17　"安装规则"界面

9）单击"下一步"按钮，弹出"设置角色"界面，选择"SQL Server 功能安装"，如图 1-18 所示。

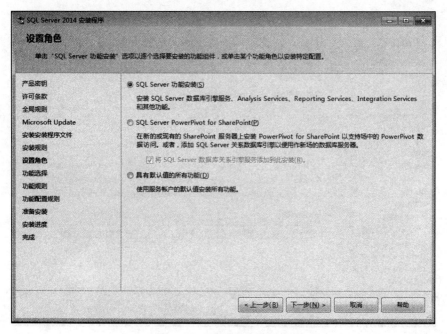

图 1-18　"设置角色"界面

　　10）单击"下一步"按钮，弹出"功能选择"界面，详尽地显示了组件的各个部分，如图 1-19 所示。用户可根据实际情况选择要安装的组件和设置安装路径。

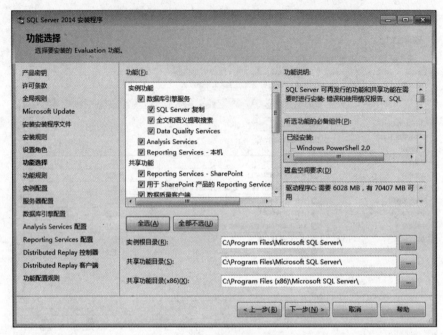

图 1-19　"功能选择"界面

　　11）选择安装组件后，单击"下一步"按钮，弹出"实例配置"界面，如图 1-20 所示。默认情况下，第一次安装 SQL Server 2014 时，安装程序将安装指定为默认实例。如果计算机已经安装了一个默认实例，则必须安装 SQL Server 2014 的命名实例。

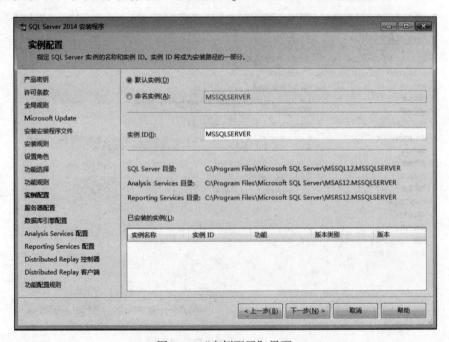

图 1-20　"实例配置"界面

12）单击"下一步"按钮，弹出"服务器配置"界面，如图 1-21 所示。使用默认的账户配置信息。

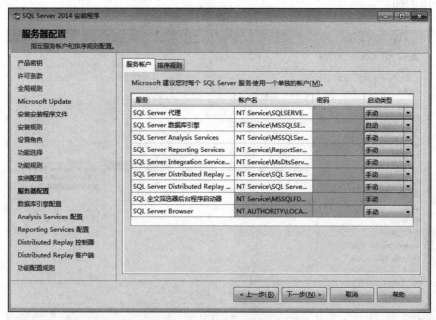

图 1-21 "服务器配置"界面

13）单击"下一步"按钮，弹出"数据库引擎配置"界面，设置"身份验证模式"和"指定 SQL Server 管理员"，如图 1-22 所示。选择"混合模式"选项，在下面的文本框中输入 sa 账户的密码。单击"添加当前用户"按钮，将当前用户设置为 SQL Server 管理员。（身份验证的内容将在第 11 章介绍）。

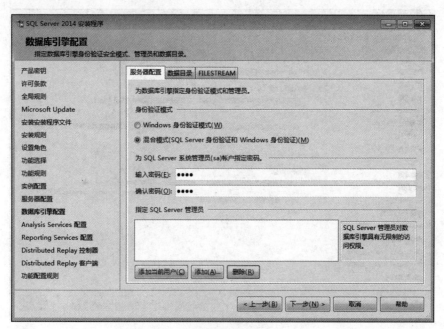

图 1-22 "数据库引擎配置"界面

14）单击"下一步"按钮，弹出"Analysis Services 配置"界面，指定 Analysis Services 服务器模式、管理员和数据目录，如图 1-23 所示（注：步骤 14 ~ 17 是否出现，是由功能选择组件决定的）。

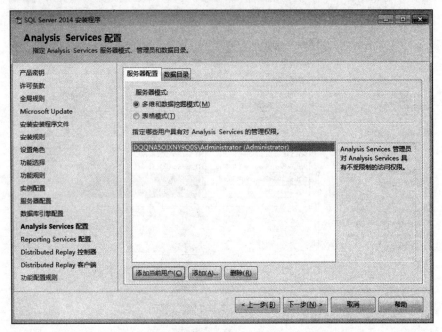

图 1-23　"Analysis Services 配置"界面

15）单击"下一步"按钮，弹出"Reporting Services 配置"界面，指定 Reporting Services 的配置模式，如图 1-24 所示。

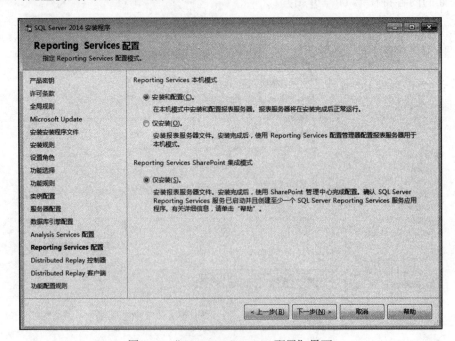

图 1-24　"Reporting Services 配置"界面

16）单击"下一步"按钮，弹出"Distributed Replay 控制器"界面，进入"分布式重播控制器"，指定哪些用户有对分布式重播控制器服务的权限，如图 1-25 所示。

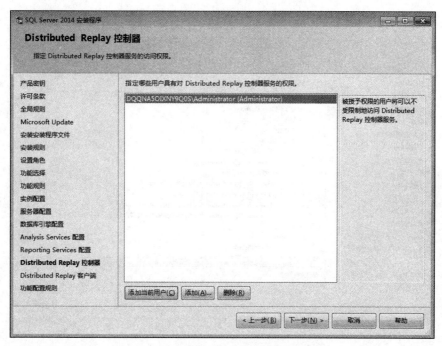

图 1-25　"Distributed Replay 控制器"界面

17）单击"下一步"按钮，弹出"Distributed Replay 客户端"界面，为分布式重播控制器指定相应的控制器和数据目录位置，如图 1-26 所示。

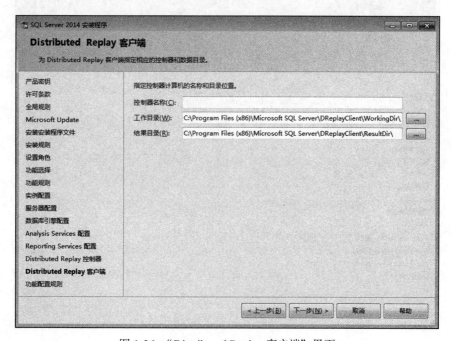

图 1-26　"Distributed Replay 客户端"界面

18）单击"下一步"按钮，弹出"准备安装"界面，"准备安装"页将显示安装期间指定的安装选项的树状结构，如图 1-27 所示。

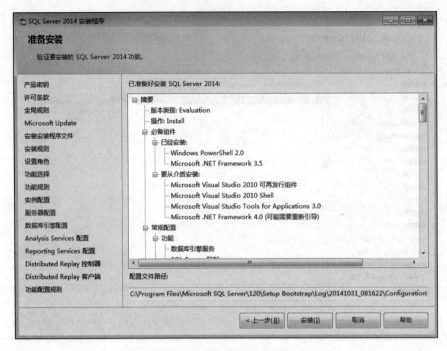

图 1-27   "准备安装"界面

19）单击"安装"按钮，弹出"安装进度"界面，开始安装，如图 1-28 所示。

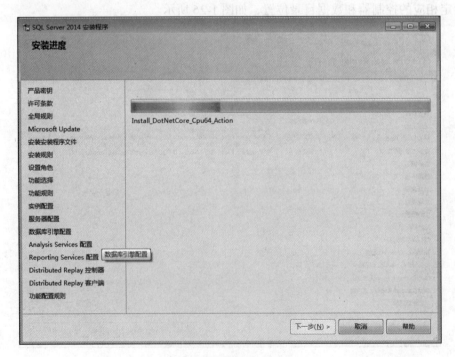

图 1-28   "安装进度"界面

20）安装过程可能要持续几十分钟。安装完成后，弹出"完成"界面，如图 1-29 所示，单击"关闭"按钮，关闭 SQL Server 2014 安装向导。

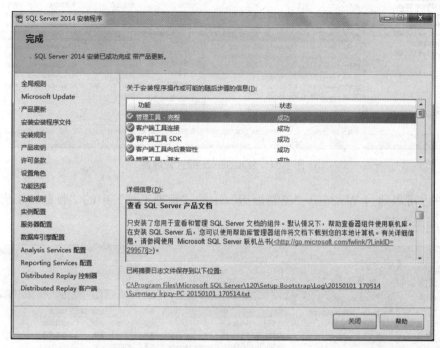

图 1-29 "完成"界面

1.3.3 SQL Server 2014 的启动、暂停和退出

当 SQL Server 2014 安装好后，从"开始"菜单中可以看到 Microsoft SQL Server 2014 程序组，如图 1-30 所示。

在访问数据库之前必须先启动数据库服务器。用户可以在图 1-30 中选择"配置工具"，然后单击"SQL Server 2014 配置管理器"，弹出如图 1-31 所示的界面。

由于安装 SQL Server 2014 组件的不同，图 1-31 中会出现不同的服务。SQL Server 2014 的主要服务有：SQL Server 数据库引擎服务、SQL Server 集

图 1-30 SQL Server 2014 程序组

成服务、SQL Server 报表服务、SQL Server 分析服务、SQL Server 代理服务等。其中最重要的服务是数据库引擎，日常对数据库的操作和管理都必须启动该服务。

在图 1-31 中右击某个服务，在快捷菜单中根据实际需要单击"启动"、"暂停"、"恢复"或"停止"命令来启动、暂停、恢复和停止服务。如果需要在操作系统启动时自动启动 SQL Server 服务，可以选择快捷菜单中的"属性"命令，在弹出的属性对话框中设置启动模式为"自动"。

图 1-31　SQL Server 配置管理器

用户也可以通过 Windows "控制面版" 中的 "管理工具" 中的 "服务" 来启动 SQL Server，如图 1-32 所示。

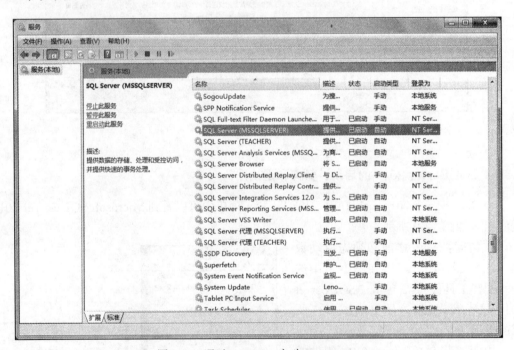

图 1-32　通过 Windows 启动 SQL Server

1.4　SQL Server 2014 的常用工具

SQL Server 2014 提供了各种帮助数据库管理员和开发人员提高工作效率的工具，通过这些工具可以完成数据库的配置、管理和开发等任务。因此，在使用 SQL Server 2014 之前，识别各种工具及它们的特性非常重要。

1.4.1　SQL Server Management Studio

SQL Server Management Studio 是一个集成的环境。它将早期版本的企业管理器、查询分析器和分析管理器的功能集成到一个单一环境中，用于访问、配置和管理 SQL Server

组件。SQL Server Management Studio 组合了大量图形工具和丰富的脚本编辑器，是开发和管理 SQL Server 数据库对象的有力工具。利用 SQL Server Management Studio 可以完成对 SQL Server 2014 的管理，如创建服务器组、注册服务器、配置服务器选项、创建和管理各种数据库对象，并可以调用其他管理工具。

启动 SQL Server Management Studio 的操作步骤如下。

从"开始"菜单中选择"所有程序"→"Microsoft SQL Server 2014"→"SQL Server 2014 Management Studio"命令，出现"连接到服务器"对话框，如图 1-33 所示。SQL Server Management Studio 提供了"数据库引擎"、"Analysis Services"、"Reporting Services"、"Integration Services" 4 种服务器类型。在此对话框中，选择"数据库引擎"服务器类型；选择服务器名

图 1-33　"连接到服务器"对话框

称，即 SQL Server 实例的名称，现使用默认的计算机名称；选择身份验证方式，单击"连接"按钮，出现如图 1-34 所示的 SQL Server Management Studio 集成环境。此集成环境中包含多个窗口，可通过菜单栏上的"视图"菜单定制。其主要的窗口如下：

1）"已注册的服务器"窗口中显示所有已注册的服务器列表，可以在此添加和删除服务器。

2）"对象资源管理器"窗口是服务器中所有数据库对象的树形视图。用户可以通过该窗口操作数据库，如新建、修改、删除数据库、表、视图等数据库对象；创建登录用户和授权；进行数据库的备份、复制等操作。

图 1-34　SQL Server Management Studio 集成环境

3）"查询编辑器"窗口是数据库管理员或开发人员执行 Transact-SQL 语句的工具。在

开发和维护应用系统时，查询窗口是最常用的工具之一。在图 1-34 中，单击"新建查询"按钮，在 SQL Server Management Studio 主窗口的右边产生一个新的查询窗口。要使用查询编辑器，用户必须了解 Transact-SQL。

1.4.2 配置工具

配置工具的子菜单如图 1-30 所示，包括 SQL Server 2014 Reporting Services 配置管理器、SQL Server 2014 安装中心、SQL Server 2014 错误和使用情况报告、SQL Server 2014 配置管理器。

1. SQL Server 配置管理器

SQL Server 配置管理器用于管理与 SQL Server 相关联的服务，如图 1-31 所示。默认情况下，全文搜索、SQL Server 代理、集成服务都没有启动。通过该工具，管理员可以启动、暂停、恢复或停止这些服务，还可以配置 SQL Server 使用的网络协议以及从 SQL Server 客户端连接数据库服务器时的网络配置。

2. SQL Server 错误和使用情况报告

使用"错误和使用情况报告设置"窗口，可以设置 SQL Server 错误和使用情况报告，将错误报告发送到微软公司错误报告服务器，如图 1-35 所示。单击"选项"按钮，在窗口下方会出现组件和实例列表，用户可以根据需要选择是否使用情况报告或错误报告。

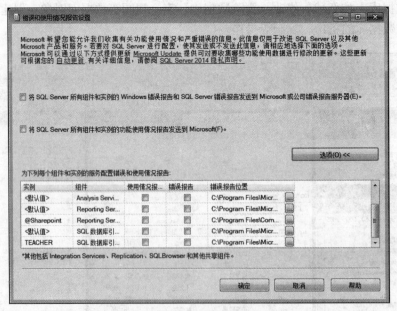

图 1-35 "错误和使用情况报告设置"窗口

3. SQL Server Reporting Services 配置管理器

只有成功配置报表服务器，才能使用报表服务器。选择"配置工具"→"SQL Server Reporting Services 配置"命令，打开"Reporting Services 配置连接"对话框，如图 1-36 所示。输入报表服务器使用的实例和计算机服务器名称后，单击"连接"按钮，出现

"Reporting Services 配置管理器"窗口，如图 1-37 所示。在"Reporting Services 配置管理器"窗口，可以显示报表服务器状态、为报表服务器和报表管理器指定虚拟目录、更新报表服务器服务账户、指定报表服务器数据库以及设置此报表服务器在运行时使用的电子邮件、设置加密密钥。

1.4.3 性能工具

SQL Server 性能工具包括事件探查器 SQL Server Profiler 和数据库引擎优化顾问。

1. SQL Server Profiler

SQL Server Profiler 能够通过监视数据库引擎实例或 Analysis Services 实例，来识别影响性能的事件。可以通过事件探查器来创建管理事件跟踪文件。

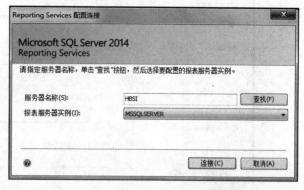

图 1-36 "Reporting Services 配置连接"对话框

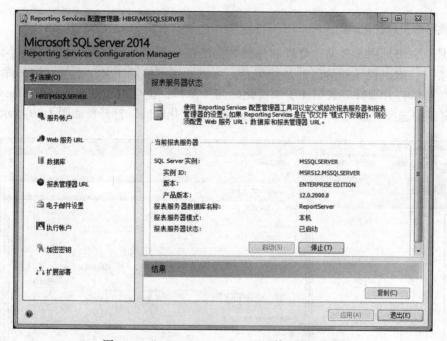

图 1-37 "Reporting Services 配置管理器"窗口

可以通过"性能工具"选择"SQL Server Profiler"菜单打开事件"跟踪属性"对话框，也可以在 SQL Server Management Studio 窗口选择"工具"菜单下的"SQL Server Profiler"打开，如图 1-38 所示。在此对话框的"常规"选项卡中输入跟踪名称、跟踪提供程序名称和类型、跟踪文件的文件名，设置启用跟踪停止时间。在"事件选择"选项卡中，选择需要跟踪的事件，对于每个事件，可以选择需要监视的信息，如计算机名、用户名、命令文本、CPU 的使用情况等。单击"运行"按钮，启动跟踪事件的变化情况，并在跟踪窗口中显示出来。

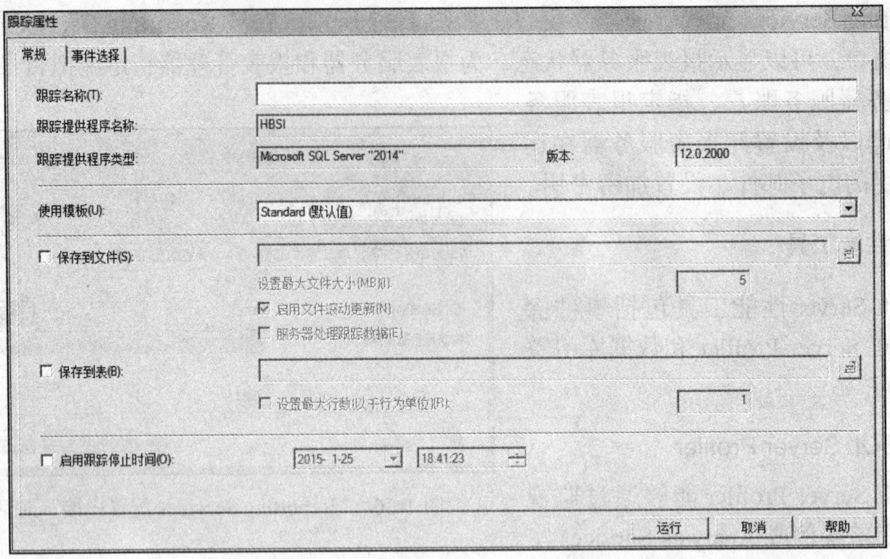

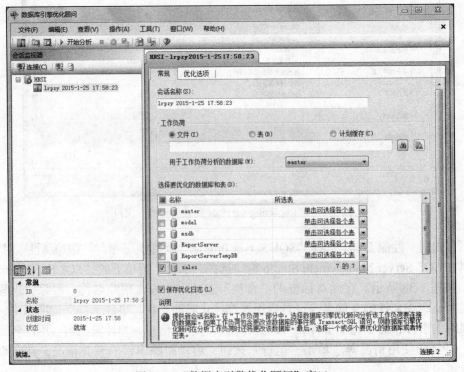

图 1-38 "跟踪属性"对话框

2. 数据库引擎优化顾问

数据库引擎是用于存储、处理和保护数据的核心服务。数据库引擎优化顾问可以协助创建索引、索引视图和分区的最佳组合。可以通过"性能工具"选择"数据库引擎优化顾问"菜单打开事件"数据库引擎优化顾问"窗口，也可以在 SQL Server Management Studio 窗口中选择"工具"菜单下的"数据库引擎优化顾问"打开，如图 1-39 所示。

图 1-39 "数据库引擎优化顾问"窗口

1.5 创建服务器组和注册服务器

1.5.1 创建服务器组

可以在 SQL Server Management Studio 中创建服务器组，并将服务器放在该服务器组中。服务器组提供了一种便捷方法，可将大量的服务器按照不同的用途和类型组织在几个易于管理的组中。

【例 1.1】 在 SQL Server Management Studio 中创建一个新的 SQL Server 服务器组，名称为 NewGroup。具体操作步骤如下：

1）启动 SQL Server Management Studio，在"已注册的服务器"窗口中（可以通过"视图"菜单调出此窗口）选择相应的服务器类型，在此选择"数据库引擎"，右击"本地服务器组"，在快捷菜单中选择"新建服务器组"，如图 1-40 所示，弹出"新建服务器组属性"对话框，如图 1-41 所示。

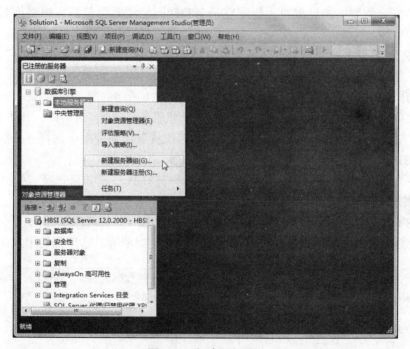

图 1-40 新建服务器组

图 1-41 "新建服务器组属性"对话框

2）在"组名"文本框中，输入新建的服务器组名称 NewGroup。

3）在"组说明"文本框中，输入服务器组的描述信息

4）单击"确定"按钮，即可成功创建一个服务器新组 NewGroup。该组下面还没有数据库服务器。

1.5.2　注册服务器

SQL Server 采用客户机 / 服务器体系结构。后台数据库通过"配置工具"的"SQL Server 2014 配置管理器"中的"SQL Server 网络配置"设置服务器端的网络配置，与通信通道连接；客户通过"SQL Native Client 配置"设置客户端的网络配置，与通信通道连接。只要服务器端和客户端之间的通信协议和端口设置一致，客户端和后台数据库就可以建立连接。为了让 SQL Server 管理工具实现对后台数据库的管理，必须对需要进行管理的本地或远程服务器进行注册。在注册服务器时必须指定服务器的名称、登录到服务器时使用的安全类型，如果需要，指定登录名和密码，注册服务器后想将该服务器加入其中的组的名称。

【例 1.2】　假设本地计算机上有一个 SQL Server 实例，实例名为"HBSI"。在例 1.1 创建的服务器组中注册此实例。具体操作步骤如下：

1）打开 SQL Server Management Studio，右击例 1.1 所建的服务器组 NewGroup，在弹出的快捷菜单中选择"新建服务器注册"，弹出"新建服务器注册"对话框，如图 1-42 所示。

2）在"服务器名称"文本框中输入服务器名或从下拉列表框中选择一个服务器。在此输入"HBSI"作为服务器名称。

3）在"身份验证"下拉框中选择"Windows 身份验证"。如果选择"SQL Server 身份验证"，则需要填入用户名和密码。

4）选择"连接属性"选项卡，如图 1-43 所示。在此可以设置默认情况下，连接的数据库名称、连接到服务器时所使用的网络协议、连接超时值等。这里都使用默认值。

图 1-42　"新建服务器注册"对话框

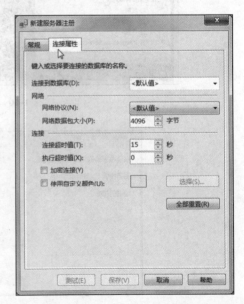

图 1-43　"新建服务器注册"的"连接属性"选项卡

5）单击"测试"按钮，如果连接成功，则出现"连接测试成功"提示信息。单击"保存"按钮，注册服务器成功，结果如图 1-44 所示。

1.6   本章小结

本章主要讲述了关系型数据库的基础知识；SQL Server 的发展历史、版本与组件；客户机 / 服务器、浏览器 / 服务器模式；SQL Server 2014 的启动、暂停和退出；SQL Server 2014 常用工具的使用；创建服务器组和注册新的服务器。

图 1-44   注册 HBSI 服务器成功

1.7   实训项目

实训目的

1）掌握关系数据库设计的基本步骤。

2）掌握 SQL Server 2014 的安装过程及 SQL Server 2014 相关服务的启动、退出。

3）熟悉 SQL Server Management Studio 环境的使用。

4）掌握创建服务器组和注册服务器。

实训内容

1. 学生选课成绩管理数据库设计

要求：设计某高校学生选课成绩管理系统，实现学生基本信息、课程信息、学生选课成绩信息的管理及增删改查操作，并能对学生选课情况、成绩情况进行统计汇总。

根据数据库设计的基本步骤进行需求分析、概念设计、绘制 E-R 图、逻辑设计、确定表的属性及表和表之间的关系。使用范式，验证表设计的合理性。

2. 安装并初步使用 SQL Server 2014

1）从微软的官方网站下载 SQL Server 2014 软件并安装。

2）分别使用 SQL Server 配置管理器和控制面板启动服务。

3）熟悉 SQL Server Management Studio 环境的使用。

4）创建一个服务器组 Group1，在此组下注册一个服务器。查看有哪些系统数据库及数据库有哪些对象。

5）熟悉查询编辑器的使用。

1.8   习题

1. 什么是关系数据库管理系统？

2. 简述数据库表之间的 3 种关系。

3. 简述 C/S、B/S 模式的概念。

4. 如何启动、暂停和退出 SQL Server 服务？

5. 如何使用 SQL Server Management Studio 新建服务器组和注册服务器？

第2章 数据库的创建和管理

数据库是 SQL Server 2014 最基本的操作对象之一，数据库的创建、查看、修改、删除和重命名是 SQL Server 2014 最基本的操作，是进行数据库管理与开发的基础。本章使用 Microsoft SQL Server Management Studio 工具和 Transact-SQL 语句，完成数据库的创建、修改、收缩、删除等功能。

本章学习要点：

- SQL Server 2014 数据库的存储结构
- 事务日志的概念
- 数据库的创建、删除、管理

2.1　基本概念

2.1.1　数据库文件

SQL Server 2014 将数据库映射为一组操作系统文件。数据和日志信息分别存储在不同的文件中，而且每个数据库都拥有自己的数据和日志信息文件。因此，SQL Server 2014 数据库的文件有两种类型：数据文件（主数据文件和次要数据文件）和事务日志文件。

【例 2.1】 查看 SQL Server 2014 安装成功后系统数据库 master 的逻辑名称及其对应的物理文件的存储情况。

1）启动 SQL Server 2014 Management Studio，在"对象资源管理器"中，展开"数据库"→"系统数据库"节点，看到其中有一个名为 master 的数据库，如图 2-1 所示。

2）找到 SQL Server 2014 的安装路径（如 C:\Program Files\Microsoft SQL Server），依次打开"MSSQL12.MSSQLSERVER"、"MSSQL"和"Data"文件夹，其中的"master.mdf"和"mastlog.ldf"即为 master 数据库对应的物理文件，如图 2-2 所示。

图 2-1　master 数据库

1. 数据文件

数据文件用于存储数据库中的所有对象，如表、视图、存储过程等，一个数据库可以有一个或多个数据文件。数据文件又分为主数据文件和次要数据文件。

主数据文件是数据库的起点，用来存储数据库的启动信息和数据库中其他文件的指针。用户数据和对象可以存储在此文件中，也可以存储在次要数据文件中。每个数据库必须有一个主数据文件，而且只能有一个主数据文件。主数据文件的扩展名为 .mdf。

次要数据文件是可选的，由用户定义并存储主数据文件未存储的其他数据和对象，文

件扩展名为 .ndf。如果主数据文件足够大，能够容纳数据库中的所有数据，则该数据库不需要次要数据文件，但有些数据库可能非常大，超过了单个 Windows 文件的最大值，可以使用多个次要数据文件，这样数据库就能继续增长。另外，如果系统中有多个物理磁盘，也可以在不同的磁盘上创建次要数据文件，以便将数据合理地分配在多个物理磁盘上，提高数据的读写效率。

图 2-2 master 数据库对应的物理文件

2. 事务日志文件

每个 SQL Server 2014 数据库至少拥有一个事务日志文件（简称日志文件），也可以拥有多个日志文件。日志文件最小为 512KB，用以记录所有事务及每个事务对数据库所做的修改。事务日志是数据库的重要组件，当系统出现故障或数据库遭到破坏时，可以根据日志文件分析系统出故障的原因，并且可以恢复数据库内容。日志文件的扩展名为 .ldf。

把对数据库中数据对象的修改写到数据库中和把表示这个修改的日志记录到日志文件中是两个不同的操作。在日志文件中保存的是修改的过程，而在数据库中保存的是修改的结果。为了保证数据的安全，都是采用先写日志文件的原则。

注意

- SQL Server 2014 不强制使用 .mdf、.ndf 和 .ldf 文件扩展名，但使用它们有助于标识文件的各种类型。
- SQL Server 2014 的每个数据库文件都有一个逻辑文件名和一个物理文件名。逻辑文件名只在 Transact-SQL 语句中使用，是实际磁盘文件名的代号。物理文件名是操作系统文件的实际名称，包括文件所在的路径。

2.1.2 数据库文件组

将多个数据文件集合起来形成的一个整体就是文件组。对文件进行分组的目的是便于分配和管理数据。例如，数据库 sales 有 3 个数据文件 sales_dat1.ndf、sales_dat2.ndf 和

sales_dat3.ndf，分别位于不同的磁盘驱动器上，将这 3 个文件指派到一个文件组 USER1 中。假设在文件组 USER1 上创建了一个表，则对该表中的数据查询将会分散到 3 个磁盘上，从而大大提高了系统的查询性能。

每个文件组有一个组名。一个数据文件不能存在于两个或两个以上的文件组里，事务日志文件不属于任何文件组。SQL Server 2014 提供了 3 种文件组类型，包括主文件组（primary）、用户自定义文件组、默认文件组（default）。

1. 主文件组

主文件组包含了所有的系统表。建立数据库时，主文件组包括主数据文件和所有没有被包含在其他文件组里的次要数据文件。

2. 用户自定义文件组

用户自定义文件组包含所有在使用 CREATE DATABASE 或 ALTER DATABASE 命令时，使用 FILEGROUP 关键字来指定文件组的文件。创建用户自定义文件组的目的主要是分配数据。

3. 默认文件组

默认文件组包含所有在创建时，没有指定文件组的表、索引等数据库对象。在每个数据库中，每次只能有一个文件组是默认文件组。可以在用户自定义文件组中指定一个默认文件组；如果没有指定默认文件组，则主文件组为默认文件组。

2.1.3　数据库的物理存储结构

1. 页面和盘区

SQL Server 2014 中数据存储的基本单位是页。为数据库中的数据文件（.mdf 或 .ndf）分配的磁盘空间可以从逻辑上划分成页（0 ~ n 连续编号）。磁盘 I/O 操作在页级执行。也就是说，SQL Server 2014 读取或写入所有数据页。

在 SQL Server 2014 中，页的大小是 8KB，即 SQL Server 2014 数据库每兆字节有 128 页。每页的开始部分是 96B 的页首，用于存储有关页的系统信息，如页的类型、页上剩余的自由空间、拥有该页的数据库对象的对象 ID 等。SQL Server 2014 共有数据页、索引页、文本 / 图像页等 8 种页。

由 8 个连续页面（8×8KB=64KB）组成的数据结构称为一个盘区，这意味着 SQL Server 2014 数据库每兆字节有 16 个盘区。为了使空间分配更有效，SQL Server 2014 不会将所有区分配给包含少量数据的表。SQL Server 2014 有两种类型的区：统一区和混合区，如图 2-3 所示。

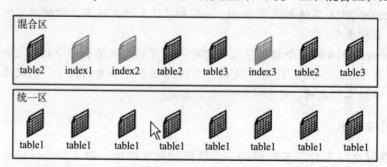

图 2-3　混合区和统一区

- 统一区：由单个对象所有。区中的所有 8 页只能由所属对象使用。
- 混合区：最多可由 8 个对象共享。区中 8 页的每页可由不同的对象所有。

通常从混合区向新表或索引分配页。当表或索引增长到 8 页时，将变成使用统一区进行后续分配。如果对现有表创建索引，并且该表包含的行足以在索引中生成 8 页，则对该索引的所有分配都使用统一区进行。

2. 数据库的存储结构

数据库的存储结构如图 2-4 所示。简单地说，一个数据库是由若干文件组成的，一个文件是由若干盘区组成，而一个盘区是由 8 个连续页面组成的。

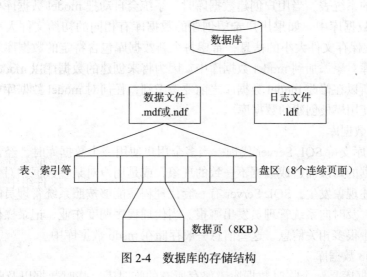

图 2-4　数据库的存储结构

注意

- 数据行存放在数据页中，但数据页只能包含除 text、ntext 和 image 数据外的所有数据，text、ntext 和 image 数据存储在单独的页中。行不能跨页存储，而每数据页是 8KB，严格地说是 8060B，因此页中每一行最多包含的数据量是 8060B。
- 事务日志文件由一系列日志记录组成，而不是页面。

2.1.4　SQL Server 2014 数据库的分类

SQL Server 2014 中的数据库按照用途可以分为两种：系统数据库和用户数据库。

1. 系统数据库

系统数据库是在 SQL Server 2014 的每个实例中都存在的标准数据库，用于存储有关 SQL Server 的信息，是管理和维护 SQL Server 必需的数据库。系统数据库对应的数据文件和日志文件如表 2-1 所示。

（1）master 数据库

master 数据库是 SQL Server 2014 中最重要的数据库，是整个数据库服务器的核心。如果在计算机上安装了 SQL Server 2014，那么系统首先会建立一个 master 数据库来记录系统的有关登录账

表 2-1　系统数据库的数据文件和日志文件

系统数据库	数据文件	日志文件
master	master.mdf	mastlog.ldf
model	model.mdf	modellog.ldf
msdb	msdbdata.mdf	msdblog.ldf
tempdb	tempdb.mdf	templog.ldf

户、系统配置、所有其他的数据库及数据库文件的位置、SQL Server 的初始化信息等。例如，用户在这个 SQL Server 系统中建立一个用户数据库 sales，系统立即将用户数据库的有关用户管理、文件配置、数据库属性等信息写入 master 数据库。系统正是根据 master 数据库中的信息来管理系统和其他数据库的，因此，如果 master 数据库信息被破坏，整个 SQL Server 服务器将不能工作。

注意　用户不能直接修改 master 数据库，数据库管理员应定期备份 master 数据库。

（2）model 数据库

model（模板）数据库为用户建立新数据库提供模板和原型，它包含了将复制到每个新建数据库中的系统表。当用户创建数据库时，系统会自动把 model 数据库中的内容复制到新建的用户数据库中。如果用户希望创建的数据库有相同的初始文件大小，则可以在 model 数据库中保存文件大小的信息；希望每个新数据库包含特定的数据库对象，同样也可以将该数据库对象添加到 model 数据库中。因为将来创建的数据库以 model 数据库中的数据为模板，所以在修改 model 数据库之前要考虑到，任何对 model 数据库中数据的修改都将影响所有使用模板创建的数据库。

（3）msdb 数据库

msdb 数据库支持 SQL Server 代理。当多个用户使用一个数据库时，经常会出现多个用户对同一数据的修改而造成数据不一致的现象，或是用户对某些数据和对象的非法操作等。为防止上述现象发生，SQL Server 有一套代理程序能够按照系统管理员的设定监控上述现象的发生，及时向系统管理员发出警报。当代理程序调度作业、记录操作时，系统要用到或实时产生很多相关信息，这些信息一般存储在 msdb 数据库中。

（4）tempdb 数据库

tempdb 数据库是一个临时数据库，保存所有的临时表、临时数据以及临时创建的存储过程。tempdb 数据库由整个系统的所有数据库使用，无论用户使用哪个数据库，所建立的所有临时表和临时存储过程都会存储在 tempdb 数据库中。因为 tempdb 数据库中记录的信息都是临时的，每当连接断开时，所有临时表和临时存储过程都将自动丢弃，所以每次 SQL Server 启动时，tempdb 数据库总是空的。默认情况下，SQL Server 在运行时，tempdb 数据库会根据需要自动增长。

2. 用户数据库

用户数据库是用户根据自己的需要建立的数据库。例如，建立一个存放图书信息的数据库 bookdb、存放学生信息的数据库 studentdb 以及存放销售信息的数据库 sales。SQL Server 2014 可以包含一个或多个用户数据库。

注意　SQL Server 2014 默认情况下没有安装供用户学习和理解 SQL Server 2014 而设计的示例数据库 AdventureWorks 2014 和 AdventureWorks DW 2014，读者可以从微软网站下载这些数据库文件后附加到数据库服务器上。有关 AdventureWorks 2014 和 Adventure Works DW 2014 数据库的使用，请读者参阅其他相关资料。

2.1.5　数据库对象的结构

SQL Server 2014 实现了 ANSI 中有关架构的概念。架构是一种允许对数据库对象进行分组的容器对象，是形成单个命名空间的数据库对象的集合。命名空间是一个集合，其中每个元素的名称都是唯一的。

例如，为了避免名称冲突，同一架构中不能有两个同名的表。两个表只有位于不同的架构中时才可以同名。

架构对如何引用数据库对象具有很大的影响，在 SQL Server 2014 中，一个数据库对象通过由 4 个命名部分组成的结构来引用，即：

```
[[[server_name.][database_name].][schema_name.]object_name
```

其中：

- server_name：对象所在的服务器名称。
- database_name：对象所在的数据库名称。
- schema_name：对象的架构名称。
- object_name：对象的名称。

如果应用程序引用了一个没有限定架构的数据库对象，那么 SQL Server 2014 将尝试在用户的默认架构（通常为 dbo）中找出这个对象。

例如，引用服务器"HBSI"上的数据库"sales"中的销售员表"Seller"时，完整的引用为"HBSI.sales.dbo.Seller"。

在实际引用时，在能够区分对象的前提下，前三个部分可以根据情况省略。

2.2　创建数据库

创建数据库是创建表及其他数据库对象的第一步。在一个 SQL Server 2014 系统中，有多种方法可以创建用户数据库，本节介绍以下两种创建数据库的方法：

- 使用 SQL Server Management Studio 创建数据库。此方法简单、直观，以图形化方式完成数据库的创建和数据库属性的设置。
- 使用 Transact-SQL 语句创建数据库和设置数据库的属性。此方法可以将创建数据库的脚本保存下来，在其他计算机上运行，以创建相同的数据库。

这两种方法在创建数据库时各有优缺点，用户可以根据自己的喜好，灵活选择。在创建数据库时，用户需提供以下和数据库有关的信息：数据库名称、数据存储方式、数据库大小、数据库的存储路径和包含数据库存储信息的文件名称等。

2.2.1　使用 SQL Server Management Studio 创建数据库

【例 2.2】　使用 SQL Server Management Studio 创建用户数据库 sales。

具体操作步骤为：

1）打开"开始"菜单，选择"所有程序"→ Microsoft SQL Server 2014 → SQL Server 2014 Management Studio 命令，打开 Microsoft SQL Server Management Studio 窗口，设置登录的"服务器类型"为"数据库引擎"，选择使用"SQL Server 身份验证"方式，输入登录名和密码与服务器建立连接，如图 2-5 所示。

2）连接成功之后，在 SQL Server Management Studio 窗口左侧的"对象资源管理器"窗格中右击"数据库"节点，在弹出的快捷菜单中选择"新建数据库"命令，如图 2-6 所示。

3）弹出"新建数据库"窗口，如图 2-7 所示。该窗口左侧有 3 个选择页：常规、选项和文件组，默认为"常规"选择页。在窗口右侧列出了"常规"选择页中数据库的创建参数，如数据库名称、所有者、文件初始大小、自动增长值和保存路径等。

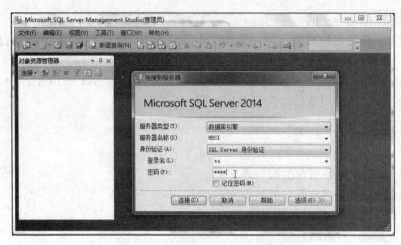

图 2-5 "连接到服务器"对话框

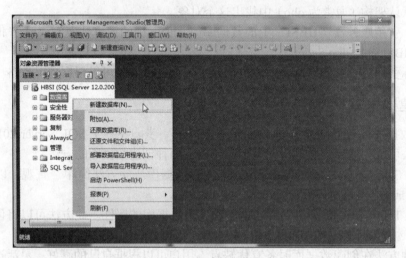

图 2-6 选择"新建数据库"命令

图 2-7 "新建数据库"窗口

4）在"数据库名称"文本框中输入要创建的数据库名称，如"sales"。设置数据库的所有者。数据库的所有者可以是任何具有创建数据库权限的账户，对数据库有完全操作权限。在"所有者"文本框中可以输入数据库的所有者，也可以单击"..."按钮，打开"选择数据库所有者"对话框，选择数据库的所有者。"<默认值>"表示当前登录到 SQL Server 上的账户。

5）设置数据库文件的属性，包括以下内容：

①逻辑名称：数据库文件的逻辑名称，即引用文件时使用的文件名称。在"数据库名称"文本框中输入要创建的数据库名称 sales 时，系统会以"sales"作为前缀创建主数据文件 sales 和事务日志文件 sales_log（默认情况下，数据文件的逻辑文件和数据库同名，日志文件的逻辑名称加"_log"），也可以为数据文件和日志文件指定其他合法的逻辑名称。

②文件类型：显示和设置数据库文件是数据文件，还是事务日志文件，其中"行数据"表示这是一个数据文件，用于存储数据库中的数据，"日志"表示这是一个事务日志文件，用于记录用户对数据的操作。

③文件组：为数据文件指定文件组，可以指定为主文件组（PRIMARY）或任一辅助文件组，默认为主文件组 PRIMARY。

④初始大小：指定各个文件的初始大小，单位是 MB。

注意

- 新数据库是以 model 数据库为模版建立的，因此新数据库的主数据文件的大小应不小于 model 数据库中主数据文件的大小，如果小于，则系统报错。
- 默认情况下主数据文件的初始大小至少为 3MB，次要数据文件的初始大小至少为 1MB，事务日志文件的初始大小至少为 512KB。

⑤自动增长 / 最大大小：设置数据文件和事务日志文件是否自动增长，单击"..."按钮，打开"更改 sales 的自动增长设置"对话框，如图 2-8 所示。

"启用自动增长"复选框可以设置数据库文件是否允许自动增长，如果不允许，则取消选中该复选框；如果允许，选中该复选框，还可设置自动增长的方式和文件的最大容量是否受限。

- 自动增长方式有两种：按百分比（P），指定每次增长的百分比；按 MB（M），指定每次增长的兆字节数。
- 在"最大文件大小"选项区域中，如果选择"无限制"单选按钮，那么数据库文件的容量可以无限地增大；如果选择"限制为（MB）"单选按钮，那么可以将数据库文件的大小限定在某一特定的范围内。

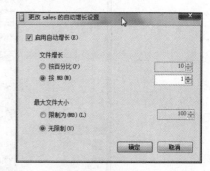

图 2-8 "更改数据库文件的自动增长设置"对话框

默认情况下，数据文件是每次增加 1MB，在增长时不限制文件的增长极限；日志文件每次增加的大小为初始大小的 10%，在增长时也不限制文件的增长极限。这样不限制文件的增长极限，可以不必担心数据库的维护，但在数据库出现问题时，磁盘空间可能会被完全占满。因此在应用时，要根据需要设置合理的文件增长的最大值。

⑥路径：数据库文件存放的物理位置，默认情况下，SQL Server 2014 将数据库文件

存储于 C:\Program Files\Microsoft SQL Server\MSSQL12.MSSQLSERVER\MSSQL\DATA 文件夹中，用户可以根据需要修改，单击"路径"选项右边的"..."按钮，弹出"定位文件夹"窗口，如图 2-9 所示，进行修改即可。

　　注意　数据文件应该尽量不保存在系统盘上，并与日志文件保存在不同的磁盘区域。

　　⑦文件名：数据文件和事务日志文件的物理文件名，默认时与数据库同名，主数据文件名加上扩展名 .mdf，日志文件名加上"_log"和扩展名 .ldf。

　　6）单击"常规"选择页下方的"添加"按钮，还可为该数据库增加数据文件和事务日志文件。单击"删除"按钮，可将选定的数据文件或日志文件删除。

　　7）在"新建数据库"窗口的"选项"选择页中可以设置数据库的排序规则、恢复模式、兼容级别和其他一些选项，如图 2-10 所示。在此均保持默认选项。

图 2-9　"定位文件夹"窗口

图 2-10　"新建数据库"窗口中的"选项"选择页

　　8）在"新建数据库"窗口的"文件组"选择页中可以查看数据库中现有文件组的属性，如是否只读、是否为默认文件组等；也可以通过"添加文件组"和"删除"按钮添加、删除文件组，如图 2-11 所示。

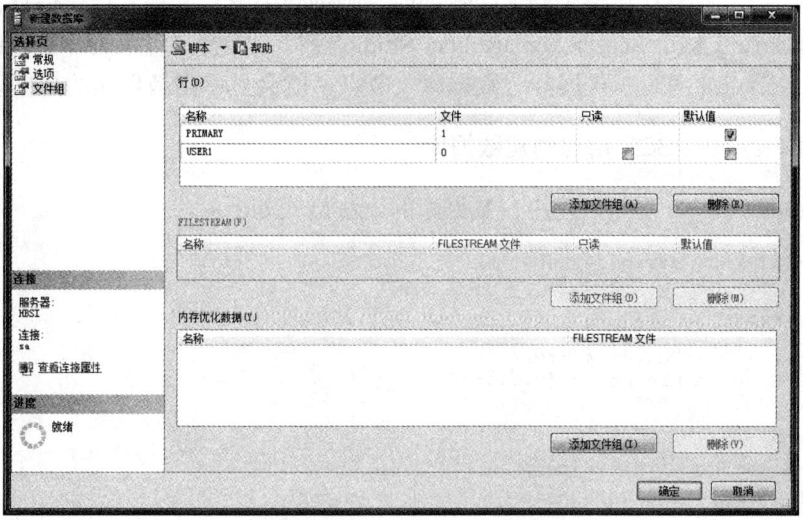

图 2-11　"文件组"选择页

注意　在删除文件组时会将文件组中包含的数据文件一起删除。

在本例中，为 sales 数据库添加一个文件组 USER1。在"新建数据库"窗口的"文件组"选择页中单击"添加文件组"按钮，输入文件组名称 USER1，如图 2-11 所示。在"新建数据库"窗口的"常规"选择页中，创建主数据文件 sales，属于主文件组 PRIMARY，初始大小为 5MB，增量为 10%，增长的最大值限制为 100MB；次要数据文件 sales_1，属于 USER1 文件组（在"文件组"下拉列表框中选择 USER1），初始大小为 2MB，增量为 1MB，增长的最大值限制为 50MB；日志文件 sales_log，初始大小 2MB，增量为 10%，不限制增长，如图 2-12 所示。

图 2-12　为文件指定文件组

9）单击"确定"按钮，系统开始创建数据库。SQL Server 2014 在执行创建过程中对数据库进行检验，如果存在一个同名的数据库，则创建失败，并提示错误信息；创建成功后，回到 Microsoft SQL Server Management Studio 窗口，刷新"对象资源管理器"窗口中的"数据库"节点的内容，再展开"数据库"节点，就会显示出新创建的数据库 sales。

2.2.2　使用 Transact-SQL 语句创建数据库

使用 Transact-SQL 语句创建用户数据库的语法格式如下：

```
CREATE DATABASE database_name
[ ON
    [PRIMARY]  < filespec > [ ,...n ]
    [ , < filegroup > [ ,...n ] ]
    [ LOG ON  < filespec > [ ,...n ] ]
]
<filespec> ::= (
    NAME = logical_file_name ,
    FILENAME = { 'os_file_name' | 'filestream_path' }
    [ , SIZE = size [ KB | MB | GB | TB ] ]
    [ , MAXSIZE = { max_size [ KB | MB | GB | TB ] | UNLIMITED } ]
    [ , FILEGROWTH = growth_increment [ KB | MB | GB | TB | % ] ]
)
<filegroup> ::= FILEGROUP filegroup_name <filespec> [ ,...n ]
```

其中：
- database_name：新创建的数据库的名称，不能与 SQL Server 中现有的数据库实例名称相冲突，最多可以包含 128 个字符。
- ON：用于显示定义存储数据库数据部分的主数据文件、次要数据文件和文件组。
- PRIMARY：指明主文件组中的主数据文件。一个数据库中只能有一个主数据文件，如果缺省 PRIMARY 关键字，则系统指定语句中的第一个文件为主数据文件。
- LOG ON：指明事务日志文件的明确定义。如果不指定，系统会自动创建一个日志文件，其大小为该数据库所有数据文件大小综合的 25% 或 512KB，取两者中的较大者。
- NAME = logical_file_name：指定数据文件或日志文件的逻辑文件名。
- FILENAME = 'os_file_name'：指定数据文件或日志文件的物理文件名，即创建文件时，由操作系统使用的路径和文件名。
- SIZE = size：指定数据文件或日志文件的初始大小，默认单位为 MB。如果没有为主数据文件提供 SIZE，则数据库引擎使用 model 数据库中的主数据文件的大小；如果为主数据文件提供了 SIZE，则该 SIZE 值应大于或等于 model 数据库中的主数据文件的大小，否则系统报错。
- MAXSIZE = { max_size | UNLIMITED }：指定数据文件或日志文件可以增长到的最大容量，默认单位为 MB。如果缺省该项或指定为 UNLIMITED，则文件的容量可以不断增加，直到整个磁盘满为止。
- FILEGROWTH = growth_increment：指定数据文件或日志文件的增长幅度，默认单位为 MB。0 值表示不增长，即自动增长被设置为关闭，不允许增加空间。增幅既可以用具体的容量表示，也可以用文件大小的百分比表示。如果没有指定该项，系统默认按文件大小的 10% 增长。

【例 2.3】　创建一个数据库 sample。主数据文件为 sample_dat。

1）在 SQL Server Management Studio 中，单击工具栏上的"新建查询"按钮，如图 2-13 所示。

2）打开"查询编辑器"。在"查询编辑器"中输入如下创建 sample 数据库的 Transact-SQL 语句：

```
CREATE DATABASE sample
ON PRIMARY
(
    NAME=sample_dat,
    FILENAME='D:\data\sample_data.mdf',
    SIZE=5,
    MAXSIZE=50,
    FILEGROWTH=10
)
```

图 2-13　新建查询

3）单击工具栏上的"执行"按钮，运行结果如图 2-14 所示。

主数据文件的位置为 d:\data\sample_data.mdf，由于没有为主数据文件指定容量单位，系统默认为 MB，所以主数据文件的初始容量为 5MB，最大容量为 50MB，增幅为 10MB。由于在创建时没有指定事务日志文件，系统将自动创建一个初始容量为 1.25MB 的事务日志文件并且没有最大容量限制。

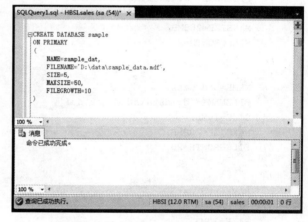

图 2-14　输入 Transact-SQL 语句并执行

说明

- 如果在查询语句编辑区域选定了语句，则只执行选定的语句，否则执行所有语句。
- 在以后章节中，Transact-SQL 语句编写和执行的步骤与此例相同。

【例 2.4】　创建一个只包含一个数据文件和一个事务日志文件的数据库。该数据库名为 sales，数据文件的逻辑名为 sales_data，数据文件的物理文件名为 sales_data.mdf，初始大小为 10MB，最大可增加至 500MB，增幅为 10%；事务日志文件的逻辑名为 sales_log，物理文件名为 sales_log.ldf，初始大小为 5MB，最大值为 100MB，事务日志文件大小以 2MB 增幅增加。

```
CREATE DATABASE sales
ON
(
    NAME=sales_data,
    FILENAME='d:\data\sales_data.mdf',
    SIZE=10MB,
    MAXSIZE=500MB,
```

```
    FILEGROWTH=10%
)
LOG ON
(
    NAME=sales_log,
    FILENAME='d:\data\sales_log.ldf',
    SIZE=5MB,
    MAXSIZE=100MB,
    FILEGROWTH=2MB
)
```

注意 由于省略了 PRIMARY 关键字，因此系统默认第一个文件 sales_data.mdf 为主数据文件。

【例 2.5】 创建一个包含多个数据文件和事务日志文件的数据库。该数据库名为 student，含有 3 个初始大小为 10MB 的数据文件和两个 8MB 的事务日志文件。

```
CREATE DATABASE student
ON PRIMARY
(
    NAME=std_dat1,
    FILENAME='d:\data\student1.mdf',
    SIZE=10MB,
    MAXSIZE=200MB,
    FILEGROWTH=20
),
(
    NAME=std_dat2,
    FILENAME='d:\data\student2.ndf',
    SIZE=10MB,
    MAXSIZE=200MB,
    FILEGROWTH=20
),
(
    NAME=std_dat3,
    FILENAME='d:\data\student3.ndf',
    SIZE=10MB,
    MAXSIZE=200MB,
    FILEGROWTH=20
)
LOG ON
(
    NAME=std_log1,
    FILENAME='d:\data\stdlog1.ldf',
    SIZE=8MB,
    MAXSIZE=100MB,
    FILEGROWTH=10MB
),
(
    NAME=std_log2,
    FILENAME='d:\data\stdlog2.ldf',
    SIZE=8MB,
    MAXSIZE=100MB,
    FILEGROWTH=10MB
)
```

注意　FILENAME 选项中所用的文件扩展名，主数据文件用 .mdf，次要数据文件使用 .ndf，日志文件使用 .ldf。

【例 2.6】　创建一个包含两个文件组的数据库。该数据库名为 business，主文件组包含 business_dat1 和 business_dat2 两个数据文件。文件组 business_group 包含一个数据文件 business_dat3。该数据库还包含一个事务日志文件 business_log。

```
CREATE DATABASE business
ON PRIMARY
(
    NAME=business_dat1,
    FILENAME='d:\data\businessdat1.mdf',
    SIZE=10MB,
    MAXSIZE=50MB,
    FILEGROWTH=10
),
(
    NAME=business_dat2,
    FILENAME='d:\data\businessdat2.ndf',
    SIZE=10MB,
    MAXSIZE=500MB,
    FILEGROWTH=10
),
FILEGROUP business_group
(
    NAME=business_dat3,
    FILENAME='d:\data\businessdat3.ndf',
    SIZE=10MB,
    MAXSIZE=50MB,
    FILEGROWTH=10%
)
LOG ON
(
    NAME=business_log,
    FILENAME='d:\data\businesslog.ldf',
    SIZE=8MB,
    MAXSIZE=100MB,
    FILEGROWTH=10MB
)
```

2.3　数据库的管理

2.3.1　查看数据库

对于已有的数据库，可以分别使用 SQL Server Management Studio 和 Transact-SQL 语句来查看数据库的信息。

1. 使用 SQL Server Management Studio 查看数据库的属性

启动 SQL Server Management Studio，在"对象资源管理器"窗口中选中要查看的数据库 sales，单击鼠标右键，在弹出的快捷菜单中单击"属性"命令，进入 sales 数据库的属性窗口，如图 2-15 所示。

该窗口共有 8 个选择页，包括"常规"、"文件"、"文件组"、"选项"、"权限"等，可以根据需要选择不同的选择页查看数据库的相应信息。

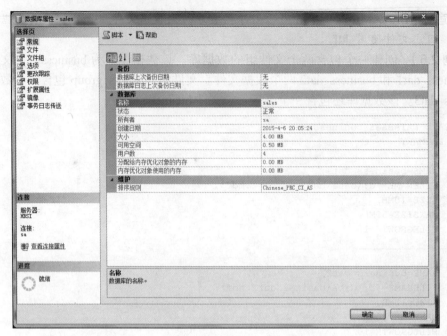

图 2-15　"数据库属性 --sales"窗口

2. 用 Transact-SQL 语句查看数据库的属性

使用系统存储过程 sp_helpdb 可以查看某个数据库或所有数据库的属性。

【例 2.7】 查看数据库 sales 的属性。

启动 SQL Server Management Studio，单击工具栏上的"新建查询"按钮，打开"查询编辑器"窗口。在查询编辑器中输入如下语句：

```
sp_helpdb sales
```

单击工具栏上的"执行"按钮，执行该存储过程，执行结果如图 2-16 所示。该存储过程显示了 sales 数据库的名称、大小、所有者、创建日期以及数据文件和日志文件等属性。

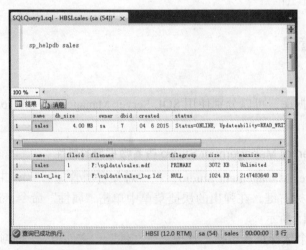

图 2-16　执行 sp_helpdb 系统存储过程查看数据库 sales 的属性

数据库信息各属性的含义如表 2-2 所示，数据库文件信息各属性的含义如表 2-3 所示。

表 2-2 数据库信息

名 称	含 义
name	数据库名称
db_size	数据库总计大小
owner	数据库所有者（如 sa）
dbid	数据库 ID
created	数据库创建的日期
status	以逗号分隔的值的列表，这些值是当前在数据库上设置的数据库选项的值
compatibility_level	数据库兼容级别（80、90、100 和 110），若为 100，则兼容 SQL Server 2008

表 2-3 数据库文件信息

名 称	含 义
name	逻辑文件名
fileid	文件标识符
filename	物理文件名
filegroup	文件所属的文件组
size	文件大小
maxsize	文件可达到的最大值
growth	文件的增量，表示每次需要新的空间时，给文件增加的空间大小
usage	文件用法，数据文件的用法是 data only，日志文件的用法是 log only

【例 2.8】 查看所有数据库的属性。

```
sp_helpdb;
```

该语句列出数据库服务器中所有数据库的名称、大小、所有者、创建时间等属性，执行结果如图 2-17 所示。

2.3.2 修改数据库

创建完一个数据库后，同样可以使用 SQL Server Management Studio 和 Transact-SQL 语句来修改数据库的属性。

1. 使用 SQL Server Management Studio 修改数据库属性

1）进入 SQL Server Management Studio，在"对象资源管理器"窗口中选中要修改的数据库 sales，单击鼠标右键，在弹出的快捷菜单上选择"属性"命令，即可进入 sales 数据库的属性窗口。

2）"常规"选择页中显示了 sales 数据库的基本信息，如图 2-15 所示。

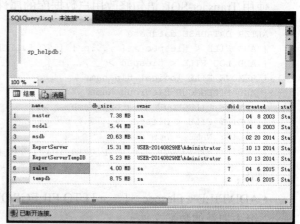

图 2-17 sp_helpdb 存储过程查看所有数据库的属性

3）在"文件"选择页中可以添加、删除数据库文件以及修改数据库文件的相关属性。

4）在"文件组"选择页中可以添加、删除文件组以及修改文件组的属性。

5）在"选项"选择页中，可以控制数据库是单用户使用模式，还是多用户使用模式，以及此数据库是否仅可读等，还可设置此数据库是否自动关闭、自动收缩和数据库的兼容级别等选项，如图 2-18 所示。

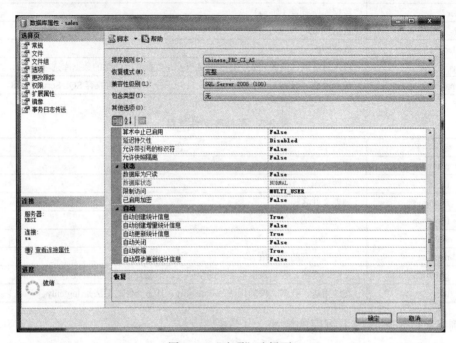

图 2-18　"选项"选择页

2. 使用 Transact-SQL 语句修改数据库属性

使用 Transact-SQL 语句修改用户数据库的属性，其语法格式为：

```
ALTER DATABASE database
{ ADD FILE < filespec > [ ,...n ] [ TO FILEGROUP filegroup_name ]
| ADD LOG FILE < filespec > [ ,...n ]
| REMOVE FILE logical_file_name
| ADD FILEGROUP filegroup_name
| REMOVE FILEGROUP filegroup_name
| MODIFY FILE < filespec >
| MODIFY NAME = new_dbname
| MODIFY FILEGROUP filegroup_name {filegroup_property | NAME = new_filegroup_name }
```

其中：

- ADD FILE < filespec > [,...n] [TO FILEGROUP filegroup_name]：表示向指定的文件组添加新的数据文件。

- ADD LOG FILE < filespec > [,...n]：添加新的事务日志文件。

- REMOVE FILE logical_file_name：删除某一文件。

- ADD FILEGROUP filegroup_name：添加一个文件组。

- REMOVE FILEGROUP filegroup_name：删除某一文件组。

- MODIFY FILE < filespec >：修改某个文件的属性。
- MODIFY NAME = new_dbname：修改数据库的名称。
- MODIFY FILEGROUP filegroup_name {filegroup_property | NAME =new_filegroup_ name}：修改某一文件组的属性。

文件组的属性有 3 种：READONLY（只读）、READWRITE（读写）和 DEFAULT（默认）。

【例 2.9】　为数据库 sample 添加一个数据文件 sample_dat2 和一个日志文件 sample_ log2。

```
ALTER DATABASE sample
ADD FILE
(
    NAME=sample_dat2,
    FILENAME='d:\data\sample_dat2.ndf',
    SIZE=4,
    MAXSIZE=10,
    FILEGROWTH=1
)
ALTER DATABASE sample
ADD LOG FILE
(
    NAME=sample_log2,
    FILENAME='d:\data\sample_log2.ldf',
    SIZE=4,
    MAXSIZE=10,
    FILEGROWTH=1
)
```

【例 2.10】　为数据库 sample 添加一个文件组 USER1，并向该文件组添加两个数据文件 sampuser_dat1 和 sampuser_dat2。

```
ALTER DATABASE sample
ADD FILEGROUP USER1

ALTER DATABASE sample
ADD FILE
(
    NAME=sampuser_dat1,
    FILENAME='d:\data\sampuser_dat1.ndf',
    SIZE=4,
    MAXSIZE=10,
    FILEGROWTH=1
),
(
    NAME=sampuser_dat2,
    FILENAME='d:\data\sampuser_dat2.ndf',
    SIZE=4,
    MAXSIZE=10,
    FILEGROWTH=1
) TO FILEGROUP USER1
```

【例 2.11】　从数据库 sample 中删除文件 sampuser_dat2。

```
ALTER DATABASE sample
REMOVE FILE sampuser_dat2
```

【例 2.12】 删除数据库 sample 中的文件组 USER1。

```
ALTER DATABASE sample
REMOVE FILE sampuser_dat1
ALTER DATABASE sample
REMOVE FILEGROUP USER1
```

注意 使用 Transact-SQL 语句删除文件组时，必须先删除文件组中包含的文件，否则报错。

【例 2.13】 修改数据库 sample 中数据文件 sample_dat2 的属性，将其初始大小改为 10MB，最大容量改为 80MB，增长幅度改为 5MB。

```
ALTER DATABASE sample
MODIFY FILE
(
    NAME=sample_dat2,
    SIZE=10,
    MAXSIZE=80,
    FILEGROWTH=5
)
```

【例 2.14】 修改数据库 business 中文件组 business_group 的属性，将其改名为 group1，并设置为 DEFAULT 属性（即该文件组为默认文件组）。

```
ALTER DATABASE business
MODIFY FILEGROUP business_group NAME=group1
ALTER DATABASE business
MODIFY FILEGROUP group1 DEFAULT
```

【例 2.15】 将数据库 student 改名为 stud_teacher。

```
ALTER DATABASE student
MODIFY  NAME=stud_teacher
```

2.3.3 重命名数据库

可以使用系统存储过程 sp_renamedb 更改某个数据库的名称，其语法格式为：

```
sp_renamedb 'old_name', 'new_name'
```

其中：

• old_name 是数据库的当前名称。

• new_name 是数据库的新名称。

注意 后续版本的 SQL Server 将删除该功能，最好使用 ALTER DATABASE MODIFY NAME 来重命名数据库。正在使用的数据库是不能重命名的。

【例 2.16】 将数据库 business 更名为 company。

```
sp_renamedb 'business','company'
```

2.3.4 数据库的收缩

SQL Server 2014 允许收缩数据库中的每个文件，以删除未使用的页。数据文件和事务日志文件都可以收缩。数据库文件可以成组或单独地手工收缩，也可以设置为按给定的时间间隔自动收缩。

1. 自动收缩

（1）使用 SQL Server Management Studio 设置自动收缩数据库

如果将 sales 数据库设为自动收缩，可在 SQL Server Management Studio 中的对象资源管理器中右键单击 sales 数据库，在弹出的快捷菜单中选择"属性"命令，弹出"数据库属性 –sales"对话框，在该对话框中单击"选项"选择页，将"自动收缩"选项设置为 True，即可完成数据库自动收缩的设置。如图 2-19 所示。

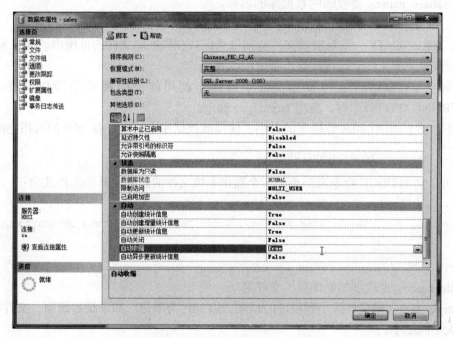

图 2-19 设置"自动收缩"选项

（2）使用 Transact-SQL 语句设置自动收缩数据库

使用 ALTER DATABASE 语句可以将数据库设为自动收缩。当数据库中有足够的可用空间时，就会发生收缩。其语法格式为：

```
ALTER DATABASE database_name
SET AUTO_SHRINK on/off
```

其中：

● on 将数据库设为自动收缩。

● off 将数据库设为不自动收缩。

【例 2.17】 将数据库 sales 的收缩设为自动收缩。

```
ALTER DATABASE sales
SET AUTO_SHRINK on
```

注意 不能将整个数据库收缩到比其原始大小还要小。例如，如果数据库创建时的大小为 10MB，后来增长到 150MB，则该数据库最小能够收缩到 10MB（假定数据库中所有数据已经删除）。

2. 手工收缩

```
DBCC SHRINKDATABASE
( database_name [ , target_percent ]
[ , { NOTRUNCATE | TRUNCATEONLY } ]
)
```

其中：

- database_name：要收缩的数据库的名称。
- target_percent：数据库收缩后的数据库文件中所有剩余可用空间的百分比。
- NOTRUNCATE：被释放的文件空间依然保持在数据库文件的范围内。如果未指定，则被释放的文件空间将被操作系统回收利用。
- TRUNCATEONLY：将数据文件中任何未使用的空间释放给操作系统。使用 TRUNCATEONLY 时，忽略 target_percentis。

【例 2.18】 缩小 sales 数据库的大小，使得该数据库中的文件有 20%的可用空间。

```
DBCC SHRINKDATABASE(sales,20)
```

还可以使用 DBCC 命令来缩小某一个操作系统文件的长度，其语法格式为：

```
DBCC SHRINKFILE
(file_name { [ , target_size ] | [ , { EMPTYFILE | NOTRUNCATE | TRUNCATEONLY } ] }
)
```

其中：

- file_name：要收缩的操作系统文件名。
- target_size：将文件缩小到指定的长度，以 MB 为单位。如果缺省该项，文件将尽最大可能缩小。
- EMPTYFILE：将指定文件上的数据全部迁移到本文件组的其他文件上，以后的操作将不会再在该文件上增加数据。

注意 使用 DBCC SHRINKFILE 语句，可以将单个数据库文件收缩到比其初始创建大小还要小。必须分别收缩每个文件，而不要试图收缩整个数据库。

【例 2.19】 将数据库 sales 中名为 sales_data 的文件收缩至 7MB。

```
USE sales
GO
DBCC SHRINKFILE(sales_data,7)
```

2.4 删除数据库

当一个数据库不再需要时，可以将其删除，以释放该数据库占用的磁盘空间。但是应该注意的是，如果某个数据库正在使用，则无法对其进行删除操作。

1. 使用 SQL Server Management Studio 删除数据库

1）进入 SQL Server Management Studio，在"对象资源管理器"窗口中右键单击要删除的数据库，如 company，从弹出的快捷菜单中选择"删除"命令，弹出"删除对象"窗口，如图 2-20 所示。

图 2-20　"删除对象"窗口

2）单击"确定"按钮，删除该数据库。

2. 使用 Transact-SQL 语句删除数据库

删除数据库的 SQL 语句的语法格式如下：

```
DROP DATABASE database_name
```

【例 2.20】　删除数据库 student。

```
DROP DATABASE student
```

【例 2.21】　删除 sample 和 student 数据库。

```
DROP DATABASE sample,student
```

注意

- 4 个系统数据库 master、tempdb、model、msdb 不能删除。
- 正在使用的数据库不能删除。
- 数据库被删除之后，文件及其数据都从服务器上的磁盘中删除。一旦删除数据库，它即被永久删除，所以删除数据库时一定要谨慎。

2.5　本章小结

本章介绍了 SQL Server 数据库创建、管理和删除的方法以及数据库的基本存储结构，并对系统数据库进行了讲解。通过对本章的学习，应该重点掌握根据需要创建数据库，并对其进行有效的管理。

2.6 实训项目

实训目的

1）掌握使用 SQL Server Management Studio 和 Transact-SQL 语句创建数据库的方法。

2）掌握修改数据库、数据库更名的方法。

3）掌握删除数据库的方法。

实训内容

1. 使用 SQL Server Management Studio 创建一个数据库，具体要求如下：

1）数据库名称为 Test1。

2）主数据文件：逻辑文件名为 Test1Data1，物理文件名为 Test1Data1.mdf，初始容量为 5MB，最大容量为 20MB，增幅为 1MB。

3）次要数据文件：逻辑文件名为 Test1Data2，物理文件名为 Test1Data2.ndf，初始容量为 1MB，最大容量为 10MB，增幅为 1MB。

4）事务日志文件：逻辑文件名为 Test1Log1，物理文件名为 Test1Log1.ldf，初始容量为 2MB，大容量为 5MB，增幅为 1MB。

2. 使用 Transact-SQL 语句创建数据库，具体要求如下：

1）数据库名称为 Test2。

2）主数据文件：逻辑文件名为 Test2Data1，物理文件名为 Test2Data1.mdf，初始容量为 8MB，最大容量为 50MB，增幅为 1MB。

3）次要数据文件：逻辑文件名为 Test2Data2，物理文件名为 Test2Data2.ndf，初始容量为 1MB，最大容量为 10MB，增幅为 1MB。

4）事务日志文件：逻辑文件名为 Test2Log1，物理文件名为 Test2Log1.Ldf，初始容量为 512KB，最大容量为 5MB，增幅为 512KB。

3. 按照下列要求在 SQL Server Management Studio 中修改第 2 题中创建的 Test2 数据库。

1）主数据文件的容量为 10MB，最大容量为 100MB，增幅为 2MB。

2）次要数据文件的容量为 2MB，最大容量为 20MB，增幅为 2MB。

3）事务日志文件：初始容量为 1MB，最大容量为 10MB，增幅为 1MB。

4. 把 Test1 数据库改名为 new_TEST1。

5. 分别使用 dbcc shrinkdatabase 和 dbcc shrinkfile 对数据库进行收缩。

6. 删除数据库。

1）在 SQL Server Management Studio 中使用对象资源管理器删除 new_TEST1 数据库。

2）在查询编辑器中使用 DROP DATABASE 语句删除 Test2 数据库。

2.7 习题

1. 一个数据库中包含哪几种文件？

2. SQL Server 2014 有哪些系统数据库，它们的作用分别是什么？

3. 系统表存放在哪个数据库中？

4. 简述 SQL Server 2014 中文件组的作用及分类。

5. 用户想用 ALTER DATABASE 命令删除文件组，但失败了，为什么？

6. 假设数据库中的表 table1 有 1000 条记录，每条记录是 5KB，计算此表占用的存储空间。

第3章　表的创建

在数据库中，表是最重要、最基本的操作对象，是数据存储的基本单位。因此创建数据库之后，应该在数据库中创建表来存储数据。不仅表的创建、查看、修改和删除是 SQL Server 2014 最基本的操作，对表的约束和规则的理解和使用也是进行数据库管理与开发的基础。本章主要介绍表的创建与管理、数据完整性的概念与实施。

本章学习要点：

- 表的概念
- 表的创建、修改和删除
- 插入、更新与删除表中的数据
- 数据完整性的概念及实施方法

3.1　表的概念

数据库中包含一张或多张表。表是数据的集合，是用来存储数据和操作数据的逻辑结构。和电子表格类似，数据在表中是按照行和列的格式来组织排列的，每一行代表一条唯一的记录，每一列代表记录的一个属性，每列又称为一个字段，每列的标题称为字段名。例如，一个包含销售员基本信息的数据表，表中每一行代表一名销售员，每一列包含所有销售员的某个特定类型的信息，如编号、姓名、性别等，如图 3-1 所示。

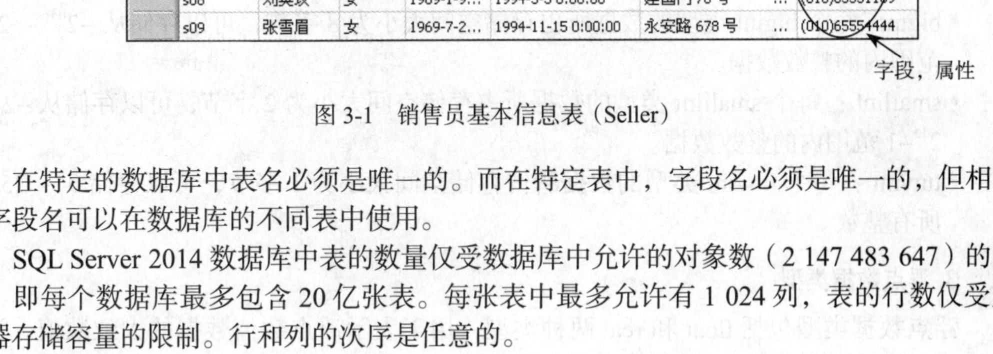

SaleID	Salename	Sex	Birthday	HireDate	Address		Telephone
s01	张颖	女	1968-12-...	1992-5-1 0:00:00	复兴门 245 号	...	(010)65559857
s02	王伟	男	1962-2-1...	1992-8-14 0:00:00	罗马花园 890 号	...	(010)65559482
s03	李芳	女	1973-8-3...	1992-4-1 0:00:00	芍药园小区 78 号	...	(010)65553412
s04	郑建杰	男	1968-9-1...	1993-5-3 0:00:00	前门大街 789 号	...	(010)65558122
s05	赵军	男	1965-3-4...	1993-10-17 0:00:00	学院路 78 号	...	(010)65554848
s06	孙林	男	1967-7-2...	1993-10-17 0:00:00	阜外大街 110 号	...	(010)65557773
s07	金士鹏	男	1960-5-2...	1994-1-2 0:00:00	成府路 119 号	...	(010)65555598
s08	刘英玫	女	1969-1-9...	1994-3-5 0:00:00	建国门 76 号	...	(010)65551189
s09	张雪眉	女	1969-7-2...	1994-11-15 0:00:00	永安路 678 号	...	(010)65554444

图 3-1　销售员基本信息表（Seller）

在特定的数据库中表名必须是唯一的。而在特定表中，字段名必须是唯一的，但相同的字段名可以在数据库的不同表中使用。

SQL Server 2014 数据库中表的数量仅受数据库中允许的对象数（2 147 483 647）的限制，即每个数据库最多包含 20 亿张表。每张表中最多允许有 1 024 列，表的行数仅受服务器存储容量的限制。行和列的次序是任意的。

3.2　数据类型

在创建表时，必须为表中每个字段定义数据类型。数据类型指定了每个字段可以容纳的数据的类型（数值、字符、日期或货币等）以及在内存中如何存储该字段的数据。除表中字段外，局部变量、表达式和参数都具有一个相关的数据类型。SQL Server 2014 中的数据类型可以分为两类：系统数据类型和基于系统数据类型的用户自定义数据类型。

3.2.1 系统数据类型

SQL Server 2014 提供的系统数据类型有 30 多种，可以分为十大类。SQL Server 会自动限制每个系统数据类型的值的范围，当插入表中的值超过了数据类型允许的范围时，SQL Server 就会报错。

1. 二进制数据类型

二进制数据类型包括两种：binary、varbinary。

- binary[(n)]：长度为 n 字节的固定长度二进制数据，n 必须是 1 ~ 8 000 的值。该类型的数据所占存储空间的大小为 n 字节。在输入 binary 类型的值时，应以十六进制格式输入，即以 0x 打头，后面使用 0 ~ 9 和 A ~ F 表示。例如，输入 0x28B。如果输入数据长度大于定义的长度，超出的部分会被截断。
- varbinary[(n|max)]：n 字节可变长二进制数据，n 必须是 1 ~ 8 000 的值。该类型数据所占存储空间大小为实际输入数据长度 +2 字节，而不是 n 字节。Max 指示最大存储空间大小为 $2^{31}-1$ 字节。

注意 在定义的范围内，不论输入的数据长度是多少，binary 类型的数据都占用相同的存储空间，即定义时空间；而对于 varbinary 类型的数据，在存储时根据实际值的长度使用存储空间。

2. 整数数据类型

整数数据类型是常用的数据类型之一，主要用于存储数值数据，可以直接进行数学运算而不必使用函数转换。整数数据类型有 5 种：bit、int、bigint、smallint、tinyint。

- bit：为位数据类型，该类型的数据只能取 0 或 1，长度为 1 字节。通常使用 bit 类型的数据表示真假逻辑关系，如 on/off、yes/no、true/false 等。当输入非零值时，系统将其转换为 1。需注意，不能对 bit 类型的字段使用索引。
- int：每个 int 类型的数据所占用存储空间大小为 4 字节，可以存储从 -2^{31} ~ $2^{31}-1$ 范围内的整数数据。
- bigint：每个 bigint 类型的数据所占存储空间大小为 8 字节，可以存储从 -2^{63} ~ $2^{63}-1$ 范围内的整数数据。
- smallint：每个 smallint 类型的数据所占存储空间大小为 2 字节，可以存储从 -2^{15} ~ $2^{15}-1$ 范围内的整数数据。
- tinyint：每个 tinyint 类型的数据所占存储空间大小为 1 字节，可以存储 0 ~ 255 的所有整数。

3. 浮点数据类型

浮点数据类型包括 float 和 real 两种类型，用于表示浮点数值数据的大致数值。浮点数据为近似值，因此，并非数据类型范围内的所有值都能精确地表示。

- real：可以存储正的或者负的十进制数值，占 4 字节的存储空间，其数据范围是 $-3.40E+38$ ~ $-1.18E-38$、0 以及 $1.18E-38$ ~ $3.40E+38$。

- float[(n)]：该类型数据范围为 –1.79E+308 ~ –2.23E–308、0 以及 2.23E–308 ~ 1.79E+308。其中，*n* 为用于存储 float 数值尾数的位数（以科学计数法表示）。如果指定了 *n*，则它必须是 1 ~ 53 的某个值，*n* 的默认值为 53。当 *n* 取 1 ~ 24 时，实际上是定义了一个 real 类型的数据，系统用 4 字节存储它；当 *n* 取 25 ~ 53 时，系统认为是 float 类型，用 8 字节存储它。

浮点数据类型容易发生舍入误差，因此一般在货币运算上不使用它，但是在科学运算或统计计算等不要求绝对精确的运算场合，使用浮点数据类型非常方便。

4. 精确小数数据类型

精确小数数据类型包括 decimal[(p[,s])] 和 numeric[(p[,s])] 两种，可以精确指定该小数的总位数 *p*（必须是 1 ~ 38，默认为 18）和小数点右边的位数 *s*（必须是 0 ~ *p*，默认为 0）。例如，decimal(12,5) 表示共有 12 位数，其中整数 7 位，小数 5 位。这两种数据的取值范围都是 –（10^{38}–1）~ 10^{38}–1。

注意
- 仅在指定了小数的总位数 *p* 后，才可以指定小数点右边的位数，并且 0<=*s*<=*p*。
- decimal 和 numeric 的区别在于：numeric 类型的列可以带有 IDENTITY 关键字。

5. 货币数据类型

货币数据类型专门用于处理货币数据，包括 money 和 smallmoney。
- money：以 money 数据类型存储的货币值的范围为 ±922 337 213 685 477.580 8 之间，精确到货币单位的万分之一。money 数据类型要求由两个 4 字节整数构成，前面的 4 字节表示货币值的整数部分，后面的 4 字节表示货币值的小数部分。
- smallmoney：以 smallmoney 数据类型存储的货币值介于 ±214 748.364 8 之间，精确到货币单位的万分之一。smallmoney 数据类型要求由两个 2 字节整数构成，前面的 2 字节表示货币值的整数部分，后面的 2 字节表示货币值的小数部分。

6. 日期 / 时间数据类型

日期 / 时间数据类型可以存储日期数据、时间数据以及日期、时间的组合数据，包括 date、time、datetime、datetime2、smalldatetime 以及 datetimeoffset 6 种数据类型。
- date：存储用字符串表示的日期数据，可以表示公元元年 1 月 1 日到公元 9999 年 12 月 31 日（0001-01-01 到 9999-12-31）间的任意日期值。数据格式为 "YYYY-MM-DD"，其中 YYYY 为表示年份的 4 位数字，范围是 0001 ~ 9999；MM 表示指定年份中的月份的两位数字，范围为 01 ~ 12；DD 表示指定月份中某一天的两位数字，范围为 01 ~ 31（最大值取决于具体月份）。每个 date 类型的数据占用 3 字节的空间。
- time：以字符串形式记录一天中的某个时间，取值范围为 00:00:00.0000000—23:59:59.9999999，数据格式为 "hh:mm:ss[.nnnnnnn]"。其中，hh 为表示小时的两位数字，范围为 0 ~ 23；mm 为表示分钟的两位数字，范围为 0 ~ 59；ss 为表示秒的两位数字，范围为 0 ~ 59；n* 表示秒的小数部分，0 ~ 7 位数字，范围为 0 ~ 9999999。每个 time 类型的数据占用 5 字节的空间。
- datetime：存储从 1753 年 1 月 1 日到 9999 年 12 月 31 日的日期和时间数据，默认值为 1900-01-01 00:00:00。当插入或在其他地方使用 datetime 类型的数据时，需用单引号或双引号括起来，而年、月、日之间的分隔符可以使用"/"、"-"或"."。每个 datetime 类型的数据占用 8 字节的存储空间。

- datetime2：datetime 类型的扩展，其数据范围更大，默认的小数精度更高，并具有可选的用户定义的精度。默认格式是 YYYY-MM-DD hh:mm:ss[.fractionaseconds]，日期存取范围是公元元年 1 月 1 日到公元 9999 年 12 月 31 日（0001-01-01 ~ 9999-12-31）。
- smalldatetime：存储从 1900 年 1 月 1 日到 2079 年 6 月 6 日的日期和时间数据，可以精确到 1 分钟。每个 smalldatetime 类型的数据占用 4 字节的存储空间。
- datetimeoffset：用于定义一个采用 24 小时制与日期相组合并可识别时区的一日内时间。默认格式为"YYYY-MM-DD hh:mm:ss[.nnnnnnn][{+|-}hh:mm]"。其中，{+|-}hh:mm 为时区偏移量，hh 为两位数，范围为 -14 ~ +14；mm 为两位数，范围为 00 ~ 59。该类型数据中保存的是世界标准时间（UTC）值，如果要存储北京时间 2015 年 4 月 8 日 12 点整，存储时，该值将是 2015-04-08 12:00:00+08:00，因为北京处于东八区，比 UTC 早 8 个小时。存储该类型数据时默认占用 10 字节的固定存储空间。

7. 字符数据类型

字符型数据是由字母、数字和符号组合而成的数据，如 'beijing'、'zyf123@126.com' 等都是合法的字符型数据。在使用字符类型数据时，需要在其前后加上英文单引号或者双引号。字符数据类型包括 char 和 varchar。

- char[(n)]：当用 char 数据类型存储数据时，每个字符占用 1 字节的存储空间。n 表示所有字符占用的存储空间，n 的取值为 1 ~ 8000。若不指定 n 值，则系统默认 n 为 1。例如，利用 char 数据类型来定义变量。

```
declare @name char(10)      -- 定义变量 name 为 char 类型，最长可容纳 10 个字符
set @name='zhangsan'        -- 字符型常量必须用单引号括起来，这时实际赋给变量的字符串长度为 8，
                               短于给定的最大长度 10，则多余的字节会以空格填充
set @name='zhangsan123'     -- 如果实际赋给变量的字符长度超过了给定的最大长度 10，
                               则超过的字符将会被截断，即变量 name 中存储的字符串为 'zhangsan12'
```

- varchar(n|max)：n 为存储字符的最大长度，取值范围为 1 ~ 8000，但可根据实际存储的字符数改变存储空间；max 表示最大存储大小是 $2^{31}-1$ 字节。存储大小是输入数据的实际长度加 2 字节。例如，声明某个变量的类型为 varchar(20)，则该变量最大只能存储 20 个字符，不够 20 个字符时按实际存储。

8. Unicode 数据类型

Unicode 数据类型包括 nchar 和 nvarchar。

- nchar（n）：n 个字符的固定长度的 Unicode 字符数据，n 的取值范围是 1 ~ 4000，如果缺省 n，则默认长度为 1。此数据类型采用 Unicode 标准字符集，因此每个字符所占存储空间为 2 字节，整个 Unicode 数据所占的存储空间数 = 字符数 × 2（字节）。
- nvarchar（n|max）：与 varchar 相似，用于存储可变长度的 Unicode 字符数据，括号中的 n 用来定义字符数据的最大长度，取值范围是 1 ~ 4000，如果没有指定 n，默认长度为 1。max 指示最大存储大小为 $2^{31}-1$ 字节。

9. 文本和图形数据类型

- text：专门用于存储数量庞大的变长的非 Unicode 字符数据。最大长度可达 $2^{31}-1$（2 147 483 647）个字符。

- ntext：用于存储可变长度的 Unicode 字符数据，最多可以存储 $2^{30}-1$ 个 Unicode 字符数据。所占存储空间大小是输入字符数的两倍。
- image：可变长度的二进制数据，用于存储字节数超过 8KB 的数据，如 Microsoft Word 文档、Microsoft Excel 图表和图像数据等，其最大长度为 $2^{31}-1$ 字节。该类型的数据由系统根据数据的长度自动分配空间，存储该字段的数据一般不能使用 INSERT 语句直接输入。

注意　在 Microsoft SQL Server 的未来版本中，将删除 text、ntext 和 image 数据类型，在新开发的项目中要避免使用这些数据类型，而用 varchar(max)、nvarchar(max)、varbinary(max)3 种类型。

10. 特殊数据类型

- sql_variant 数据类型可以应用在列、参数、变量和函数返回值中，该数据类型可以存储除 text、ntext、image、timestamp 和 sql_variant 以外的各种数据。
- rowversion：公开数据库中自动生成的唯一二进制数字的数据类型。rowversion 通常用作给表行加版本戳的机制。该类型数据所占存储空间大小为 8 个字节。每个数据库都有一个计数器，当对数据库中包含 rowversion 列的表执行插入或更新操作时，该计数器的值就会增加。此计数器是数据库行版本。一个表只能有一个 rowversion 列。每次修改或插入包含 rowversion 列的行时，就会在 rowversion 列中插入经过增量的数据库行版本值。
- timestamp：时间戳数据类型，该数据类型为 rowversion 数据类型的同义词，提供数据库范围内的唯一值，反映数据修改的相对顺序，是一个单调上升的计数器，此列的值被自动更新。

注意　微软将在后续版本的 SQL Server 中删除 timestamp 语法的功能，因此在新的开发工作中，应避免使用该功能，并修改当前还在使用该功能的应用程序。

- uniqueidentifier：16 字节的全球唯一标识符，是 SQL Server 根据网络适配器地址和主机 CPU 时钟产生的唯一号码。每个表只能包含一个 uniqueidentifier 列。
- cursor：游标数据类型，该类型类似于数据表，其保存的数据中包含行和列值，但是没有索引。游标用来建立一个数据的数据集，每次处理一行数据。
- table：一种特殊的数据类型，存储对表或视图处理后的结果集。这种数据类型使得变量可以存储一个表，从而使函数或过程返回查询结果更加方便、快捷。该类型只能用于定义局部变量或用户定义函数的返回值。
- xml：用于存储 XML 数据。可以在列中或者 xml 类型的变量中存储 xml 实例。存储的 xml 数据类型表示的实例大小不能超过 2GB。

3.2.2　用户自定义数据类型

SQL Server 2014 允许用户自定义数据类型，即允许数据库开发人员根据需要定义符合自己开发需求的数据类型。用户自定义数据类型是建立在 SQL Server 2014 系统数据类型基础之上的。当多个表的列中要存储相同类型的数据，且想确保这些列具有完全相同的数据类型、长度和是否为空属性时，可以使用用户自定义数据类型。需注意的是，用户自定义数据类型虽然使用比较方便，但是需要大量的性能开销，所以使用时要谨慎。

用户可以使用 SQL Server Management Studio 或 Transact-SQL 语句来创建用户自定义数据类型。创建用户自定义数据类型时必须提供名称、新数据类型所依据的系统数据类型、数据类型是否允许空值。用户自定义数据类型一旦创建成功，用户可以像使用系统数据类型一样使用它。

1. 创建用户自定义数据类型

（1）使用 SQL Server Management Studio 创建用户自定义数据类型

【例 3.1】 为数据库"sales"定义一个基于 varchar 类型的数据类型 telephone_code（长度为 15，允许为空值），用于说明表中电话号码列的数据类型。

使用 SQL Server Management Studio 创建用户自定义数据类型的操作步骤如下：

1）启动 SQL Server Management Studio，在"对象资源管理器"中，展开"数据库"→"sales"→"可编程性"→"类型"节点。

2）右键单击"用户定义数据类型"，从弹出的快捷菜单中选择"新建用户定义数据类型"命令，如图 3-2 所示。

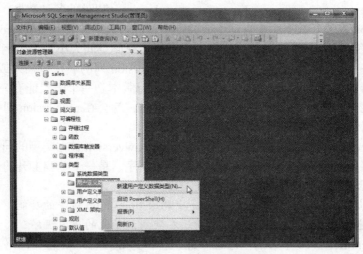

图 3-2 选择"新建用户定义数据类型"命令

3）弹出"新建用户定义数据类型"窗口，如图 3-3 所示。

图 3-3 "新建用户定义数据类型"窗口

- 在"名称"文本框中输入用户自定义数据类型的名称 telephone_code。
- 在"数据类型"下拉列表框中选择用户定义类型所依据的系统数据类型 varchar。
- 在"长度"数值框中输入 15。
- 选择"允许 NULL 值"复选框。

设置完毕后，单击"确定"按钮，即可创建自定义的数据类型 telephone_code。

（2）使用 Transact-SQL 语句创建用户自定义数据类型

可以使用 CREATE TYPE 创建用户自定义数据类型，其语法格式为：

```
CREATE TYPE type_name
FROM system_type [NULL | NOT NULL]
```

其中：

- type_name：用户自定义数据类型的名称。
- system_type：用户自定义数据类型所依据的系统数据类型名，如 varchar、int 等。
- NUL| NOT NULL：是否可以为空值。如果缺省该项，则默认为 NULL。

【例 3.2】 为 sales 数据库创建一个用户自定义数据类型 zip，定长字符型，长度为 6，不允许为空。

使用 Transact-SQL 语句创建用户自定义数据类型的步骤为：

1）单击工具栏上的"新建查询"按钮，新建一个使用当前连接进行的查询，在打开的查询编辑器中输入下面的语句：

```
CREATE TYPE zip
FROM char(6) NOT NULL
```

2）输入完成之后，单击工具栏上的"执行"按钮，即可完成用户自定义数据类型的创建。执行结果如图 3-4 所示。

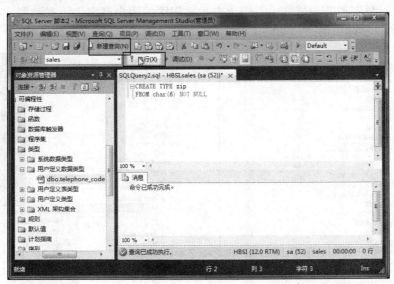

图 3-4　使用 Transact-SQL 语句创建用户自定义数据类型

这时刷新"对象资源管理器"中的"用户定义数据类型"节点，将会看到新增的数据类型，如图 3-5 所示。

在 SQL Server 2014 中，也可以使用系统存储过程 sp_addtype 创建用户自定义数据类型，其语法格式为：

```
sp_addtype [@typename=] type,[@phystype=] system_data_type[,[@nulltype=] 'null_type']
```

其中：
- type：用于指定用户自定义数据类型的名称。
- system_data_type：用于指定自定义数据类型所依据的系统数据类型的名称。
- null_type：用于指定用户自定义数据类型的 NULL 属性，其值可以为 NULL、NOT NULL 或 NONULL。默认时与系统默认的 NULL 属性相同。

【例 3.3】 为 sales 数据库创建一个用户自定义数据类型 home_address，变长字符型，长度为 128，允许为空。

```
sp_addtype home_address,'varchar(128)',null
```

在查询编辑器中输入上面的语句，输入完成之后，单击工具栏上的"执行"按钮，完成用户自定义数据类型的创建。

注意
- 如果用户自定义数据类型是在 model 数据库中创建的，它将作用于所有用户定义的新数据库中；如果用户自定义数据类型是在用户自己定义的某个数据库中创建的，则该数据类型只作用于此数据库。
- 用户自定义数据类型创建以后，可以像普通的系统数据类型一样应用到表中的列或变量的定义中。

2. 删除用户自定义数据类型

删除用户自定义数据类型的方法也有两种。

1）在"对象资源管理器"中右键单击想要删除的用户自定义数据类型，在弹出的快捷菜单中选择"删除"命令，如图 3-6 所示。

图 3-5　新创建的用户自定义数据类型

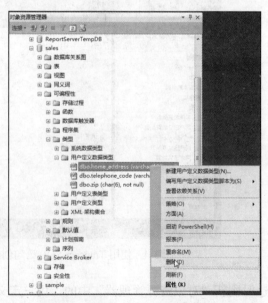

图 3-6　删除用户自定义数据类型

这时，系统弹出"删除对象"窗口，该窗口中列出要删除的对象，单击"确定"按钮即可完成删除操作，如图 3-7 所示。

2）使用 DROP TYPE 命令或系统存储过程 sp_droptype，可以删除用户自定义数据类型。DROP TYPE 语句语法格式为：

```
DROP TYPE type_name
```

使用存储过程 sp_droptype 删除用户自定义数据类型的语法格式为：

```
sp_droptype type_name
```

其中，参数 type_name 表示已经定义好的用户自定义数据类型。

【例 3.4】 删除在例 3.1 中定义的数据类型 telephone_code。

```
DROP TYPE telephone_code
```

或

```
sp_droptype telephone_code
```

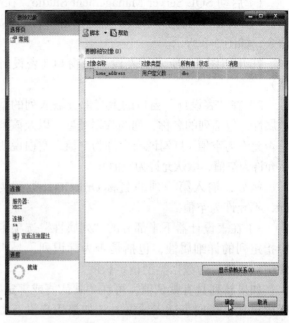

图 3-7 "删除对象"窗口

注意 只能删除已经定义，但未被使用的用户自定义数据类型，不能删除正在被表或其他数据库对象使用的用户自定义数据类型。

3.3 表的创建、修改和删除

3.3.1 表的创建

在创建表时，需要确定表的结构，也就是确定表中有几个字段、每个字段的字段名以及每个字段的数据类型等。只有设计好表的结构，系统才会在磁盘上开辟相应的空间，用户才能向表中填写数据。

在 SQL Server 2014 中，创建表有两种方式：一种是通过 SQL Server Management Studio 创建，另一种是通过 Transact-SQL 语句创建。

1. 使用 SQL Server Management Studio 创建表结构

【例 3.5】 为 sales 数据库创建订单表 Orders，表中包含 4 列，每列的名称及类型等属性如表 3-1 所示。

表 3-1 Orders 表的结构

列　　名	列类型	是否允许为空值	是否是标识列	默认值
OrderID	int	no	是	无
CustomerID	char(3)	no	否	无
SaleID	char(3)	no	否	无
OrderDate	datetime	yes	否	系统日期

通过 SQL Server Management Studio 创建表是最便捷的方式，具体操作步骤如下：

1）启动 SQL Server Management Studio，在"对象资源管理器"窗口中，展开"数据库"→"sales"数据库节点。右键单击"表"，从弹出的快捷菜单中选择"新建"→"表"命令，如图 3-8 所示。

打开如图 3-9 所示"表设计"窗口（表设计器）。

2）在"表设计"窗口的上半部分输入列的基本属性，包括列的名称、列的数据类型、以及该列是否允许为空值（打勾说明允许为空值，空白说明不允许为空值，默认允许为空值）。

例如，输入第一列的名称 OrderID，类型为 int，不允许为空值。

3）在表设计器下半部分的"列属性"选项卡中指定列的详细属性，包括是否为标识列、是否使用默认值、为数据类型指定长度等。

如果新列具有默认值，可在"默认值或绑定"栏内设置。当向表插入数据时，如果用户没有提供该列的值，SQL Server 自动用默认值填充该列。OrderID 这一列没有默认值，因此无须设置该项。

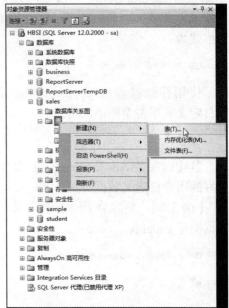

图 3-8　选择"新建"菜单下的"表"命令

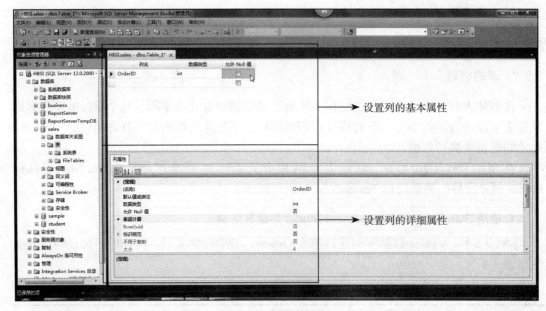

图 3-9　表设计窗口

如果想定义某一列为标识列，把"标识范围"属性中的"是标识"设为"是"，并设置"标识种子"和"标识增量"即可。"标识列"是指当一个新的数据行被插入表中时，SQL Server 为标识列提供一个唯一的、递增的数值。例如，设置 OrderID 为标识列，标识种子（标识列的起始值）为 10248，标识递增量（标识列的增值）为 1，如图 3-10 所示。那么，当用户向表中添加数据时，该列的值由系统自动填充，依次为 10248、10249、10250……

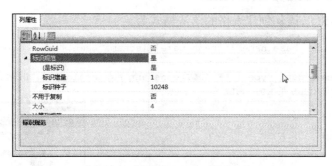

图 3-10   设置 OrderID 为标识列

只能指定数据类型是整型的列为标识列，并且每张表中只能有一个标识列。

按照如上方法依次添加 CustomerID 列、SaleID 列以及 OrderDate 列。OrderDate 列带有默认值，需在"列属性"选项卡中的"默认值或绑定"栏中输入默认值，用 getdate() 系统函数获取系统当前的日期和时间，如图 3-11 所示。

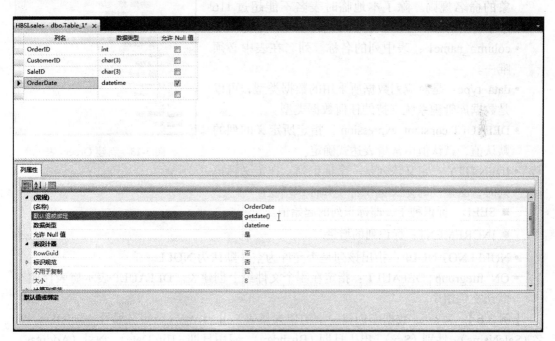

图 3-11   Orders 表的设计

4）保存表格，单击工具栏上的"保存"按钮，弹出"选择名称"对话框，如图 3-12 所示，输入表名，单击"确定"按钮即可完成表的建立。如果在该数据库中已经有同名的表存在，系统会弹出警告对话框，用户可以改名重新保存。

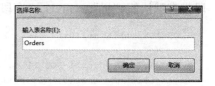

图 3-12   "选择名称"对话框

至此完成 Orders 表的创建，在"对象资源管理器"中刷新 sales 数据库下的表节点，会看到新建的 Orders 表，如图 3-13 所示。

2. 使用 Transact-SQL 语句创建表结构

使用 Transact-SQL 语句创建表格的语法格式为：

```
CREATE TABLE [database_name.[schema_name].|schema_name.]table_name
(
    column_name1 data_type [ DEFAULT constant_expression] [ IDENTITY ( SEED,
INCREMENT )] [ NULL | NOT NULL ]
    [ ,…n]
)
[ON { filegroup | DEFAULT } ]
```

其中：

- database_name：在其中创建表的数据库的名称。database_name 必须指定现有数据库的名称。如果未指定，则 database_name 默认为当前数据库。

- schema_name：新表所属架构的名称。

- table_name：新表的名称。表名必须遵循数据库对象的命名规则。除了本地临时表名不能超过 116 个字符外，table_name 最多可包含 128 个字符。

- column_name1：表中列的名称。列名在表中必须唯一。

- data_type：是对应列数据所采用的数据类型，可以是数据库管理系统支持的任何数据类型。

- DEFAULT constant_expression：指定所定义的列的默认值，默认值由常量表达式确定。

- IDENTITY：定义该列是一个标识列。在定义标识列时，必须同时定义标识种子和标识增量。

  - SEED：标识种子，即标识列的起始值。

  - INCREMENT：标识列的增量。

- NULL| NOT NULL：指出该列是否允许为空，默认为 NULL。

- ON filegroup | DEFAULT：指定在哪个文件组上创建表。DEFAULT 表示将表存储在默认文件组中。

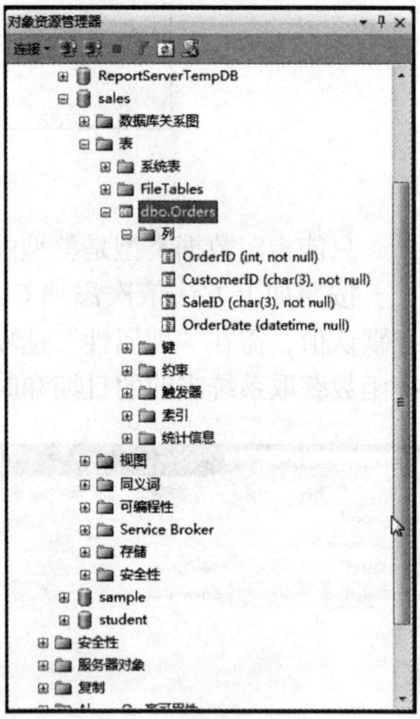

图 3-13　新建 Orders 表

【例 3.6】 为 sales 数据库创建一个销售人员表 Seller，包含销售员编号（SaleID）、姓名（SaleName）、性别（Sex）、出生日期（Birthday）、雇用日期（HireDate）、地址（Address）、电话（Telephone）和备注（Notes）字段，其中 SaleID、SaleName 字段不允许为空，Sex 字段带有默认值"男"，HireDate 字段用当前系统日期作默认值。

```
CREATE TABLE Seller
(
    SaleID char(3) NOT NULL,--销售员编号,不允许为空值
    SaleName char(8) NOT NULL,--销售员姓名,不允许为空值
    Sex char(2) DEFAULT '男',--销售员性别,有默认值'男'
```

```
Birthday datetime,
HireDate datetime DEFAULT getDate(),
Address char(60),
Telephone char(13),
Notes char(200)
)
```

单击工具栏上的"新建查询"按钮，新建一个使用当前连接的查询，在打开的查询编辑器中输入上面的代码，如图 3-14 所示。

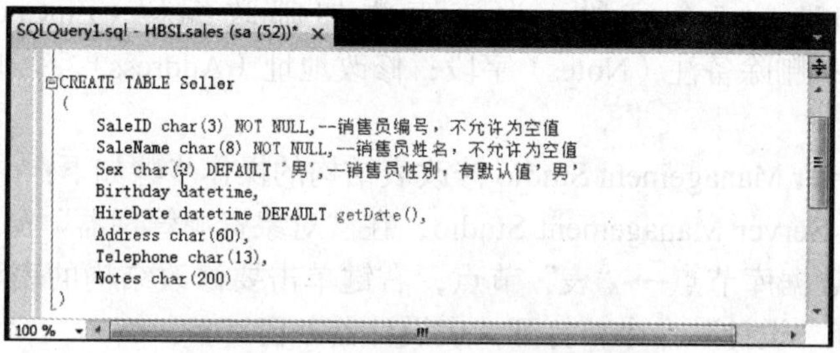

图 3-14 输入 CREATE TABLE 命令

单击工具栏中的"执行"按钮，执行该 CREATE TABLE 命令。执行成功之后，刷新 sales 数据库下的表节点，即可看到新建名称为 Seller 的数据表。

【例 3.7】 为 sales 数据库在文件组 USER1 上创建种类 Category 表。

```
CREATE TABLE Category
(
    CategoryID int IDENTITY(1,1),
    CategoryName nvarchar(15),
    Description nvarchar(200)
)
ON USER1
```

表 Category 包含 3 个字段，其中字段 CategoryID 是标识列，标识列的起始值和增量均为 1。

注意

- 文件组 USER1 必须已经定义。在例 3.6 中，因为没有使用 ON 关键字指出文件组，所以表存储在默认的文件组中。
- 表是数据库的组成对象，在进行创建表的操作之前，先要通过命令 USE sales 打开要操作的数据库。

【例 3.8】 为 sales 数据库创建 Customer 表，该表包含客户编码（CustomerID）字段、公司名称（CompanyName）字段、联系人姓名（ConnectName）字段、地址（Address）字段和备注（Notes）字段。

```
CREATE TABLE Customer
(
    CustomerID char(3) not null,
    CompanyName varchar(30) not null,
    ConnectName varchar(8) not null,
    Address varchar(100),
    Notes char(200)
)
```

3.3.2 表结构的修改

表结构创建好以后，如果发现有不满意的地方，还可以对表结构进行修改。修改的操作包括：增加或删除列，修改列的名称、数据类型、数据长度，改变表的名称等。修改表结构的方法有两种：使用 SQL Server Management Studio 和使用 Transact-SQL 语句。

1. 使用 SQL Server Management Studio 修改表结构

【例 3.9】 sales 数据库中的 Customer 表包含 CustomerID、CompanyName、Connect Name、Address 和 Notes 5 个字段，为该表添加邮政编码（ZipCode）和电话号码（Telephone）字段；删除备注（Notes）字段；修改地址（Address）字段的类型，将其长度设置为 200。

使用 SQL Server Management Studio 修改表结构的操作步骤如下：

1）打开 SQL Server Management Studio，在"对象资源管理器"窗口中，展开"数据库"→"sales"数据库节点→"表"节点，右键单击要修改结构的表 Customer，在弹出的快捷菜单中选择"设计"命令，打开"表设计器"窗口。

2）添加邮政编码（ZipCode）和电话号码（Telephone）字段，在"表设计器"窗口中选择新增字段所在的位置，然后单击鼠标右键，在弹出的快捷菜单中选择"插入列"命令，如图 3-15 所示。

图 3-15 插入列

这时窗口会在选定列的前面出现一个空行，在空行中输入新增邮政编码（ZipCode）和电话号码（Telephone）字段的信息，如图 3-16 所示。

这时邮政编码字段和电话号码字段的类型为 3.2.2 节定义的用户自定义数据类型 zip 和 telephone_code。

3）删除备注字段 Notes，在"表设计器"窗口中右键单击要删除的列，在弹出的快捷菜单中选择"删除列"命令，如图 3-17 所示。

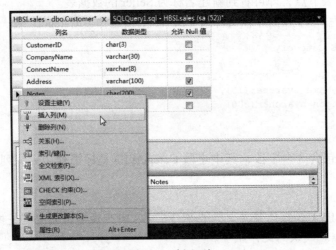

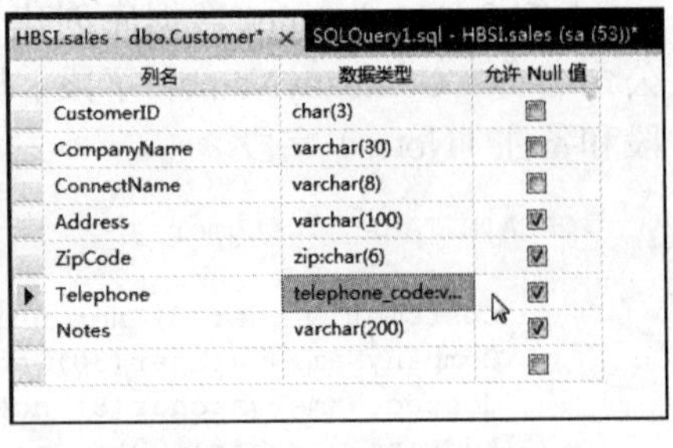

图 3-16 输入 ZipCode 字段和 Telephone 字段的信息

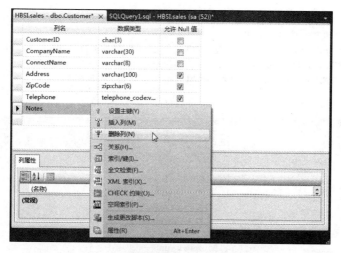

图 3-17　删除备注（Notes）字段

4）修改地址字段 Address 的类型，在"表设计器"中，某一列的名称、数据类型、数据长度以及是否为空值可以直接在该字段上修改，如图 3-18 所示。

5）修改完成后，单击工具栏上的"保存"按钮即可。如果在保存的过程中，无法保存新增的字段，则弹出警告对话框，如图 3-19 所示。

图 3-18　修改 Address 字段的类型

这时，可以选择"工具"菜单下的"选项"命令，在弹出的"选项"对话框中，选择"设计器"选项，在右侧面板中取消选中"阻止保存要求重新创建表的更改"复选框，单击"确定"按钮即可，如图 3-20 所示。

图 3-19　警告对话框

2. 使用 Transact-SQL 语句修改表结构

使用 Transact-SQL 语句修改表结构的语法格式为：

```
ALTER TABLE table_name
{ ADD column_name date_type
[DEFAULT contant_expression][IDENTITY(SEED,INCREMENT)][NULL | NOT NULL]
| DROP COLUMN column_name
| ALTER COLUMN column_name new_datetype [NULL | NOT NULL ]
}
```

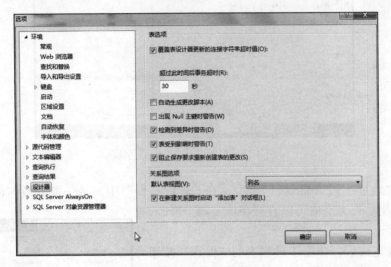

图 3-20　"选项"对话框

【例 3.10】　为 sales 数据库中的 Customer 表添加备注（Note）字段。

```
ALTER TABLE Customer
ADD Notes varchar(200)
```

新建一个使用当前连接的查询，在查询编辑器中输入上面的代码并执行，执行之后，用户可以重新打开 Customer 的"表设计器"窗口，看到修改后的表结构。注意：不论表中是否已有数据，新增加的列一律为空值，且新增加的一列位于表结构的末尾。

【例 3.11】　将表 Seller 中的 Sex 列删除。

```
ALTER TABLE Seller
DROP COLUMN Sex
```

添加列时，不需要带关键字 COLUMN；在删除列时，在列名前要带上关键字 COLUMN。

【例 3.12】　将 Seller 表中的 Address 字段的长度改为 30，并且不能为空。

```
ALTER TABLE Seller
ALTER COLUMN Address varchar(30) NOT NULL
```

注意　只能修改列的数据类型，以及列值是否为空值。

3.3.3　表结构的删除

当表不再使用时，可以将该表删除。删除表同样可以使用 SQL Server Management Studio 和 Transact-SQL 语句两种方法来实现。

1. 使用 SQL Server Management Studio 删除表

【例 3.13】 删除数据库 sales 中的 Category 表。

使用 SQL Server Management Studio 删除表的具体操作步骤为：

1）打开 SQL Server Management Studio，在"对象资源管理器"窗口中，展开"数据库"→"sales"→"表"节点。

2）选择要删除的表 Category，单击鼠标右键，从弹出的快捷菜单中选择"删除"命令，如图 3-21 所示。

3）打开"删除对象"窗口，如图 3-22 所示，在该窗口中列出了将被删除的表。单击"确定"按钮，即可完成指定表的删除操作。

图 3-21　选择"删除"命令

图 3-22　"删除对象"窗口

2. 使用 DROP TABLE 命令删除表格

其语法格式为：

```
DROP TABLE table_name1[,…n]
```

【例 3.14】 将 Customer 表从 sales 数据库中删除。

新建一个使用当前连接的查询，在查询编辑器中输入如下代码并执行。

```
DROP TABLE Customer
```

执行成功后，Customer 表被删除。

3.4　向表中插入、修改和删除数据

创建表的目的是利用表来存储和管理数据。实现数据存储的前提是向表中添加数据，没有数据的表只是一个空的表结构，没有任何实际意义。向表中添加数据后，可以根据需

要修改和删除数据。

3.4.1 插入数据

向表中插入记录使用 INSERT 语句。向已建好的表中插入记录，可以一次插入一条记录，也可以一次插入多条记录。INSERT 语句的语法格式为：

```
INSERT [ INTO ] table_name [ ( column_name [,…n] ) ]
VALUES ( expression | NULL | DEFAULT [,…n] )
```

其中：
- INSERT：向表中插入数据时使用的关键字。
- INTO：可选的关键字，使用 INTO 关键字可以增强语句的可读性。
- table_name：要插入记录的表名。
- (column_name[,…n])：指明要插入数据的字段名列表，为可选参数，当给表中所有字段插入值时，该字段名列表可以省略。
- VALUES：关键字，该关键字后面指定要插入的数据列表值。
- expression：与 column_name 对应的字段的值，插入字符型和日期型值时要加单引号。

1. 插入单行数据

【例 3.15】 向 Category 表中添加 3 行数据。

```
INSERT INTO Category(CategoryID,CategoryName,Description)
VALUES(1,'饮料','软饮料、咖啡、茶、啤酒和淡啤酒')

INSERT INTO Category(CategoryID,CategoryName,Description)
VALUES(2,'调味品','香甜可口的果酱、调料、酱汁和调味品')

INSERT INTO Category(CategoryID,CategoryName,Description)
VALUES(3,'点心','甜点、糖和面包')
```

表 Category 中有 3 个字段：CategoryID、CategoryName 和 Description，现在是对表中的所有字段插入数据，可以省略字段名列表，即上面 3 条 INSERT 语句可以简写成以下形式：

```
INSERT INTO Category
VALUES(1,'饮料','软饮料、咖啡、茶、啤酒和淡啤酒')

INSERT INTO Category
VALUES(2,'调味品','香甜可口的果酱、调料、酱汁和调味品')

INSERT INTO Category
VALUES(3,'点心','甜点、糖和面包')
```

这时需注意，必须保证 VALUES 后的各数据项位置同表定义时的顺序一致，否则系统会报错。

在插入数据时，对于允许为空的列，可使用 NULL 插入空值；对于具有默认值的列，可使用 DEFAULT 插入默认值。

【例 3.16】 sales 数据库中有一张销售员表 Seller，表中包含 SaleID、SaleName 等 8 个字段。其中 SaleID、SaleName 字段不能为 NULL，Sex 字段有默认值'男'，HireDate 字段用系统当前日期作默认值，见图 3-14。向 Seller 表中插入一行数据，性别 Sex 字段的默认值为"男"，HireDate、Address 等字段取空值。

```
INSERT INTO Seller(SaleID,SaleName,Sex,Birthday,HireDate,Address,Telephone,Notes)
VALUES('s11','赵宇飞',DEFAULT,'1974-07-25',NULL,NULL,NULL,NULL)
```

因为是给表中的所有字段提供值，所以该 INSERT 语句也可简写成如下形式：

```
INSERT INTO Seller
VALUES('s11','赵宇飞',DEFAULT,'1974-07-25',NULL,NULL,NULL,NULL)
```

在插入数据时，也可以只提供部分字段的值，这时列名表不能缺省。例如：

```
INSERT INTO Seller(SaleID,SaleName,Birthday)
VALUES('s11','赵宇飞','1974-07-25')
```

Seller 表中 Sex、HireDate 字段带有默认值，系统自动用默认值"男"以及系统当前日期来填充；Address、Telephone 以及 Notes 没有默认值，但允许为 NULL，系统自动用 NULL 值填充。INSERT 语句执行成功后，在"对象资源管理器"窗口中，用鼠标右键单击表 Seller，在弹出的快捷菜单中选择"选择前 1000 行"命令，可以看到插入的数据，如图 3-23 所示。

图 3-23　向表中插入数据

该 INSERT 语句如果写成如下形式，即缺省了字段名列表，但是又没有给所有字段提供值，则系统会报错，如图 3-24 所示。

```
INSERT INTO Seller
VALUES('s11','赵宇飞','1974-07-25')
```

【例 3.17】 sales 数据库中有表 OrderDetail，表结构如图 3-25 所示。向 OrderDetail 表中插入一行数据。

向 OrderDetail 表中插入数据的 INSERT 语句为：

```
INSERT INTO OrderDetail
VALUES(10254,'P01003',NULL)
```

或者

```
INSERT INTO OrderDetail (OrderID,ProductID)
VALUES(10254,'P01003')
```

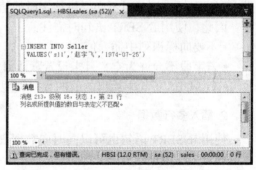

图 3-24　执行插入语句时系统提示的错误信息

这时，系统自动用 NULL 值填充 Quantity 字段。如果将 INSERT 语句写成如下形式，即缺省了字段名列表，但又没有给表中的所有字段提供值，则系统会报错。

```
INSERT INTO OrderDetail
VALUES(10254,'P01003')     -- 系统报错
```

图 3-25　OrderDetail 表的结构

【例 3.18】 向 sales 数据库的 Orders 表中插入一行数据。Orders 表的结构如图 3-26 所

示。其中，OrderID 是标识列，OrderDate 是带有默认值的列。

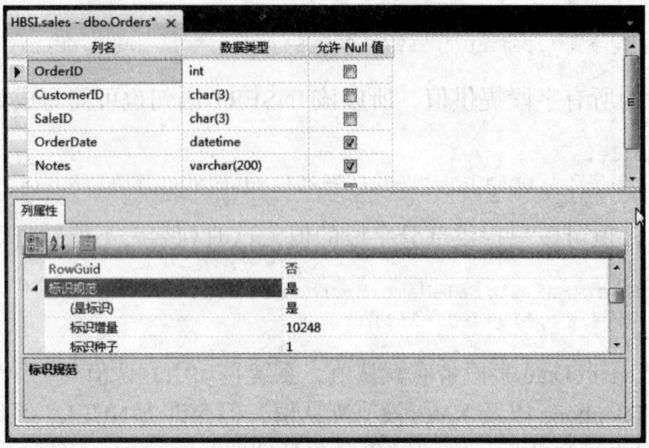

图 3-26   Orders 表的结构

向 Orders 表中插入数据的 INSERT 语句为：

```
INSERT INTO Orders(CustomerID,SaleID)
VALUES('c01','s05')
```

这时，没有给字段 OrderDate 提供值，系统调用 getdate() 函数获取系统当前日期来填充该字段；而 OrderID 字段是标识列，其值由系统根据标识增量以及标识种子的值自动提供，用户在插入记录时不必提供该字段的值。

因此，使用 INSERT 语句时需注意：

- 不要向标识列中插入值。
- 若字段不允许为空，且未设置默认值，则必须为该字段提供数据值。
- VALUES 子句中给出的值的数据类型必须和列的数据类型相对应。

2. 插入多行数据

使用 INSERT 语句也可以同时向数据表中插入多行记录，插入时指定多个值列表，每个值列表之间用逗号分隔开即可。

【例 3.19】 sales 数据库中有表 Customer，表结构如图 3-18 所示。向 Customer 表中插入多行数据。

```
INSERT INTO Customer
VALUES
('c01','三川实业有限公司','刘小姐','大崇明路 50 号','343567','(030)30074321'),
('c02','东南实业','王先生','承德西路 80 号','234575','(030)35554729'),
('c03','坦森行贸易','王炫皓','黄台北路 780 号','985060','(0321)5553932');
```

语句执行之后的结果如图 3-27 所示。

还有一种非常有用的方法可以一次向数据表中插入多行记录，那就是在 INSERT INTO 语句中加入查询子句 SELECT，通过 SELECT 子句从其他表中选出符合条件的数据，再将其插入指定的表中。其语法格式如下：

```
INSERT [ INTO ] dest_table_name [ ( column_name [,…n] ) ]
SELECT column_name [,…n]
```

```
FROM source_table_name
[ WHERE search_conditions ]
```

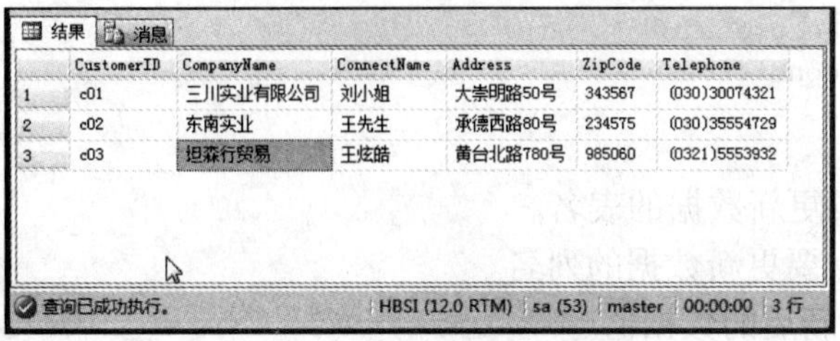

图 3-27　插入多行记录的结果

功能：先从 source_table_name 表中找出符合条件的所有数据，从中选择所需的列，将其插入 dest_table_name 表中。

注意

• 要插入数据的表 dest_table_name 必须是已经存在的，不能向不存在的表中插入数据。

• 要插入数据的表 dest_table_name 中的列和 SELECT 子句中列的数量、顺序和数据类型都要相同。

【例 3.20】　创建 Employee 表，包含 3 个字段 EmployeeID、EmployeeName 和 Address。将 Seller 表中的女销售人员的 ID、姓名以及地址插入 Employee 表中。

```
CREATE TABLE Employee
(EmployeeID char(3),EmployeeName char(8),Address char(60))
GO
INSERT INTO Employee
SELECT SaleID,SaleName,Address
FROM Seller
WHERE Sex='女'
```

语句执行的结果如图 3-28 所示。

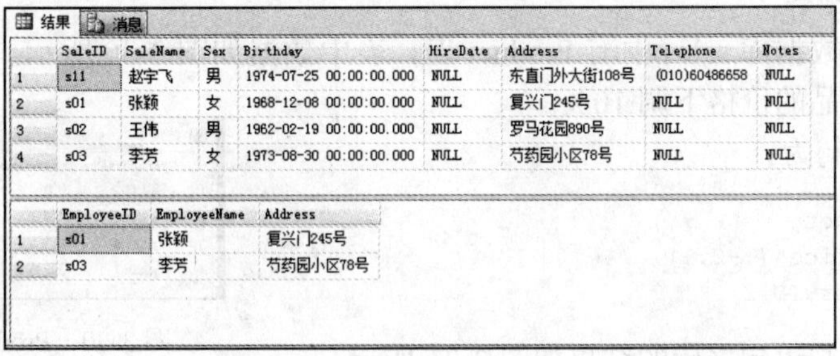

图 3-28　加入查询子句的 INSERT 语句执行结果

由结果可以看到，INSERT 语句执行后，Employee 表中多了 2 条记录，这两条记录和 Seller 表中女销售员的信息完全相同。

需注意，在该例中，由于是对 Employee 表中的所有列插入数据，因此可省略字段名列表。

3.4.2　修改数据

向表中插入数据后，由于某种原因可能需要修改表中的数据。这时，可以使用

UPDATE 语句更新表中的记录，可以更新特定的行或者同时更新所有的行。其语法格式为：

```
UPDATE table_name
SET column_name=expression [,…n]
[ WHERE search_conditions ]
```

其中：

- table_name：要更新数据的表名。
- column_name：要更新数据的列名。
- expression：更新后的数据值。
- search_conditions：更新条件，只对表中满足该条件的记录进行更新。

1. 更新单行记录

【例 3.21】 修改 Seller 表，将 SaleID 为 s11 的销售员的地址改为"东直门外大街 108 号"，电话改为"（010）60486658"。

```
UPDATE Seller
SET Address='东直门外大街108号',Telephone='(010)60486658'
WHERE SaleID='s11'
```

执行 UPDATE 语句之后的结果如图 3-29 所示。SaleID 为 s11 的销售员的地址和电话被成功修改。

图 3-29　更新后的数据

2. 更新多行记录

【例 3.22】 数据库 sales 中有 Product 表，表中数据如图 3-30 所示。将表中 Category ID 为 2 的所有产品的价格下调 10%。

UPDATE 语句为：

```
UPDATE Product
SET Price=Price*(1-0.1)
WHERE CategoryID=2
```

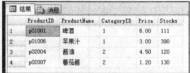

图 3-30　Product 表中的数据

执行 UPDATE 语句之后的结果如图 3-31 所示。

由代码执行前后的结果可以看出，UPDATE 语句执行后，成功地将表中符合条件（CategoryID 为 2）的记录的价格下调了 10%。

3. 修改所有记录

【例 3.23】 将 Product 表中所有产品的库存量 Stocks 修改为 500（件）。

UPDATE 语句为：

```
UPDATE Product
SET Stocks=500
```

执行结果如图 3-32 所示。可以看到 Product 表中所有记录的 Stocks 字段值都变成了 500。

	ProductID	ProductName	CategoryID	Price	Stocks
1	p01001	啤酒	1	6.00	111
2	p01006	苹果汁	1	3.00	390
3	p02004	酱油	2	4.05	120
4	p02007	番茄酱	2	1.08	130

图 3-31　更新后的数据

	ProductID	ProductName	CategoryID	Price	Stocks
1	p01001	啤酒	1	6.00	500
2	p01006	苹果汁	1	3.00	500
3	p02004	酱油	2	4.05	500
4	p02007	番茄酱	2	1.08	500

图 3-32　所有记录 Stocks 字段值被改变

通过以上 3 个例子看到，使用 UPDATE 语句可以一次修改一行数据，也可以一次修改多行数据，甚至是整张表的数据。但是无论哪种修改，都要求修改前后的数据类型和数据个数相同。

3.4.3　删除数据

当不再需要表中数据时，可以将其删除，以节省磁盘空间。删除表中数据使用 DELETE 语句，其语法格式为：

```
DELETE [ FROM ] table_name
[ WHERE search_conditions]
```

其中：

- table_name：指定要执行删除操作的表。
- [WHERE search_conditions]：为可选参数，用于指定删除条件。

DELETE 语句的功能为删除表中符合 search_conditions 的数据；若缺省 WHERE 子句，则表示删除该表中的所有数据。

【例 3.24】 删除 Seller 表中 SaleID 为 s11 的销售员信息。

```
DELETE FROM Seller
WHERE SaleID='s11'
```

【例 3.25】 删除 Employee 表中所有员工信息。

```
DELETE FROM Employee
```

3.4.4　使用 SQL Server Management Studio 插入、更新、删除表中数据

上面所做的插入、更新和删除数据的操作在 SQL Server Management Studio 下也可非常方便地完成。

【例 3.26】 对 Customer 表进行插入、更新、删除操作。

使用 SQL Server Management Studio 对 Customer 表进行插入、更新、删除等操作的步骤如下：

1）在 SQL Server Management Studio 的“对象资源管理器”中，展开“数据库”→“sales”→“表”节点，选中要进行插入、更新或删除操作的 Customer 表，单击鼠标右键，在弹出的快捷菜单选择“编辑前 200 行”命令，如图 3-33 所示。

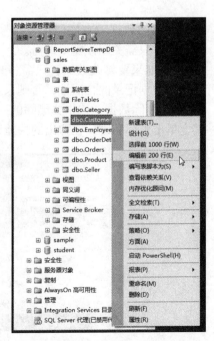

图 3-33　选择“编辑前 200 行”命令

打开 Customer 表窗口，显示该表中的数据，如图 3-34 所示。

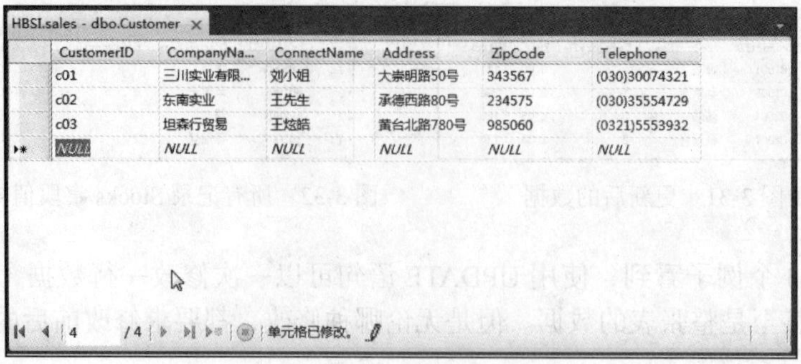

图 3-34   数据记录窗口

2）若要插入数据，只需在最后空白行上输入数据即可，如图 3-35 所示。对于具有 NULL 属性的列、有默认值的列和标识列，系统会自动输入一个合法的列值；对于其他的列，用户必须全部输入数据，否则系统会报错。

图 3-35   插入数据

新添的数据项右侧的红色叹号图标表示此单元格已更改，但尚未将更改提交到数据库，这时只需关闭该窗口即可。

3）如果要修改数据，只需将光标定位到要修改的位置直接修改即可。同样需注意修改后的数据记录的合法性，否则系统也会报错。

4）删除数据，选中要删除的一行或多行连续的记录（按住键盘上的 Shift 键），然后在其上单击鼠标右键，在弹出的快捷菜单中选择"删除"命令，如图 3-36 所示。

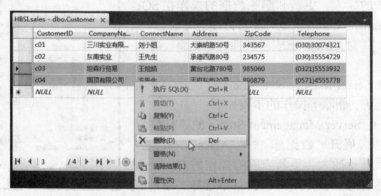

图 3-36   删除数据

　　系统弹出删除确认对话框，单击"是"按钮，确认删除，单击"否"按钮则取消删除，如图 3-37 所示。

　　5）完成插入、更新或删除操作后，关闭数据记录窗口即可。

3.5　约束

　　约束定义了必须遵循的用于维护数据一致性和正确性的规则，是强制实现数据完整性的主要途径。

图 3-37　"确认删除"对话框

约束有 5 种类型：主键约束、唯一性约束、检查约束、默认约束、外键约束（参照约束）。约束可以在以下两个层次上实施：

- 列级：用户定义的约束只对表中的一列起作用。
- 表级：用户定义的约束对表中的多列起作用。

1. 约束的创建、修改

约束可以用 Transact-SQL 的 CREATE TABLE 语句或 ALTER TABLE 语句来创建。

（1）使用 CREATE TABLE 语句创建约束

使用 CREATE TABLE 语句创建约束是在创建表时定义约束，约束是表格定义的一部分。其语法格式为：

```
CREATE TABLE table_name
( column_name data_type  [ [ CONSTRAINT constraint_name ] constraint_type ]
[,…n]
)
```

其中：

- column_name：列的名称。
- data_type：列的数据类型。
- constraint_name：要创建的约束的名称。若缺省约束名，则 SQL Server 会自动为约束提供一个名称。
- constraint_type：要创建的约束类型。

（2）使用 ALTER TABLE 语句创建约束

在已有的表上创建、修改约束可以使用 ALTER TABLE 命令。其语法格式为：

```
ALTER TABLE table_name
[ WITH CHECK | WITH NOCHECK ]
ADD [ CONSTRAINT constraint_name ] constraint_type
```

　　其中，WITH CHECK | WITH NOCHECK 代表新加入的约束是否检查表中现有的数据。使用 WITH CHECK 选项，系统会检查表中现有数据是否满足约束要求，若现有数据不符合约束的要求，SQL Server 会返回错误的信息，并拒绝执行增加约束的操作。WHITH NOCHECK 选项在创建约束时，不检查表中现有数据。

2. 约束的删除

使用 ALTER TABLE 语句还可删除约束，其语法格式为：

```
ALTER TABLE table_name
DROP CONSTRAINT constraint_name
```

这时，只删除了表中的指定约束，并没有删除表。但需注意，当表被删除时，在该表上定义的所有约束将自动取消。

3.5.1 主键约束

主键（PRIMARY KEY）用于唯一标识表中的每一条记录。可以定义表中的一列或多列为主键，主键列上没有任何两行具有相同的值（即重复值），该列也不能为空值。为了有效实现数据的管理，每张表都应该有自己的主键，且只能有一个主键。

1. 使用 Transact-SQL 语句创建主键约束

创建主键约束的语法格式如下：

```
[ CONSTRAINT constraint_name ] PRIMARY KEY [ CLUSTERED | NONCLUSTERED ]
( col_name [,…n])
```

其中：

CLUSTERED | NONCLUSTERED：用来指出是否为 PRIMARY KEY 约束创建聚集索引或非聚集索引，默认为聚集索引。索引将在第 5 章中详细介绍。

【例 3.27】创建 Orders 表，包括 OrderID、CustomerID、SaleID 和 OrderDate 4 个字段，其中 OrderID 字段设为主键。

```
CREATE TABLE Orders
(
    OrderID int CONSTRAINT pk_orderid PRIMARY KEY CLUSTERED,
    CustomerID char(3),
    SaleID char(3),
    OrderDate datetime
)
```

该例在 OrderID 字段上创建主键约束，约束名为 pk_orderid，并在该表上创建聚集索引。还可以在定义完所有列之后指定主键，并指定主键约束名称。

```
CREATE TABLE Orders
(
    OrderID int,
    CustomerID char(3),
    SaleID char(3),
    OrderDate datetime,
    CONSTRAINT pk_orderid PRIMARY KEY CLUSTERED (OrderID)
)
```

创建主键约束时，还可以缺省约束名称。即创建 Orders 表的 Transact-SQL 语句还可以写成如下形式：

```
CREATE TABLE Orders
(
    OrderID int PRIMARY KEY,
    CustomerID char(3),
    SaleID char(3),
    OrderDate datetime
)
```

这时没有提供主键约束的名称，SQL Server 自动为该约束提供一个名称。

【例 3.28】 已有 Seller 表，包含 SaleID、SaleName、Sex 等字段，将该表中的 SaleID 字段设为主键。

```
ALTER TABLE Seller
ADD CONSTRAINT pk_saleid PRIMARY KEY(SaleID)
```

注意 即使在创建主键约束时带有 WITH NOCHECK 选项，系统也总要对现有数据进行检查，若现有数据在该列上出现重复值或空值，SQL Server 会提示错误信息，并拒绝执行创建主键约束操作。例如，Product 表中的数据如图 3-38 所示。

Product 表中包含两条记录的 ProductID 字段的值一样，都是 p01001。通过如下语句给 Product 表设置主键时，系统会报错，如图 3-39 所示，只有修改 Product 表中已有数据，使每一条记录的 ProductID 的值各不相同，并且不为 NULL，才可正确执行该语句。

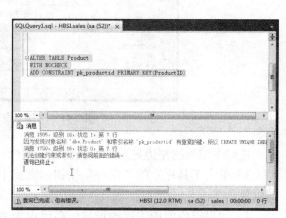

图 3-38　Product 表

```
ALTER TABLE Product
WITH NOCHECK
ADD CONSTRAINT pk_productid PRIMARY KEY(ProductID)
```

【例 3.29】 OrderDetail 表包含 OrderID、ProductID 和 Quantity 3 个字段，表中已有数据，如图 3-40 所示。为该表添加主键约束。

该表较为特殊，因为一张订单中可以订购多样产品，多张订单可以订购同一样产品，因此在 OrderDetail 表中每一条记录的 OrderID 值不唯一，ProductID 值也不唯一。因此，单独用 OrderID 字段或 ProductID 字段做主键都不合适，这就需要用 OrderID 和 ProductID 的组合值做为主键。

图 3-39　增加主键约束的语句报错

```
ALTER TABLE OrderDetail
ADD CONSTRAINT pk_order_product PRIMARY KEY(orderID,productID)
```

主键约束定义在不止一列上时，一列中的值可以重复，但主键约束定义中所有列的组合值必须唯一。

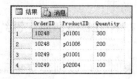

图 3-40　Product 表中数据

【例 3.30】 删除 Seller 表中创建的名为 pk_saleid 的主键约束。

```
ALTER TABLE Seller
DROP CONSTRAINT pk_saleid
```

2. 使用 SQL Server Management Studio 创建主键约束

在 SQL Server Management Studio 中也可创建、修改、删除主键约束。

【例 3.31】 使用 SQL Server Management Studio 为 Category 表添加主键约束。

具体操作步骤如下：

1）在 SQL Server Management Studio 的 "对象资源管理器" 中，选中需要添加主键约束的表 Category，单击鼠标右键，在弹出的快捷菜单中选择 "设计" 命令，弹出 "表设计器" 窗口。

2）右键单击要设置为主键的字段 CategoryID（如需设置多个字段为主键，则需先选中这些要设为主键的字段），在弹出的快捷菜单中选择 "设置主键" 命令，如图 3-41 所示。

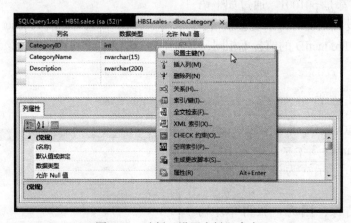

图 3-41　选择 "设置主键" 命令

这时主键列的左边显示 "黄色钥匙" 图标，如图 3-42 所示。

3）单击工具栏上的 "保存" 按钮，完成主键的设置。

4）如果需要取消主键的设置，在已设为主键的字段上单击鼠标右键，在弹出的快捷菜单中选择 "删除主键" 命令，即可取消主键的设置。

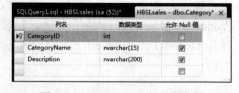

图 3-42　CategoryID 字段为主键

3.5.2　唯一性约束

唯一性（UNIQUE）约束用来限制不受主键约束的列上数据的唯一性，即表中任意两行在指定列上都不允许有相同的值。一个表上可以放置多个 UNIQUE 约束。

唯一性约束和主键约束的区别如下：

- 唯一性约束允许在该列上存在 NULL 值，而主键约束限制更为严格，不但不允许有重复，而且不允许有空值。
- 在创建唯一性约束和主键约束时，可以创建聚集索引和非聚集索引，但在缺省情况下，主键约束产生聚集索引，唯一性约束产生非聚集索引。

1. 使用 Transact-SQL 语句创建唯一约束

创建唯一性约束的语法格式为：

```
[ CONSTRAINT constraint_name ] UNIQUE [ CLUSTERED | NONCLUSTERED ]
( col_name [,…n])
```

【例 3.32】 在 sales 数据库中创建表 Department，包含 dep_id、dep_name 和 dep_head 三个字段，并在 dep_name 字段上创建唯一性约束。

```
CREATE TABLE Department
(
    dep_id int PRIMARY KEY,
    dep_name char(20) CONSTRAINT unq_depname UNIQUE,
    dep_head char(5)
)
```

也可以在定义完所有列之后指定唯一性约束。例 3.32 中的 CREATE TABLE 语句也可以写成如下形式：

```
CREATE TABLE Department
(
    dep_id int PRIMARY KEY,
    dep_name char(20),
    dep_head char(5),
    CONSTRAINT unq_depname UNIQUE (dep_name)
)
```

【例 3.33】 在 Seller 表的 Telephone 字段建立唯一性约束。

```
ALTER TABLE Seller
ADD CONSTRAINT unq_telephone UNIQUE (Telephone)
```

注意 sales 数据库的 Seller 表已有多行记录，这时在 Seller 表上创建唯一性约束，系统会检查表中已有数据，若现有数据在该 Telephone 字段上出现重复值，SQL Server 会提示错误信息，并拒绝执行创建唯一性约束操作。

2. 使用 SQL Server Management Studio 创建唯一性约束

【例 3.34】 sales 数据库中有 Product 表，在 ProductName 字段上创建唯一性约束。

在 SQL Server Management Studio 下创建唯一性约束的操作步骤为：

1）在 SQL Server Management Studio 的"对象资源管理器"中，选中需要添加唯一性约束的表 Product，单击鼠标右键，在弹出的快捷菜单中选择"设计"命令，打开"表设计器"窗口。

2）在该窗口中，在需要在其上创建唯一性约束的字段上单击鼠标右键，在弹出的快捷菜单中选择"索引 / 键"命令，弹出"索引 / 键"对话框，如图 3-43 所示。

3）单击"添加"按钮添加新的主 / 唯一键或索引，如图 3-44 所示。

在（常规）选项中可以选择要创建的类型（唯一键、索引或列存储索引）、在哪一列上创建以及是否唯一等。例如，选择"唯一键"类型，在"列"的右边单击省略号按钮"..."，弹出"索引列"对话框，如图 3-45 所示。选择列名"ProductName"和排序规律 ASC（升序）或 DESC（降序），单击"确定"按钮，返回"索引 / 键"对话框。

在"索引 / 键"对话框的"标识"选项下的"（名称）"处可以为创建的唯一性约束指

定名称，如输入 unq_productname，如图 3-46 所示。

4）单击"关闭"按钮即可完成唯一性约束的创建。

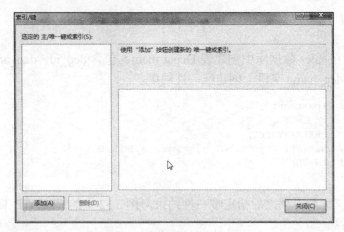

图 3-43 "索引 / 键"对话框

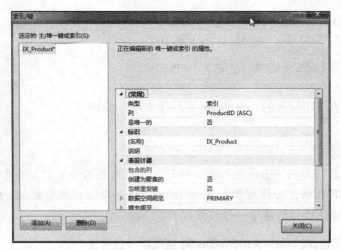

图 3-44 "索引 / 键"对话框

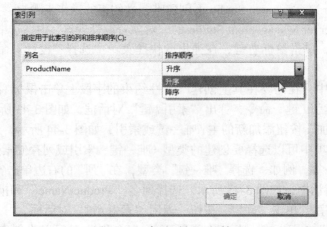

图 3-45 "索引 / 键"对话框

5）如果要取消唯一性约束，则在该对话框的"选定的主/唯一键或索引"列表中选择对应的唯一键名称，单击"删除"按钮即可。

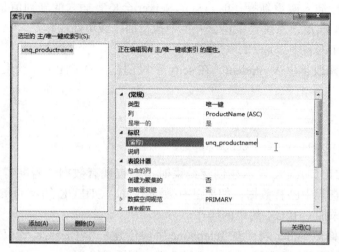

图 3-46　"索引/键"对话框

3.5.3　检查约束

检查（CHECK）约束用来指定某列可取值的范围。它通过限制输入列中的值来强制域的完整性。可以在单列上定义多个 CHECK 约束，以它们定义的顺序来求值。

1. 使用 Transact-SQL 语句创建检查约束

创建检查约束的语法格式为：

```
[ CONSTRAINT constraint_name ] CHECK (expression)
```

其中，expression 定义要对列进行检查的条件，可以是任何表达式，包括算术表达式、关系表达式、逻辑表达式或如 IN、LIKE 和 BETWEEN 之类的关键字。

（1）在创建表时添加 CHECK 约束

【例 3.35】　创建学生表 Student，包含 sid（学号）、sname（姓名）、sage（年龄）和 scity（城市）4 个字段，并在 sage 字段创建一个 CHECK 约束，使 sage 的值在 18～30 岁之间。

```
CREATE TABLE Student
(
    sid int PRIMARY KEY,
    sname char(20),
    sage int CONSTRAINT check_age CHECK (sage>=18 AND sage<=30),
    scity char(10)
)
```

该语句还可写成如下形式：

```
CREATE TABLE Student
(
    sid int PRIMARY KEY,
    sname char(20),
    sage int CONSTRAINT check_age CHECK (sage BETWEEN 18 AND 30),
```

```
    scity char(10)
)
```

当向该表执行插入或更新操作时，SQL Server 会检查插入的新列值是否满足 CHECK 约束的条件，若不满足，系统会报错，并拒绝执行插入或更新操作。

（2）在已存在的表中添加 CHECK 约束

【例 3.36】 修改学生表 Student，在 scity 字段创建一个 CHECK 约束，以限制只能输入有效的城市。

```
ALTER TABLE Student
WITH NOCHECK
ADD CONSTRAINT check_city CHECK (scity IN('北京','上海','天津','重庆'))
```

选项 WITH NOCHECK 表示在创建约束时不检查现有数据，若缺省该选项，系统在创建约束之前检查表中已有数据，如果已有数据不满足 CHECK 约束的条件，则系统会报错，并拒绝执行添加 CHECK 约束的操作。

【例 3.37】 修改 Seller 表，在 Telephone 字段创建一个 CHECK 约束，使该字段值的格式为（[0-9][0-9][0-9]）[0-9][0-9][0-9][0-9][0-9][0-9][0-9][0-9]。

```
ALTER TABLE Seller
ADD CONSTRAINT check_telephone CHECK (Telephone LIKE '([0-9][0-9][0-9])[0-9][0-9]
[0-9][0-9][0-9][0-9][0-9][0-9]')
```

Seller 表中已有的数据如图 3-47 所示。

	SaleID	SaleName	Sex	Birthday	HireDate	Address	Telephone	Notes
1	s01	张颖	女	1968-12-08 00:00:00.000	NULL	复兴门245号	13833022345	NULL
2	s02	王伟	男	1962-02-19 00:00:00.000	NULL	罗马花园890号	18643844443	NULL
3	s03	李芳	女	1973-08-30 00:00:00.000	NULL	芍药园小区78号	13723888232	NULL

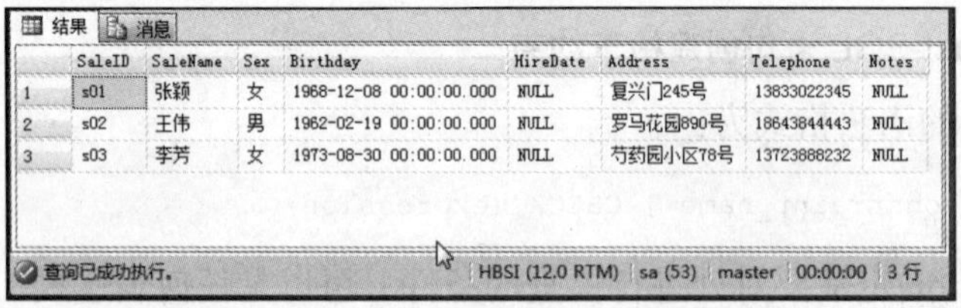

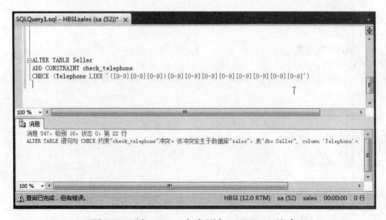

图 3-47 Seller 表中的数据

执行上述 ALTER TABLE 语句，系统报错，因为系统在创建 CHECK 约束前，对已有数据进行检测，发现 3 条记录 Telephone 字段的值均不满足 CHECK 约束，如图 3-48 所示。

图 3-48 在 Seller 表中添加 CHECK 约束

注意 不能在具有 IDENTITY 属性的列上设置 CHECK 约束。

2. 使用 SQL Server Management Studio 创建检查约束

【例 3.38】 修改 Seller 表，创建 CHECK 约束，使雇佣日期（HireDate）字段的值应大于出生日期（Birthday）。

在 SQL Server Management Studio 下创建 CHECK 约束的操作步骤为：

1）在 SQL Server Management Studio 的"对象资源管理器"中，选中需要添加 CHECK 约束的表 Seller，单击鼠标右键，在弹出的快捷菜单中选择"设计"命令，弹出"表设计器"窗口。

2）在该窗口中，右键单击上方窗格，在弹出的快捷菜单中选择"CHECK 约束"命令，弹出"CHECK 约束"对话框，如图 3-49 所示。

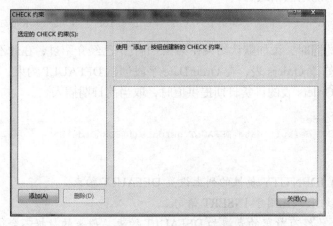

图 3-49 "CHECK 约束"对话框

3）单击"添加"按钮，系统给出默认的约束名 CK_Seller，在"（常规）"的"表达式"文本框中输入约束条件：HireDate>Birthday。若要修改已有的 CHECK 约束，可以在"选定的 CHECK 约束"列表框中选择要修改的 CHECK 约束，修改约束表达式即可。

4）"CHECK_约束"中的"在创建或重新启动时检查现有数据"选项决定在创建 CHECK 约束时是否检测现存数据，如图 3-50 所示。

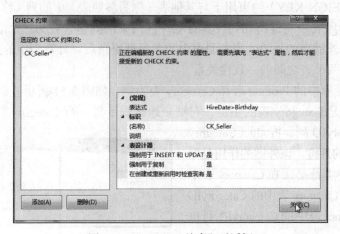

图 3-50 "CHECK 约束"对话框

5）单击"关闭"按钮，完成 CHECK 约束的创建或修改。

6）如要删除 CHECK 约束，则在该对话框的"选定的 CHECK 约束"列表框中选定要删除的 CHECK 约束，单击"删除"按钮即可。

3.5.4　默认约束

默认（DEFAULT）约束用于给表中指定列赋予一个常量值（默认值），当向该表插入数据时，如果用户没有明确给出该列的值，SQL Server 会自动为该列输入默认值。每列只能有一个 DEFAULT 约束。

1. 使用 Transact-SQL 语句创建默认约束

创建默认约束的语法格式为：

```
[ CONSTRAINT constraint_name ] DEFAULT (expression | NULL) FOR column_name
```

在创建表格的同时，添加默认约束在第 3.3.1 节中已经介绍过，在此不再举例。

【例 3.39】　修改 Orders 表，在 OrderDate 字段创建 DEFAULT 约束，将当前日期设为默认值，当未给 Orders 表的订货日期提供值时，取当前日期插入。

```
ALTER TABLE Orders
ADD CONSTRAINT default_date DEFAULT getdate() FOR OrderDate
```

注意

● 不能在具有 IDENTITY 属性的列上设置 DEFAULT 约束。

● DEFAULT 约束只能用于 INSERT 语句。

● 如果对一个已经有数据的表添加 DEFAULT 约束，原来的数据不会得到默认值。

2. 使用 SQL Server Management Studio 创建默认约束

在 SQL Server Management Studio 下创建 DEFAULT 约束的方法已在 3.3.1 节中介绍，这里不再重复。

3.5.5　外键约束

外键（FOREIGN KEY）约束用于与其他表（称为参照表）中的列（称为参照列）建立连接。通过将参照表中主键所在列或具有唯一性约束的列包含在另一个表（外键表）中，这些列就构成了外键表的外键。当参照表中的参照列更新后，外键表中的外键列也会自动更新，从而保证两个表之间的一致性关系。

以 sales 数据库中的 Product 表和 Category 表为例，如图 3-51 所示。

CategoryID 是 Category 表的主键，它唯一地标识了每一行 Category 数据。在 Product 表中也有 CategoryID 列，Product.CategoryID 是 Product 表的外键。该外键的作用是保证每个产品的种类都必须在 Category 表中有记录，并且当 Category 表中的 CategoryID 列更新后，Product 表中的 CategoryID 列也会自动更新。

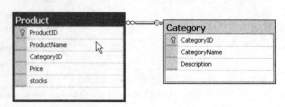

图 3-51　主外键关系图

1. 使用 Transact-SQL 语句创建外键约束

创建外键约束的语法格式为：

```
[ CONSTRAINT constraint_name ] FOREIGN KEY (col_name1[,…n])
REFERENCES table_name(column_name1[,…n])
```

其中：

- col_name1[,…n]：指名要实现外键约束的列。
- table_name：参照表表名。
- column_name1[,…n]：指名参照表中的参照列。

【例 3.40】　若 sales 数据库中包含 Seller 表和 Customer 表。其中 Seller 表包含 SaleID、SaleName 等字段，SaleID 为主键；Customer 表包含 CustomerID、Company 等字段，CustomerID 为主键。创建 Orders 表，包含 OrderID、CustomerID、SaleID 和 OrderDate 4 个字段，CustomerID、SaleID 为外键。

```
CREATE TABLE Orders
(
    Orderid int PRIMARY KEY,
    CustomerID char(3) REFERENCES Customer(CustomerID),
    SaleID char(3) CONSTRAINT fk_saleid REFERENCES Seller(SaleID),
    OrderDate datetime DEFAULT getdate()
)
```

【例 3.41】　修改 OrderDetail 表，在 OrderID 字段上创建外键约束。

```
ALTER TABLE OrderDetail
ADD CONSTRAINT fk_orderid
FOREIGN KEY (OrderID) REFERENCES Orders(OrderID)
```

注意　当将外键约束添加到一个已有数据的列上时，默认情况下，SQL Server 会自动检查表中已有数据，以确保所有的数据和主键保持一致，或者为 NULL。但也可以根据实际情况，设置 SQL Server 不检查现有数据的外键约束，例如：

```
ALTER TABLE OrderDetail
WITH NOCHECK
ADD CONSTRAINT fk_orderid
FOREIGN KEY (OrderID) REFERENCES Orders(OrderID)
```

2. 使用 SQL Server Management Studio 创建外键约束

在 SQL Server Management Studio 下同样可以创建外键约束，仍以 Product 表和 Category 表为例，表 Products 中的外键 CategoryID 参考 Category 表中的主键 CategoryID，其操作步骤如下：

1）进入 SQL Server Management Studio，在左边的"对象资源管理器"窗口中选中需要添加外键约束的表，单击鼠标右键，在弹出的快捷菜单中选择"设计"命令，弹出表设计器窗口。

2）在该窗口中，在上方窗格单击鼠标右键，在弹出的快捷菜单中选择"关系"命令，弹出"外键关系"对话框，如图 3-52 所示。

3）单击"添加"按钮，系统给出默认的关系名，单击"表和列规范"内容框中右边的省略号按钮，从弹出的"表和列"对话框中选择外键约束的表和列，如图 3-53 所示。

单击"确定"按钮，返回"外键关系"对话框。

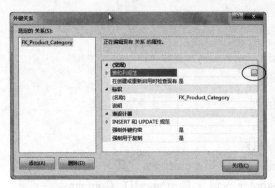

图 3-52 "外键关系"对话框

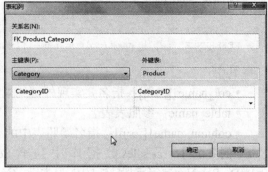

图 3-53 "表和列"对话框

4）设置"在创建或重新启用时检查现有数据"为"是"，指定对于在创建或重新启用约束之前就存在于表中的所有数据，根据约束进行验证。

5）将"强制外键约束"或"强制用于复制"设置为"是"，能确保任何数据添加、修改或删除操作都不会违背外键关系。

如果对主键表进行更新（Update）或删除（Delete）一行数据的操作，检查主键表的主键是否被外键表的外键引用，分为以下两种情况：

• 若没有被引用，则更新或删除。

• 若被引用，则对于下面的选项，可能发生如下 4 种操作之一：

不执行任何操作：拒绝更新或删除主键表，SQL Server 2014 将显示一条错误消息，告知用户不允许执行该操作。

级联：级联更新或删除外键表中相应的所有行。

设置 NULL：将外键表中相应的外键值设置为空值 NULL。

设置默认值：如果外键表的所有外键列均已定义默认值，则将该列设置为默认值。

6）单击"更新规则"和"删除规则"对应文本框右边的下拉列表，设置"更新规则"和"删除规则"的值为"级联"，即当表 Category 中某种类别的数据行更新或删除时，Product 表中相应产品的数据行也随之更新或删除，如图 3-54 所示。

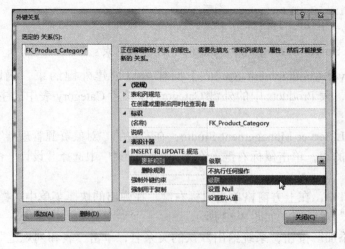

图 3-54 "更新规则"和"删除规则"

7）单击"关闭"按钮即可完成外键约束的创建。

8）如要删除外键约束，则在该对话框的"选定的关系"列表框中选择要删除的关系，单击"删除"按钮即可。

3.6 实现数据完整性

数据完整性是指数据的正确性、一致性和安全性，它是衡量数据库中数据质量好坏的重要标准。当用户用 INSERT、DELETE 或 UPDATE 语句修改数据库内容时，数据的完整性就可能会遭到破坏。例如可能会出现下列情况：将无效的数据添加到数据库的表中，如产品的价格输入成负数；将存在的数据修改为无效的数据，如将 Orders 表中的 SaleID 修改为并不存在的销售员号；对数据库的修改不一致，如在产品表中修改了 ProductID，但在 OrderDetail 表中的 ProductID 却没有得到修改等。

为了解决这些问题，保证数据的完整性，SQL Server 提供了实施数据完整性的方法，包括约束、缺省、规则等。在 SQL Server 数据库中，数据完整性大致可划分为以下 4 种类型：

1. 实体完整性（entity integrity）

实体完整性是指表中的每一行都能由称为主键的属性列来唯一标识，且不存在重复的数据行。作为唯一标识符的主键可能是一列，也可能是几列的组合，并且主键不可为空。

例如，在 Seller 表中可能由两个或多个销售员都叫'张芳'，因此 SaleName 字段不能设为主键。给每一个销售员赋予唯一编码 SaleID 来标识他们，SaleID 字段为主键。

2. 域完整性（domain integrity）

域完整性是指限制向表中输入的值的范围，保证给定列的输入有效性。它可以通过限制数据类型、值域或数据格式来实现。

例如，销售员的性别只能是"男"或"女"，年龄必须在 18 ~ 60 岁之间，产品的价格不可能为负数等。

3. 参照完整性（referential integrity）

参照完整性也叫引用完整性，是指当一个表引用了另一个表中的某些数据时，要防止非法的数据更新，以保持表格间数据的一致性。

例如，如果产品"p01003"被定购，在 OrderDetail 表中有一行表示 ×× 订单订购了"p01003"产品，订购数量为 ××，那么这个产品的代码必须存在于 Product 表中。这是为了保证订单只对可供应的产品有效，并且如果产品数据发生了变化，那么在 OrderDetail 表中的数据也将相应地发生变化。如果要删除某个 Product.ProductID，则对应的 OrderDetail.ProductID 也将被全部删除，或者在存在对应的 OrderDetail.ProductID 的前提下，不允许删除该 Product.ProductID。

参照完整性可通过外键约束来实现，如图 3-55 所示。

4. 用户定义完整性

用户定义完整性主要是体现实际运用的业务规则。它可以通过前面 3 种完整性的实施得到维护。

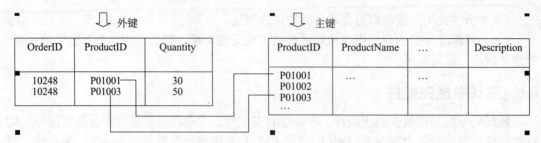

图 3-55   OrderDetail 表和 Product 表之间的参照关系

3.7   本章小结

本章主要介绍了如何使用 Transact-SQL 和 SQL Server Management Studio 两种方法来创建、修改、删除表，插入、修改、删除表中的数据，创建、删除 5 种约束，并对数据完整性的概念做了简单介绍。

通过本章的学习，应该掌握创建表和使用表的方法，并能完成对表的管理工作。

3.8   实训项目

实训目的

1）掌握使用 SQL Server Management Studio 和 Transact-SQL 语句创建表、修改表以及删除表。

2）掌握使用 INSERT、UPDATE、DELETE 语句向表中插入、更新和删除数据。

3）掌握创建、删除和修改约束的方法。

4）了解如何查看表格的定义、数据的依赖关系。

实训内容

1. 创建表，并创建相应的约束。要求：在学生管理数据库 XSGL 中创建如下 3 个表，创建名为 Student（学生信息）的表，表中各列的要求如下：

字段名称	字段类型	大　小	说　　明
Sno	char	10	主键
Sname	char	8	
sex	char	2	默认值为男，只能输入男或女
birthday	datetime		
Sdept	char	20	

创建名为 course（课程信息）的表，表中各列的要求如下：

字段名称	字段类型	大　小	说　　明
Cno	char	10	主键
Cname	char	30	唯一性
Ccredit	real		

创建名为 Score（学生成绩）的表，表中各列的要求如下：

字段名称	字段类型	大　　小	取值范围	说　　明
Sno	char	10	数据来自学生信息表	主键
Cno	char	10	数据来自课程信息表	主键
Grade	real		0 ~ 100	

2. 增加、修改和删除字段，要求：

1）给 Student 表增加一个 memo（备注）字段，类型为 varchar（200）。

2）将 memo 字段的类型修改为 varchar（300）。

3）删除 memo 字段。

3. 向表中添加数据、更新数据、删除数据，并验证约束。要求：

1）使用 INSERT INTO 命令分别向 3 个表中插入若干数据，验证主键约束、唯一性约束和默认值约束。

2）使用 UPDATE 命令更新数据，验证外键约束。

3）使用 DELETE 命令删除数据。

4. 删除表。

1）使用 SQL Server Management Studio 删除表。

2）利用 DROP TABLE 语句删除表。

3.9　习题

1. 什么是主键约束？什么是唯一性约束？两者有何区别？

2. 什么是数据完整性？数据完整性分为哪几类？如何实施？

3.（　）约束用来禁止输入重复值。

A. DEFAULT　　　　　　B. NULL　　　　　　C. UNIQUE　　　　D. FOREIGN KEY

4. 有如下定义，（　）插入语句是正确的。

```
CREATE TABLE student
(
    studentid int not null,
    name char(10) null,
    age int not null,
    sex char(1) not null,
    dis char(10)
)
```

A. INSERT INTO student VALUES (11,'abc',20,'f')

B. INSERT INTO student (studentid,sex,age) VALUES (11,'f',20)

C. INSERT INTO student (studentid,age,sex) VALUES (11,20,'f',null)

D. INSERT INTO student SELECT 11,'abc',20,'f','test'

5.（　）类型的完整性是通过定义给定表中的主键实施的。

A. 实体　　　　　　　　B. 域　　　　　　　　C. 参照　　　　　　D. 用户定义的

6. 为存储产品的材料，需创建 Product 表，该表包含产品 ID、产品名称、价格和现有数量 4 个字段，其中第一个产品的产品 ID 从 1 开始，以后的产品应自动加 1。产品现有数量应总是正值，则（　）语句是正确的。

A. CREATE TABLE Product

```
( productid int IDENTITY(1,1),
productname char(20),
price int not null,
quantity int not null constraint chkqty CHECK(quantity<0)
```

B. CREATE TABLE Product

```
( productid int IDENTITY(1,1),
productname char(20),
price int not null,
quantity int not null constraint chkqty CHECK(quantity>0)
```

C. CREATE TABLE Product

```
( productid int not null constraint defid DEFAULT 1,
productname char(20),
price int not null,
quantity int not null constraint chkqty CHECK(quantity<0)
```

D. CREATE TABLE Product

```
( productid int not null constraint defid DEFAULT 1,
productname char(20),
price int not null,
quantity int not null constraint chkqty CHECK(quantity>0)
```

第4章 数据查询

数据查询是指数据库管理系统按照数据库用户指定的条件，从数据库的相关表中检索到满足条件的信息的过程。数据查询涉及两方面：一是用户指定查询条件，二是系统进行处理并把查询结果反馈给用户。本章将介绍数据查询的各种操作。

本章学习要点：
- SELECT 语句
- 基本查询
- 高级查询

4.1 SELECT 语句

在 SQL Server 中，SELECT 语句是使用频率最高的语句之一。SELECT 语句的作用是让数据库服务器根据客户的要求从数据库中搜索出所需的信息资料，并且可以按规定的格式进行分类、统计、排序，再返回给客户。另外，利用 SELECT 语句还可以设置和显示系统信息、给局部变量赋值等。

SELECT 语句具有强大的查询功能，完整的语法非常复杂，用户只需掌握 SELECT 语句的一部分，就可以轻松地利用数据库来完成自己的工作。

SELECT 语句的基本语法格式如下：

```
SELECT [ ALL | DISTINCT ] [ TOP n [ PERCENT ] select_list
[ INTO new_table ]
[ FROM table_source ]
[ WHERE search_condition ]
[ GROUP BY group_by_expression ]
[ HAVING search_condition ]
[ ORDER BY order_expression [ ASC | DESC ] ]
```

其中：
- SELECT：关键字，用于从数据库中检索数据。
- select_list：描述进入结果集的列，它指定了结果集中要包含的列的名称，是一个逗号分隔的表达式列表。
- FROM table_source：FROM 是关键字，后面的 table_source 用于指定产生查询结果集的来源，可以是表、视图等。

SELECT 语句中其他的子句将在本书的其余部分讲解。

注意　为了演示如何使用 SELECT 语句，读者需要按照附录创建销售数据库 sales，在该数据库中创建 Seller 表、Customer 表、Product 表等，并将数据插入对应表中。

4.2 基本查询

当使用 SELECT 语句时，可以用两种方式来控制返回的数据：选择列和选择行。选择列就是限制返回结果中的列，这由 SELECT 语句中的 SELECT 子句指定要返回的列来控制；选择行则是限制返回结果中的行，这由 SELECT 语句中的 WHERE 子句指定选择条件来控制。

4.2.1　选择列

1. 指定列

使用 SELECT 语句，可以获取表中多个字段的数据，只需在关键字 SELECT 后面指定要查询的字段名称即可，不同字段名称之间用逗号（,）分隔，最后一个字段名称后面不需加逗号。语法格式如下：

```
SELECT column_name1[,column_name2,…]
FROM table_source
```

【例 4.1】 从数据库 sales 的产品表 Product 中查询出产品 ID（ProductID）、产品名称（ProductName）和单价（Price）的数据信息。

1）启动 SQL Server 2014 Management Studio，单击工具栏上的"新建查询"按钮，新建一个使用当前连接进行的查询，在打开的查询编辑器中输入下面的语句：

```
USE sales
GO
SELECT ProductID,ProductName,Price
FROM Product
```

2）输入完成后，单击工具栏上的"执行"按钮，这时查询窗口自动划分为两个子窗口，上面的子窗口中为执行的查询语句，下面的"结果"子窗口中显示了查询语句的执行结果，如图 4-1 所示。

注意

- 在数据查询时，列的显示顺序由 SELECT 语句的 SELECT 子句指定，该顺序可以和列定义时的顺序不同，这并不影响数据在表中的存储顺序。
- SQL Server 中的 SQL 语句是不区分大小写的，因此 SELECT 和 select 的作用相同，但是许多开发人员习惯将关键字大写，而表名和字段名小写，读者也应该养成良好的编程习惯，这样写出来的代码更容易阅读和维护。

2. 选择所有列

在 SELECT 子句中可以使用星号（*）通配符显示表中的所有列。其语法格式为：

```
SELECT * FROM table_source
```

【例 4.2】 显示 Orders 表中的所有信息。

```
SELECT *
FROM Orders
```

该语句无条件地把 Orders 表中的全部信息都查询出来，所以也称为全表查询，这是最简单的一种查询，这时列按照定义表时的顺序显示。

3. 使用计算列

在进行数据查询时，经常需要计算表中数据后才能得到满意的结果。在 SELECT 子句中，可以使用算术运算符对数值型数据列进行加（+）、减（-）、乘（*）、除（/）和取模

（%）运算，构造计算列。

【例 4.3】　从产品表 Product 中检索出产品 ID（ProductID）、产品名称（ProductName）、产品单价（Price）、产品库存量（Stocks）及产品的总价值。

在 Product 表中并不存在"产品的总价值"字段，需经过计算，即由产品单价（Price）字段乘以产品库存量（Stocks）字段得到。因此，在查询编辑器中输入如下语句：

```
SELECT ProductID,ProductName,Price,Stocks,Price*Stocks
FROM Product
```

单击工具栏上的"执行"按钮，即可看到查询结果，如图 4-2 所示。

图 4-1　"ProductID、ProductName、Price"列的查询结果　　　图 4-2　增加计算列后的查询结果

注意　对表中列的计算只是影响查询结果，并不改变表中的数据。

4. 改变列标题

在默认情况下，查询结果中显示的列标题就是创建表时使用的列名，但对于像图 4-2 中的计算列，系统是不指定列标题的，如果想改变查询结果中显示的列标题，可以在 SELECT 子句中使用 ' 列标题 ' = 列名和列名 [AS] ' 列标题 ' 两种方法。

【例 4.4】　为例 4.3 中的计算列指定一个列标题"总价值"，Transact-SQL（简称 T-SQL）语句如下：

```
SELECT ProductID,ProductName,Price,Stocks, 'total cost'=Price*Stocks
FROM Product
```

在列的前面使用"="为列表达式指定别名，别名可以用单引号括起来，也可以不使用单引号。该 T-SQL 语句的执行结果如图 4-3 所示。

【例 4.5】　显示销售员的姓名、性别、出生日期和地址信息。在查询编辑器中输入语句：

```
SELECT SaleName AS ' 姓名 ',Sex AS ' 性别 ',Birthday AS ' 出生日期 ',Address AS ' 地址 '
FROM Seller
```

该 T-SQL 语句的执行结果如图 4-4 所示。

注意　关键字 AS 可以省略。因此该语句也可写成如下形式：

```
SELECT SaleName  ' 姓名 ',Sex ' 性别 ',Birthday ' 出生日期 ',Address ' 地址 '
```

```
FROM Seller
```

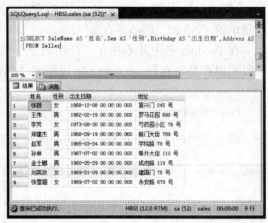

图 4-3　为计算列指定列标题　　　　　　　图 4-4　更改列标题后的查询结果

4.2.2　选择行

在实际工作中，大部分查询并不是针对表中所有数据记录的查询，而是要找出满足某些条件的数据记录。此时可以在 SELECT 语句中使用 WHERE 子句。使用 WHERE 子句的目的是从表中筛选出符合条件的行，其语法格式如下：

```
SELECT column_name1[,column_name2,…]
FROM table_source
WHERE search_condition
```

其中，<search_condition> 用来定义查询条件。SQL Server 支持的查询条件包括关系运算、逻辑运算、模糊匹配、范围、列表以及是否为空。

1. 使用关系运算符

在 WHERE 子句中，可以将各种关系运算符与列名构成关系表达式，用关系表达式描述一些简单的条件。WHERE 子句允许使用的关系运算符如表 4-1 所示。

【例 4.6】 查询 Product 表中价格低于 5 元的产品信息，在查询编辑器中输入如下语句：

```
SELECT ProductID,ProductName,Price
FROM product
WHERE Price<5.0
```

表 4-1　关系运算符

运算符	描述	运算符	描述
=	等于	!>	不大于
<	小于	!<	不小于
>	大于	>=	大于等于
<>、!=	不等于	<=	小于等于

该语句使用 SELECT 声明从 product 表中获取价格低于 5.0 元的产品信息，从图 4-5 所示的查询结果可以看到，蜜桃汁、牛奶等 10 件产品的价格低于 5.0 元，满足查询条件。

【例 4.7】 查询销售员表 Seller 中男销售人员的信息。在查询编辑器中输入如下语句：

```
SELECT SaleID,SaleName,Address,Telephone
FROM Seller
WHERE Sex='男'
```

查询结果如图 4-6 所示。本例采用了简单的相等过滤，查询指定列 Sex 的值为"男"

的销售员信息。

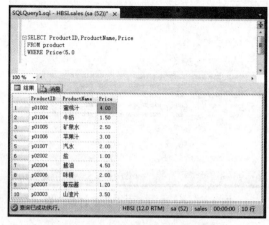

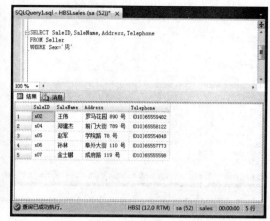

图 4-5 "价格低于 5 元"的查询结果　　　图 4-6 "男销售人员"的查询结果

2. 使用逻辑运算符

在 WHERE 子句中还可以使用逻辑运算符把若干查询条件连接起来，从而实现比较复杂的选择查询。可以使用的逻辑运算符包括：逻辑与（AND）、逻辑或（OR）和逻辑非（NOT）。语法格式如下：

```
[ NOT ] search_condition { AND | OR } [ NOT ] search_condition
```

【例 4.8】 查询 Product 表中价格为 5 ~ 10 元的产品信息，在查询编辑器中输入如下语句：

```
SELECT ProductID,ProductName,Price
FROM Product
WHERE Price>=5.0 AND Price<=10.0
```

运算符 AND 表示"并且"，因此该查询语句返回同时满足 Price>=5 和 Price<=10 这两个条件的所有行。查询结果如图 4-7 所示。

【例 4.9】 查询订单表 Orders，显示 CustomerID 为 c02 或 c03 的客户所下订单的信息。

```
SELECT *
FROM Orders
WHERE CustomerID='c02'  OR  CustomerID='c03'
```

运算符 OR 表示"或"，即结果集包含满足任意一个条件的所有行。语句执行结果如图 4-8 所示。

【例 4.10】 查询订单表 Orders，显示不是 c02 或 c03 客户所下订单的信息，在查询编辑器中输入如下语句：

```
SELECT *
FROM Orders
WHERE NOT(CustomerID='c02' OR CustomerID='c03')
```

这里的 NOT 否定跟在它之后的条件，因此 SQL Server 匹配除 c02 和 c03 之外的客户所下订单的信息。这时需注意，NOT 所修饰的查询条件是复合的，因此需用圆括号（ ）把复合条件括起来，否则语句含义完全不同。

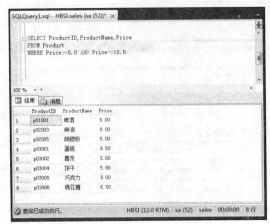
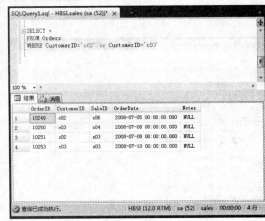

图 4-7 "产品价格在 5 ~ 10 元之间"的查询结果　　　图 4-8　c02 或 c03 客户所下订单信息

例如，将例 4.10 中的 T-SQL 语句写成如下形式：

```
SELECT *
FROM Orders
WHERE NOT CustomerID='c02'  OR  CustomerID='c03'
```

查 询 结 果 如 图 4-10 所 示。 这 时 NOT 仅 修 饰 CustomerID='c02' 这 个 条 件， 即 CustomerID 不为 c02 或者 CustomerID 为 c03 的客户，语句的含义以及查询结果和例 4.10 的完全不同。

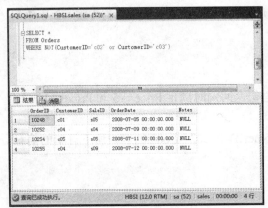
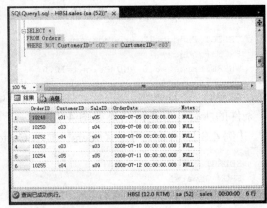

图 4-9　"在 WHERE 子句中使用 NOT 运算符"　　图 4-10　"在 WHERE 子句中使用 NOT 运算符"
　　　　　的查询结果　　　　　　　　　　　　　　　　的查询结果

3. 使用字符串模糊匹配

前面介绍的查询中，查询条件都是确定的。但在实际应用中，并不是所有的查询条件都是确定的。例如，要查询公司中一个姓张的销售人员，但不知道叫什么名字，此时，精确查询就不管用了，必须使用 LIKE 关键字进行模糊查询。其语法格式为：

```
expression [ NOT ] LIKE 'string'[ESCAPE ' 换码字符 ']
```

其中，'string' 是匹配字符串。其含义是查找指定的字段值与匹配字符串相匹配的记录。匹配字符串可以是一个完整的字符串，也可以使用 4 种匹配符：%、_、[]、[^]，匹配符的含义及应用示例见表 4-2 和表 4-3。

表 4-2　匹配符的含义

匹配符	描述
%	包含零个或多个字符的任意字符串
_	代表一个任意字符
[]	表示指定范围内的任意单个字符
[^]	表示不在指定范围内的任意单个字符

表 4-3　匹配符的应用示例

表达式	描述
LIKE 'RA%'	搜索以字母 "RA" 开头的所有字符串
LIKE '%ion'	搜索以字母 "ion" 结尾的所有字符串
LIKE '%ir%'	搜索任意位置中包含字母 "ir" 的所有字符串
LIKE '_mt'	搜索以字母 "mt" 结尾的所有 3 个字母组成的字符串
LIKE '[BC]%'	搜索以字母 "B" 或 "C" 开头的所有字符串
LIKE '[B-K]air'	搜索以字母 "B" 到 "K" 中任意一个字母开头，以 "air" 结尾的字符串
LIKE 'B[^a]%'	搜索以字母 "B" 开头，第二个字母不是 "a" 的所有字符串

【例 4.11】 从销售员表 Seller 中检索出所有姓张的销售人员的信息。输入如下语句：

```
SELECT *  FROM Seller WHERE SaleName  LIKE  '张%'
```

该语句从销售员表 Seller 中检索出 SaleName 字段的值和字符串 '张 %' 相匹配的记录行，'张 %' 代表以字符 '张' 打头的字符串。语句的执行结果如图 4-11 所示。

【例 4.12】 查询销售员表 Seller 中所有姓 "张"、姓 "王" 和姓 "李" 的销售人员信息。在查询编辑器中输入如下语句：

```
SELECT * FROM Seller WHERE SaleName LIKE '[张王李]%'
```

该语句从销售员表 Seller 中检索出 SaleName 字段的值和字符串 ' [张王李]% ' 相匹配的记录行。' [张王李]% ' 表示以 "张"、"王" 或 "李" 打头的任意字符串。该语句的执行结果如图 4-12 所示。

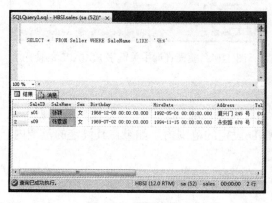

图 4-11　模糊查询

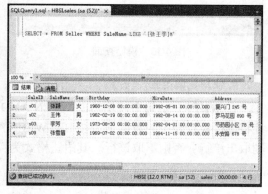

图 4-12　模糊查询

【例 4.13】 从销售员表 Seller 中检索出名字的第二个字不是 "芳" 和 "伟" 的销售人

员的信息。在查询编辑器中输入如下语句:

```
SELECT  * FROM Seller WHERE SaleName LIKE '_[^芳伟]%'
```

该语句从销售员表 Seller 中检索出 SaleName 字段的值和 '_[^ 芳伟]%' 相匹配的记录行。'_[^ 芳伟] %' 则表示第二个字符不是"芳"和"伟"的字符串。该语句的执行结果如图 4-13 所示。

注意　如果用户要查询的匹配字符串本身就含有"%"或"-",比如要查找名字为"佳能 XS200_IS"的产品信息,就要使用"ESCAPE"关键字对匹配符进行转义。

【例 4.14】 模式匹配中关键字 ESCAPE 的使用。

1)向产品表 Product 添加两行新的记录。

```
INSERT INTO Product
VALUES('p06001','佳能 XS200_IS',NULL,450,3),('p06002','佳能 XS200_XX',NULL,480,3)
```

2)从产品表 Product 中检索出 ProductName 字段的值为以 '佳能' 打头、以 '_IS' 结尾的产品信息。

```
SELECT *
FROM Product
WHERE ProductName LIKE '佳能%\_IS' ESCAPE'\'
```

其中,ESCAPE '\' 表示 '\' 为换码字符,这样匹配字符串中紧跟在"\"后面的字符"_"不再具有通配符的含义,而是取其本身含义,即普通的"_"字符。该语句的执行结果如图 4-14 所示。

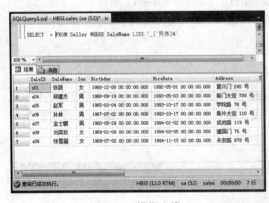

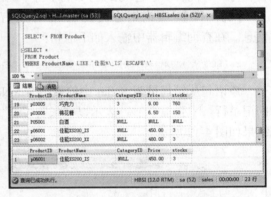

图 4-13　模糊查询　　　　　　图 4-14　模糊查询中关键字 ESCAPE 的使用

4. 使用查询范围

在 WHERE 子句中使用 BETWEEN AND 运算符可以查询表中某一范围内的数据,系统将逐行检查表中的数据是否在 BETWEEN AND 设定的范围内。如果在其设定的范围内,则取出该行,否则不取该行。其语法格式为:

```
column_name [ NOT ] BETWEEN expression1 AND expression2
```

【例 4.15】 从 Product 表中查询出价格为 5 ~ 10 元的产品信息。

```
SELECT *
FROM Product
```

```
WHERE Price BETWEEN 5.0 AND 10.0
```

该语句和下面的语句完全等价。

```
SELECT ProductID,ProductName,Price
FROM Product
WHERE Price>=5.0 AND Price<=10.0
```

语句的执行结果如图 4-15 所示。由返回结果可以看到，这里 8 条记录的 Price 字段的值都为 5 ~ 10，满足查询条件。

与 BETWEEN AND 相对的谓词是 NOT BETWEEN AND，即不在某一范围内。

5. 使用查询列表

如果列值的取值范围不是一个连续的区间，而是一些离散的值，就应使用 SQL Server 提供的另一个关键字 IN。其语法格式为：

```
column_name [ NOT ] IN(value1,value2,…)
```

【例 4.16】 查询 Seller 表中 SaleID 为 s01、s05、s07 的销售人员的信息。

```
SELECT SaleID,SaleName,Sex,Birthday,HireDate,Address
FROM Seller
WHERE SaleID IN ('S01','S05','S07')
```

这时，关键字 IN 可以看成是多个 OR 运算符连接的复合查询条件的一种简化形式。可以将例 4.16 改为如下形式，查询结果不变。

```
SELECT SaleID,SaleName,Sex,Birthday,HireDate,Address
FROM Seller
WHERE SaleID ='S01' OR SaleID='S05' OR SaleID='S07'
```

与 IN 相对的谓词是 NOT IN，用于查询字段值不属于指定集合的记录。

【例 4.17】 查询 Orders 表，显示 CustomerID 不是 c02 或 c03 的客户的订单信息。

```
SELECT *
FROM Orders
WHERE CustomerID NOT IN('c02','c03')
```

6. 空值的判定

在 SQL Server 中，用 NULL 表示空值，它仅仅是一个符号，不等于空格，也不等于 0，判定空值的语法格式如下：

```
column_name IS [ NOT ] NULL
```

【例 4.18】 检索销售员表 Seller 中雇用日期字段 HireDate 的值为空的销售人员的资料。

```
SELECT  *  FROM Seller WHERE HireDate  IS  NULL
```

4.2.3 排序

通常情况下，SQL Server 数据库中的数据记录行在显示时是无序的，它按照数据记录插入数据库时的顺序排列，因此用 SELECT 语句查询的结果也是无序的。通过 ORDER BY 子句，可以将查询结果进行排序显示。其语法格式为：

```
SELECT column_name1[,column_name2,…]
FROM table_source
WHERE search_condition
ORDER BY column_name [ ASC | DESC ] [ , column_name [ ASC | DESC ] …]
```

其中，关键字 ASC 表示按升序排列，可省略；关键字 DESC 表示按降序排列。

1. 单例排序

【例 4.19】 从销售员表 Seller 中按姓名顺序检索出所有销售员的信息，在查询编辑器中输入如下语句：

```
SELECT *
FROM Seller
ORDER BY SaleName ASC
```

语句的执行结果如图 4-16 所示。

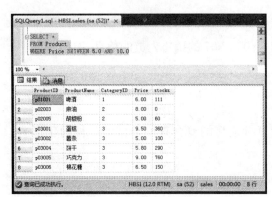

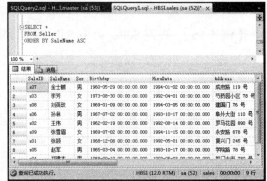

图 4-15　使用 BETWEEN AND 运算符的查询　　　图 4-16　"按姓名列升序排列"的查询结果

【例 4.20】 按出生日期列的降序排列 Seller 表，在查询编辑器中输入如下语句：

```
SELECT SaleID,SaleName,Sex,Birthday,Address
FROM Seller
ORDER BY Birthday DESC
```

语句的执行结果如图 4-17 所示。

注意　默认情况下，ORDER BY 子句按升序排序，即默认使用的是 ASC 关键字，如果要求按降序排列，就必须使用 DESC 关键字。

还可以使用列所处的位置来指定排序列。

【例 4.21】 按出生日期的升序排列 Seller 表中的数据，在查询编辑器中输入如下语句：

```
SELECT SaleID,SaleName,Birthday,Address
FROM Seller
ORDER BY 3
```

字段 Birthday 在 SELECT 子句中处于第 3 的位置，因此 ORDER BY 3 子句表示要按照 Birthday 字段升序显示销售员信息。语句的执行结果如图 4-18 所示。

2. 多列排序

可以使用 ORDER BY 子句指定多个排序列，这时系统先按照 ORDER BY 子句中第一列的顺序排列，当该列出现相同值时，再按照第二列的顺序排列，以此类推。

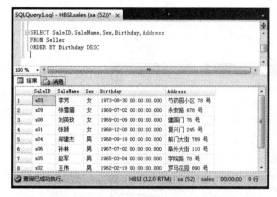

图 4-17 "按出生日期列降序排序"的查询结果 图 4-18 "按出生日期列升序排序"的查询结果

【例 4.22】 查询 Orders 表中的数据，先按 CustomerID 升序排列，当 CustomerID 相同时再按照 SaleID 降序排列。SELECT 语句如下。

```
SELECT *
FROM Orders
ORDER BY CustomerID,SaleID DESC
```

该语句的查询结果如图 4-19 所示。第一个排序字段 CustomerID 没有指明是升序还是降序，则默认为升序。

如果查询 Orders 表中的数据时，希望先按 CustomerID 降序排列，当 CustomerID 相同时再按照 SaleID 降序排列，则 T-SQL 语句为：

```
SELECT *
FROM Orders
ORDER BY CustomerID DESC,SaleID DESC
```

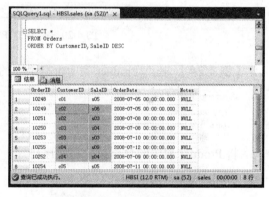

图 4-19 多个列排序的查询结果

4.2.4 使用 TOP 和 DISTINCT 关键字

1. TOP 关键字

在 SELECT 子句中利用 TOP 关键字限制返回到结果集中的行数。当查询到的数据非常多（如有 100 万行），但又没有必要对所有的数据进行浏览时，使用 TOP 关键字可以大大减少查询的时间。其语法格式为：

```
SELECT [ TOP integer | TOP integer PERCENT ] column_name1[ , column_name 2,...]
FROM table_source
```

其中：
- TOP integer：表示返回结果集中最前面的几行，用 integer 表示返回的行数。
- TOP integer PERCENT：用百分比表示返回的行数。

【例 4.23】 分别从 Customer 表中检索出前 5 行及前 20%的顾客信息。T-SQL 语句如下。

```
SELECT TOP 5 *
```

```
FROM Customer
SELECT TOP 20 PERCENT *
FROM Customer
```

查询结果如图 4-20 所示。

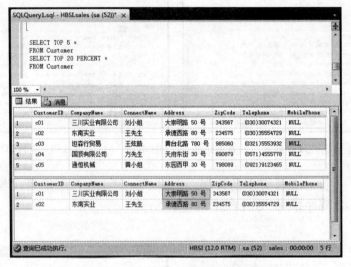

图 4-20　使用 TOP 关键字的查询结果

【例 4.24】　查询 Product 表中价格最高的 6 种商品。

```
SELECT TOP 6 *
FROM Product
ORDER BY Price DESC
```

将 Product 表中的数据按价格降序排序，取前 6 条记录，即为价格最高的 6 种商品。

2. DISTINCT 关键字

前面介绍的查询方式会返回表中所有符合条件的行，而不管这些行是否重复。使用 DISTINCT 关键字可以从返回的结果集中删除重复的行，使结果更简洁。其语法格式为：

```
SELECT [ ALL | DISTINCT ] column_name1[,column_name2,…]
FROM table_source
WHERE search_condition
```

其中：

- ALL：允许重复数据行的出现，是默认的关键字。
- DISTINCT：从结果集中剔除重复的行。

【例 4.25】　查询订单详细信息表 OrderDetail，显示订购的产品编号，如果多张订单订购了同一产品，则只需显示一次产品编号。

```
SELECT  ProductID
FROM OrderDetail

SELECT DISTINCT ProductID
FROM OrderDetail
```

查询结果如图 4-21 所示,观察第一部分语句执行的结果和第二部分语句执行的结果,可以发现"p01005"在第二部分的执行结果中只出现了一次。

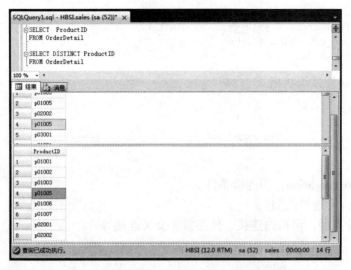

图 4-21 使用 DISTINCT 关键字消除重复行

注意 DISTINCT 关键字的作用范围是整个查询的结果集,而不是单独的一列。如果同时对两列数据进行查询,使用 DISTINCT 关键字,将返回这两列数据的唯一组合。

【例 4.26】 查询 Seller 表中的 SaleName 和 Sex 字段,使用 DISTINCT 关键字作用于这两个字段。SQL 语句如下:

```
SELECT DISTINCT Sex,SaleName
FROM Seller
```

语句执行结果如图 4-22 所示。从查询结果可以看到,返回的结果集中 Sex 字段仍然出现了重复值,这是因为 DISTINCT 关键字作用于 Sex 和 SaleName 两个字段,只有这两个字段的值都相同时,才被认为是重复记录。

4.3 高级查询

前面介绍的查询局限在数据库的一张表内,但在实际应用中,经常需要在多张表中查询数据或者需要对表中的数据进行分类、汇总等,这就需要较为复杂的高级查询。

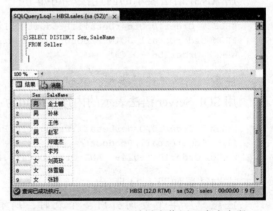

图 4-22 DISTINCT 关键字作用于多个字段

4.3.1 多表查询

在设计数据库时,需要设计很多张表,然后将数据分布到这些表中。将数据分布到多张表中主要是为了存储数据更加方便,然而这些数据本来就是一个整体,所以在查询数据时,需要从这些表中将数据提取出来,重新聚合到一起显示给用户。

SQL Server 提供了实现多表查询的方法——连接查询。所谓连接查询,是将多个表以某个或某些列为条件进行连接，从中检索出关联数据。连接有两种语法格式：

• ANSI 连接语法格式

```
SELECT column_list
FROM { table_source1 [ join_type ] JOIN table_source2
ON connection_condition }[,…n]
WHERE search_condition
```

• SQL Server 连接语法格式

```
SELECT column_list
FROM  table_source1[,…n]
WHERE { search_condition AND | OR connection_condition }[,…n]
```

其中：

• connection_condition：为连接条件。

• join_type：为连接类型。

连接有多种类型，包括内连接、外连接、交叉连接等。

1. 内连接（INNER JOIN）

内连接是多个表通过连接条件中共享列的值进行的比较连接。当未指明连接类型时，默认为内连接。内连接只显示两个表中所有匹配数据的行，如图 4-23 所示。

【例 4.27】 显示 OrderID 为 "10249" 的 ProductID（产品编号）、ProductName（产品名称）、Quantity（产品数量）及 Price（价格）。由于 OrderID、ProductID 以及 Quantity 这三列来自于 OrderDetail 表，而 ProductName、Price 来自于 Product 表，因此该查询涉及多表查询。其中连接条件为两个表中的 ProductID 列值相等，以此查询出符合条件的数据信息。

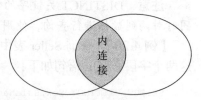

图 4-23　表之间的内连接

用 ANSI 语法表示的内连接语句如下：

```
SELECT OrderID,OrderDetail.ProductID,ProductName,Price,Quantity
FROM OrderDetail JOIN Product ON OrderDetail.ProductID=Product.ProductID
WHERE OrderID='10249'
```

注意 省略了连接类型，默认为内连接。

用 SQL Server 语法表示的内连接语句为：

```
SELECT OrderID,OrderDetail.ProductID,ProductName,Price,Quantity
FROM OrderDetail,Product
WHERE OrderID='10249' AND OrderDetail.ProductID=Product.ProductID
```

查询结果如图 4-24 所示。

注意 当单个查询引用多个表时，所有列都必须明确。在查询所引用的两个或多个表之间，任何重复的列名都必须用表名限定，如 OrderDetail.ProductID，表示引用了 OrderDetail 表中的 ProductID 列。如果某个列名在查询用到的两个或多个表中不重复，如 ProductName，则对该列的引用不必用表名限定。

为了增加可读性，可以使用表的别名。表的别名的语法格式为：

```
FROM table_source  table_alias
```

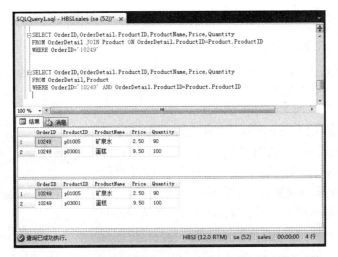

图 4-24 分别用 ANSI 语法和 SQL Server 语法表示的内连接

其中，table_alias 为表的别名。

【例 4.28】 修改例 4.27，使用表的别名，结果和例 4.27 相同。

```
SELECT OrderID,O.ProductID,ProductName,Price,Quantity
FROM OrderDetail O INNER JOIN Product P ON O.ProductID=P.ProductID
WHERE OrderID='10249'
```

【例 4.29】 查询 OrderID 为 "10248" 的 CustomerID（客户编号）、ConnectName（联系人）、SaleID（销售员编号）、SaleName（销售员姓名）。Orders 表中包含 OrderID、CustomerID 和 SaleID，而联系人和销售员姓名分别在 Customer 表和 Seller 表中。此查询数据来自三张表，因此需要做这三张表的连接查询。

```
SELECT OrderID,O.CustomerID,ConnectName,O.SaleID,SaleName
FROM Orders O INNER JOIN Customer C ON O.CustomerID=C.CustomerID
INNER JOIN Seller S ON O.SaleID=S.SaleID
WHERE OrderID='10248'
```

查询结果如图 4-25 所示。

图 4-25 三张表的连接查询

注意 一旦使用了别名代替某个表，在连接时就必须用表的别名，不能再用表的原名。

2. 外连接（OUTER JOIN）

外连接显示包含一个表中所有行和另一个表中匹配行的结果集，如图 4-26 所示。外连接又分为左外连接、右外连接和完全外连接。

（1）左外连接（LEFT OUER JOIN）

左外连接返回 LEFT OUTER JOIN 关键字左侧指定表（左表）的所有行和与右侧指定表（右表）匹配的行。对于来自左表中的行，在右表中如果没有发现匹配的行，那么在来自右表中获得数据的列中将显示 NULL 值。

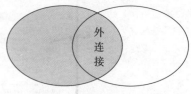

图 4-26 表之间的外连接

【**例 4.30**】 显示所有产品的 ProductID（产品编号）、ProductName(产品名称)、Price(价格) 以及被客户订购的 OrderID(订单编号)、Quantity(数量)。

```
SELECT P.ProductID,ProductName,Price,OrderID,Quantity
FROM Product P LEFT OUTER JOIN OrderDetail O
ON P.ProductID=O.ProductID
```

左外连接的查询结果如图 4-27 所示。可以看到左表 Product 中的所有行都显示出来，而不管 OrderDetail 表中是否订购了这种产品。

【**例 4.31**】 显示所有客户的信息以及他们订购产品的 OrderID（订单编号）、SaleID（销售员编号）和 OrderDate（订购日期）。

```
SELECT C.CustomerID,CompanyName,ConnectName,OrderID,SaleID,OrderDate
FROM Customer C LEFT OUTER JOIN Orders O
ON C.CustomerID=O.CustomerID
```

查询结果如图 4-28 所示。

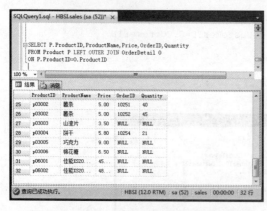

图 4-27 用 ANSI 语法表示的左外连接查询

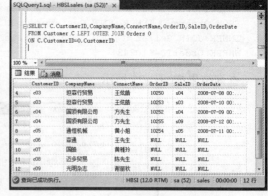

图 4-28 左外连接的查询结果

（2）右外连接（RIGHT OUTER JOIN）

右外连接即在连接两表时，不管左表中是否有匹配数据，结果都将保留右表中的所有行。

【**例 4.32**】 修改例 4.30，使用右外连接。

```
SELECT OrderID,Quantity,P.ProductID,ProductName,Price
FROM OrderDetail O RIGHT OUTER JOIN Product P
ON O.ProductID=P.ProductID
```

查询结果如图 4-29 所示，包含了右表中的所有数据行，而不管左表中是否有匹配数据。

注意　内连接只包含两表中都满足连接条件的行，而外连接还会把某些不满足条件的行显示出来。

（3）完全外连接

完全外连接是左外连接和右外连接的组合。这个连接返回回来自两个表的所有匹配和非匹配行。其中，匹配记录仅被显示一次。在非匹配行的情况下，对于数据不可用的列将显示 NULL 值。

【例 4.33】　查询所有产品的基本信息和类别信息。

1）向 Category 表添加新类别——服装。

```
INSERT INTO Category  VALUES(4,'服装',NULL);
```

2）产品表中没有一件商品是服装类商品，而在例 4.14 中添加的"佳能 XS200_IS"和"佳能 XS200_XX"两件商品不属于任何类别。查询语句及执行结果如图 4-30 所示。

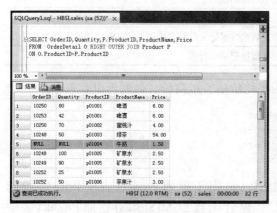
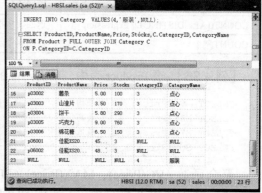

图 4-29　右外连接的查询结果　　　　　图 4-30　完全外连接的查询结果

```
SELECT ProductID,ProductName,Price,Stocks,C.CategoryID,CategoryName
FROM Product P FULL OUTER JOIN Category C
ON P.CategoryID=C.CategoryID
```

3. 交叉连接

两个表之间的交叉连接，是用左表中的每一行与右表中的每一行进行连接。因此，结果集中的行数是左表的行数乘以右表的行数，该乘积也称为"笛卡儿乘积"。交叉连接使用关键字 CROSS JOIN。

【例 4.34】　交叉连接。

```
SELECT CustomerID,CompanyName,ConnectName,SaleID,SaleName
FROM Customer CROSS JOIN Seller
```

查询结果如图 4-31 所示，Customer 表中有 9 条记录，Seller 表中有 9 条记录，交叉查询的结果集中包含 81 条记录，较为庞大。实际上交叉连接没有实际意义，通常用于测试所有可能的情况。

4.3.2　分组和汇总

在实际的应用中，常常会对表中的数据进行分类、统计、汇总等操作，SQL Server 提供了很多方法来汇总数据。

1. 使用聚合函数

同其他语言一样, SQL Server 也提供了一系列的系统函数, 包括聚合函数、数学函数、字符串函数、日期和时间函数等, 这里只介绍聚合函数。

聚合函数是专门用于数值统计的函数, 可以返回一列、几列或全部列的汇总数据, 如平均值、最大值、最小值等。这类函数仅作用于数值型列, 并且在列上使用聚合函数时, 不考虑 NULL 值。常用的聚合函数如表 4-4 所示。

表 4-4 常用的聚合函数表

函数名	描述
AVG([ALL | DISTINCT] [expression])	返回表达式的平均值
MAX(expression)	返回表达式中的最大值
MIN(expression)	返回表达式中的最小值
SUM([ALL | DISTINCT] [expression])	返回表达式中所有值的和
COUNT([ALL|DISTINCT][expression])	返回表中指定列的数据记录行数。使用 DISTINCT 关键字删除重复值
COUNT(*)	返回表中所有数据记录的行数

【例 4.35】 求 Product 表中, 所有产品的平均价格、最高价、最低价以及总库存。

```
SELECT AVG(Price) AS '平均价格' FROM Product
SELECT MAX(Price) AS '最高价格' FROM Product
SELECT MIN(Price) AS '最低价格' FROM Product
SELECT SUM(Stocks) AS '总库存' FROM Product
```

聚合函数 AVG(Price)、MAX(Price)、MIN(Price) 用于返回 Product 表中 Price 字段的平均值、最大值以及最小值 (不考虑 NULL), 聚合函数 SUM(Stocks) 返回 Product 表中 Stocks 字段值之和。

【例 4.36】 统计 Customer 表中留有移动电话 (MobilePhone) 的客户数量。

```
SELECT COUNT(MobilePhone) AS 留有移动电话的客户数量
FROM Customer
```

聚合函数 COUNT(MobilePhone) 返回 Customer 表中 MobilePhone 字段不为 NULL 的记录行数。若想统计所有客户数量, 则可使用如下 SQL 语句:

```
SELECT COUNT(*) AS 总客户数量
FROM Customer
```

聚合函数 COUNT(*) 返回 Customer 表中所有数据记录的行数。查询语句的执行结果如图 4-32 所示。

【例 4.37】 统计 Product 表中, 库存量 >200 的产品数量。

```
SELECT COUNT(ProductID)
FROM Product
WHERE Stocks>200
```

2. 使用分组汇总子句

使用聚合函数只能返回单个的汇总结果, 如果需要显示分组的汇总数据, 就必须使用

GROUP BY 子句。该子句的功能是根据指定的列将表中数据分成多个组后进行汇总。其语法格式为:

```
SELECT column_name1[,…n]
FROM table_source
WHERE search_condition
GROUP BY [ ALL ]colum_name1[,…n]
[ HAVING search_condition ]
```

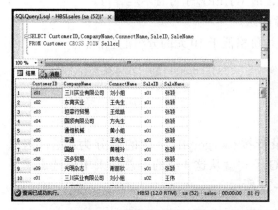

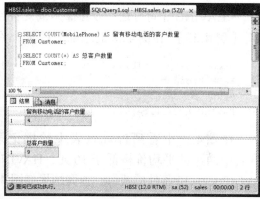

图 4-31 交叉查询结果集 　　　　　图 4-32 聚合函数 COUNT() 的使用

【**例 4.38**】 将 Product 表中的数据按 CategoryID (类别编号) 进行分组,然后分别统计每一组产品的平均价格及总库存。在查询编辑器中输入如下语句:

```
SELECT CategoryID,AVG(Price) AS '平均价格',SUM(Stocks)  AS '总库存'
FROM Product
GROUP BY CategoryID
```

语句的执行结果如图 4-33 所示。Product 表中数据按 CategoryID 字段的值分为 4 组 (所有 CategoryID 字段为 NULL 的记录分为一组),聚合函数 AVG(Price)、SUM(Stocks) 统计出每种类别产品的平均价格以及库存量的总和。

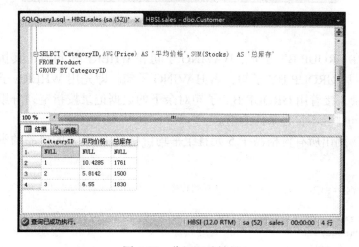

图 4-33 分组汇总结果

注意

- 使用 GROUP BY 子句为每一个组产生一个汇总结果，每个组只返回一行，不返回详细信息。
- SELECT 子句中指定的列必须是 GROUP BY 子句中指定的列，或者是和聚合函数一起使用。
- 如果包含 WHERE 子句，则只对满足 WHERE 条件的行进行分组汇总。
- 如果 GROUP BY 子句使用关键字 ALL，则 WHERE 子句将不起作用。
- HAVING 子句可进一步排除不满足条件的组。

【例 4.39】 在例 4.38 的基础上只显示平均价格低于 10 元的分组汇总信息。

```
SELECT CategoryID, AVG(Price) AS '平均价格', SUM(Stocks) AS '总库存'
FROM Product
GROUP BY CategoryID
HAVING AVG(Price)<10
```

在例 4.38 中看到 Product 表中数据记录行按 CategoryID 字段的值分为 4 组，但只有其中两组的平均价格低于 10 元，HAVING 子句就从这 4 组的汇总结果中挑选出满足 AVG(Price)<10 条件的两组。查询结果如图 4-34 所示。

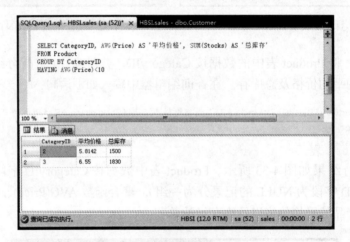

图 4-34　HAVING 子句的作用

当同时存在 GROUP BY 子句、HAVING 子句和 WHERE 子句时，其执行顺序为：先 WHERE 子句，后 GROUP BY 子句，再 HAVING 子句。即先用 WHERE 子句过滤不符合条件的数据记录，接着用 GROUP BY 子句对余下的数据记录按指定列分组、汇总，最后用 HAVING 子句排除不符合条件的组。

【例 4.40】 列出所有价格高于 5 元且组平均价格高于 15 元的产品的类型、平均价格及总库存。

```
SELECT CategoryID,AVG(Price) AS '平均价格',SUM(Stocks)  AS '总库存'
FROM Product
WHERE Price>5
GROUP BY CategoryID
HAVING AVG(Price)>15
```

SQL Server 先按照 WHERE 子句设置的条件过滤掉价格低于 5 元的产品，这可能会改变汇总的结果，从而影响 HAVING 子句中基于这些过滤掉的分组。

如果 GROUP BY 子句中指定了多个列，则表示要基于这些列的唯一组合来分组。在分组过程中，首先按第一列进行分组并按升序排列，然后按第二列进行分组并按升序排列，以此类推，最后在分好的组中汇总。

4.3.3　嵌套查询

前面提到的查询都是单层查询。但在实际运用中，经常要用到嵌套查询。嵌套查询是指在一个 SELECT 查询内再嵌入一个 SELECT 查询。外层的 SELECT 语句叫外部查询，内层的 SELECT 语句叫子查询。

通常情况下，嵌套查询都可以写成连接的形式，但有时写成连接的形式比较复杂，不容易理解，而写成嵌套形式，可以将复杂的查询分解成几个简单的、易于理解的子查询。但是，由于子查询的执行需要增加一些附加的操作，而连接不需要增加附加操作，故连接操作比子查询快。

使用子查询时需注意：

- 子查询可以嵌套多层。
- 子查询需用圆括号（ ）括起来。
- 子查询中不能使用 INTO 子句。
- 子查询的 SELECT 语句中不能使用 image、text 或 ntext 数据类型。

1. 子查询返回值的类型为单列单值

【例 4.41】　查询 OrderID（订单编号）为 "10249" 的顾客信息。

查询 OrderID 为 "10249" 的顾客信息的具体步骤为：

1）检索 Orders 表，查找 OrderID 为 "10249" 的 CustomerID。

```
SELECT CustomerID
FROM Orders
WHERE OrderID='10249'
```

执行结果为 "c02"，即订单编号为 "10249" 的订单是客户编号为 "c02" 的客户订购的。

2）查询 Customer 表，找到 CustomerID 为 "c02" 的客户的详细信息。

```
SELECT CustomerID,CompanyName,ConnectName,Address,ZipCode,Telephone
FROM Customer
WHERE CustomerID='c02'
```

3）可以把第一个查询变为子查询组合两个查询语句，即为嵌套查询：

```
SELECT CustomerID,CompanyName,ConnectName,Address,ZipCode,Telephone
FROM Customer
WHERE CustomerID=(
    SELECT CustomerID
    FROM Orders
    WHERE OrderID='10249'
)
```

该嵌套查询的执行过程为：首先对子查询求值（仅一次），求出 OrderID 为 "10249"

CustomerID 为 "c02"，然后进行外部查询，外部查询依赖于子查询的结果。

【例 4.42】 显示所有价格高于平均价格的产品。可以用子查询求出所有产品的平均价格，然后将平均价格带入外部查询中，找到价格高于平均价格的产品信息。T-SQL 语句如下：

```
SELECT * FROM Product WHERE Price > (SELECT AVG(Price) FROM Product)
```

语句的执行结果如图 4-35 所示。

2. 子查询的返回值类型为单列多值

在例 4.41 和例 4.42 中，子查询的结果是用于比较的单列单值数据，如果子查询中返回的是单列多值，则必须在子查询前使用关键字 ALL 或 ANY，否则系统会提示错误信息。关键字 ALL 和 ANY 的含义及用法如表 4-5 所示。

表 4-5 关键字 ALL 和 ANY 比较

关键字	含义	示	例
ALL	比较子查询的所有值	>ALL	大于子查询结果中的所有值（大于最大的）
		<ALL	小于子查询结果中的所有值（小于最小的）
		>=ALL	大于等于子查询结果中的所有值
		<=ALL	小于等于子查询结果中的所有值
		=ALL	等于子查询结果中的所有值（通常没有实际意义）
		<>ALL	不等于子查询结果中的任何一个值
ANY	比较子查询的任一值	>ANY	大于子查询结果中的某个值（大于最小）
		<ANY	小于子查询结果中的某个值（小于最大）
		>=ANY	大于等于子查询结果中的某个值
		<=ANY	小于等于子查询结果中的某个值
		<>ANY	不等于子查询结果中的某个值
		=ANY	等于子查询结果中的某个值

【例 4.43】 查询订单 ID 为 "10248" 的所订购的产品信息。

```
SELECT *
FROM Product
WHERE ProductID = ANY(
    SELECT ProductID
    FROM OrderDetail
    WHERE OrderID='10248'
)
```

因为一个订单可以订购多件商品，因此子查询从 OrderDetail 表中检索出 ID 为 "10248" 的订单订购的产品的 ID 是多个值，即子查询的返回值是单列多值的情况。这时必须在子查询前使用关键字 ANY（表示等于子查询结果中的某一个值），否则系统会提示错误信息。

【例 4.44】 比较下列两个查询语句的不同。

```
SELECT Stocks FROM Product
WHERE Stocks>ALL(SELECT Stocks FROM Product)

SELECT Stocks FROM Product
WHERE Stocks>ANY(SELECT Stocks FROM Product)
```

子查询将 Product 表中所有产品的库存量查出来，是单列多值的情况。>ALL 表示要大于子查询结果中的所有值，即大于最大的；>ANY 表示大于子查询结果中的某一个值，即大于最小的就可以。语句执行结果如图 4-36 所示。

图 4-35　价格高于平均价格的商品信息

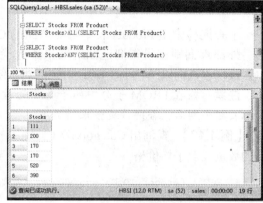

图 4-36　>ANY 和 >ALL 的区别

当子查询的结果是单列多值时，除了使用关键字 ALL 或 ANY 之外，还经常使用关键字 IN 或 NOT IN。IN 表示属于关系，即是否在子查询的结果集中。NOT IN 则表示不属于集合或不是集合中的成员。

【例 4.45】 修改例 4.43 使用关键字 IN。

```
SELECT *
FROM Product
WHERE ProductID IN(
    SELECT ProductID
    FROM OrderDetail
    WHERE OrderID='10248'
)
```

查询过程还是分两步进行，首先，内部子查询返回订单 ID 为"10248"的所订购的产品 ID(P01003，P01005，P02002)。然后，这些值被带入外部查询中，在 Product 中查找与上述 ID 相匹配的产品信息。

【例 4.46】 显示没有订购过"p03001"产品的顾客 ID。

```
SELECT CustomerID FROM Orders
WHERE OrderID NOT IN(
    SELECT OrderID
    FROM OrderDetail
    WHERE ProductID='p03001'
)
```

3. 子查询的返回值类型为多列多值

子查询的返回值类型也可以是多列多值的情况，这样的子查询通常放到 FROM 子句中，当作虚拟表。

【例 4.47】 分析如下 T-SQL 语句的功能。

```
SELECT *
```

```
FROM (
    SELECT CategoryID,AVG(Price) as 平均价格
    FROM Product
    GROUP BY CategoryID
) t
WHERE  t.平均价格<10.0;
```

子查询检索出 Product 表中每类产品的 CategoryID（类别编号）和该类产品的平均价格，外部查询则在子查询返回的结果集上检索，找出平均价格低于 10.0 元的产品类别。单独执行子查询以及整个 T-SQL 语句的执行结果如图 4-37 所示。

注意　嵌在 FROM 子句中的子查询的结果集是作为虚拟表来使用的，一定要给这个虚拟表起个别名，否则系统会报错。

【例 4.48】　查询出 CategoryID（类别编号）、CategoryName（类别名称）、每种类别产品的数量以及平均价格。

```
SELECT c.CategoryID,CategoryName,产品数量,平均价格
FROM Category  c  JOIN (
    SELECT CategoryID,COUNT(*) AS 产品数量,AVG(Price) AS 平均价格
    FROM Product
    GROUP BY CategoryID
) t
ON c.CategoryID=t.CategoryID
```

产品的 CategoryID、CategoryName 都来自 Category 表，而每类产品数量以及平均价格需从 Product 表中按 CategoryID 字段的值分组汇总得到。因此用子查询求每类产品数量及平均价格，然后再和 Category 表进行连接查询，找到符合连接条件的记录行。执行结果如图 4-38 所示。

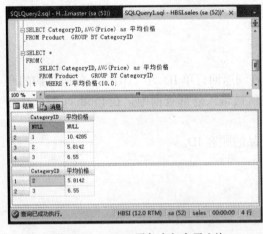

图 4-37　FROM 子句中包含子查询

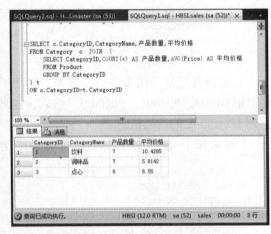

图 4-38　FROM 子句中包含子查询

4. 相关子查询

前面设置的子查询条件不依赖于外部查询的某个属性值，这样的子查询称为不相关子查询。不相关子查询的执行过程如下：

1）执行子查询（只执行一次），得到结果集。

2）执行外部查询，将子查询的结果集带入外部查询中，筛选出符合条件的记录行。

在 SQL Server 中还有另一类子查询，这类子查询的查询条件依赖于外部查询的某个属性值，这类查询称为相关子查询。

【**例 4.49**】 显示 Customer 表中每个客户的订单总数。

```sql
SELECT CustomerID,CompanyName,Address,(
    SELECT COUNT(*)
    FROM Orders o
    WHERE c.CustomerID=o.CustomerID
    GROUP BY CustomerID
)AS 订单数量
FROM Customer c
```

子查询的 WHERE 子句中的条件依赖于外部查询中的属性 c.CustomerID，这就是相关子查询。求解相关子查询的过程不能像求解不相关子查询那样，一次将子查询求解出来，然后求解外部查询。相关子查询的求解过程一般包含以下 4 个步骤：

1）外部查询获得一行记录，然后将该记录传递到内部查询。

2）内部查询根据传递的值执行。

3）内部查询将结果传回外部查询，外部查询利用这些值完成处理过程。

4）重复步骤 1）~ 步骤 4），直至外部查询中所有记录行全部检查完毕。

因此，例 4.49 中的 T-SQL 语句的执行过程如下：

1）取外部查询中 Customer 表的一行记录，值为（'c01'，' 三川实业有限公司 '，' 大崇明路 50 号'），将 "c01" 传递给内部查询

2）内部的子查询根据传递的 CustomerID 的值 " c01"，检索 Orders 表，汇总出该客户的订单数量为 1。

3）将子查询得到的订单数量（1）传回外部查询，完成处理过程。

4）检查 Customer 表的下一行记录，重复执行步骤 1）~ 4），直至 Customer 表全部检查完毕。执行结果如图 4-39 所示。

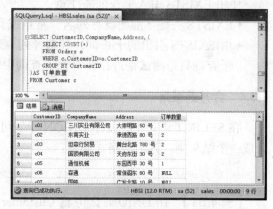

图 4-39 相关子查询的执行结果

5. 带关键字 [NOT] EXISTS 的子查询

在 WHERE 子句中使用 EXISTS 关键字，表示判断子查询的结果集是否为空，当子查询至少返回一行时，WHERE 子句的条件为真，返回 TRUE；否则条件为假，返回 FALSE。加上关键字 NOT，则刚好相反。

【**例 4.50**】 使用关键字 EXISTS 查找下过订单的客户的详细信息。

```sql
SELECT *
FROM Customer
WHERE EXISTS(
    SELECT *
    FROM Orders
    WHERE Customer.CustomerID=Orders.CustomerID
)
```

该 T-SQL 语句其实也是相关子查询，因为子查询的条件依赖于外部查询中的某个属

性 CustomerID。因此该语句的执行过程如下：

1）取外部查询中 Customer 表的第一行记录，根据它与内部查询相关的字段值（即 CustomerID 值）处理内部查询，若内部查询的结果集为非空，则外部查询的 WHERE 子句返回值 TRUE，取此记录放入结果集中。

2）检查 Customer 表的下一行记录。

3）重复执行步骤 2），直至 Customer 表全部检查完毕。

语句的执行结果如图 4-40 所示。

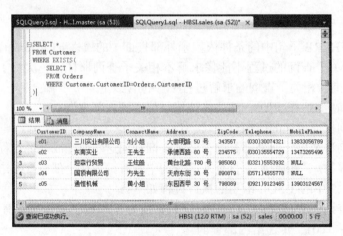

图 4-40   带关键字 EXISTS 的子查询

使用 EXISTS 引入子查询需注意：

• EXISTS 关键字前面没有列名、常量或其他表达式。

• 由 EXISTS 引出的子查询，其选择列表达式通常都用（*），这是因为，带 EXISTS 的子查询只是测试是否存在符合子查询中指定条件的行，所以不必列出列名。

4.3.4   合并数据集

在 SELECT 语句中，使用 UNION 子句可以把两个或多个 SELECT 语句查询的结果组合成一个结果集。其语法格式如下：

```
SELECT_statement1  UNION [ ALL ] SELECT_statement2
```

【例 4.51】   用 UNION 子句将 Customer 表中 CustomerID、ConnectName 及 Seller 表中的 SaleID、SaleName 组合在一个结果集中。查询语句及执行结果如图 4-41 所示。

```
SELECT CustomerID,ConnectName  FROM Customer
UNION
SELECT SaleID,SaleName  FROM Seller
```

注意

• 所有查询中列的数量必须相同，数据类型必须兼容，且顺序必须一致。

• 列名来自第一个 SELECT 语句。

• 使用关键字 ALL，将保留结果集中的所有行，包括重复行。如果没有指定关键字 ALL，则系统自动删除重复行。

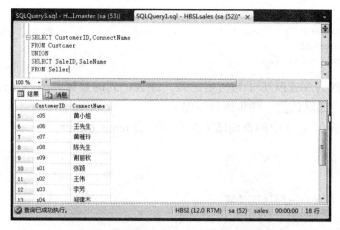

图 4-41　使用 UNION 子句的查询结果

【**例 4.52**】 在产品表 Product 中查询价格高于 5.0 元的所有产品列表，以及库存量大于 100 的所有产品。查询语句如下：

```
SELECT * FROM Product WHERE Price>5.0
UNION
SELECT * FROM Product WHERE Stocks>100
```

语句的执行结果如图 4-42 所示。

从查询结果可以看出，UNION 关键字在组合两个查询结果时自动去掉了重复行，这时可以使用 UNION ALL 保留两个查询结果中的所有行，T-SQL 语句及执行结果如图 4-43 所示。

```
SELECT * FROM Product WHERE Price>5.0
UNION ALL
SELECT * FROM Product WHERE Stocks>100
```

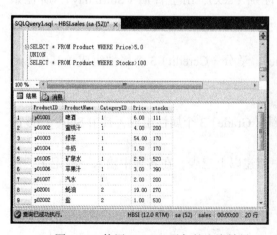 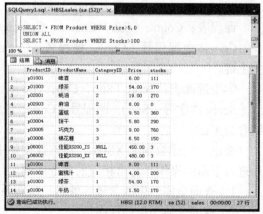

图 4-42　使用 UNION 子句的查询结果　　图 4-43　使用 UNION ALL 子句的查询结果

4.3.5　在查询的基础上创建新表

在对表进行查询时，可以使用 INTO 子句将查询结果生成一个新表，此方法常用于创建表的副本或创建临时表。其语法格式为：

```
SELECT [ ALL | DISTINCT ] [ TOP n [ PERCENT ] select_list
[ INTO new_table ]
FROM table_source
[ WHERE search_condition ]
```

其中新表的列为 SELECT 子句指定的列，原表中列的数据类型和允许为空属性不变，但其他所有信息，如默认值、约束等被忽略。

【例 4.53】 将例 4.22 中的查询结果保存到新表 temp_orders。

```
SELECT *
INTO temp_orders
FROM Orders
ORDER BY CustomerID,SaleID DESC
```

4.4 本章小结

SELECT 语句是 SQL 中功能最为强大、应用最为广泛的语句之一，用于查询数据库中符合条件的数据记录，既可进行简单的数据查询，又可进行涉及多表的复杂查询、嵌套查询和分组汇总查询。通过本章的学习，应该掌握使用 SELECT 语句检索数据库中满足条件的数据记录的方法。

4.5 实训项目

实训目的

掌握使用 SELECT 语句查询数据。

实训内容

实验表的结构如下：

学生表：Student（Sno，Sname，sex，Sbirthday，Sdept）

Student 由学号（Sno）、姓名（Sname）、性别（sex）、出生日期（Sbirthday）、所在系（Sdept）5 个属性组成，其中 Sno 为主键。

课程表：Course（Cno，Cname，Ccredit）

Course 由课程号（Cno）、课程名（Cname）、学分（Ccredit）3 个属性组成，其中 Cno 为主键。

学生选课表：Score（Sno，Cno，Grade）

Score 由学号（Sno）、课程号（Cno）、成绩（Grade）3 个属性组成，其中 Sno、Cno 的组合为主键。

要求：创建数据库 XSGL，在该数据库中创建以上三表，在各表中输入一些记录，然后进行下面的操作，写出相应的命令序列。

1）查询全体学生的学号、姓名、所在系。

2）查询全体学生的详细信息。

3）查询全体学生的姓名及其出生年份。

4）查询软件工程系全体学生的名单。

5）查询所有年龄在 20 岁以下的学生姓名以及年龄。

6）查询考试成绩不及格的学生的学号。

7）查询出生年份在 1990—1995 年之间的学生的姓名、系别和出生日期。

8）查询不在信息系、数学系和软件工程系学生的姓名和性别。

9）查询所有姓李且全名为三个汉字的学生的姓名、学号和性别。

10）查询姓名中第 2 个字为'阳'字的学生的姓名和学号。

11）查询软件工程系年龄在 20 岁以下的学生姓名。

12) 查询选修了 3 号课程的学生的学号及其成绩，查询结果按分数的降序排列。

13）查询全体学生情况，结果按所在系的升序排列，同一系的按年龄降序排列。

14）统计学生总人数。

15）查询选修了课程的学生人数。

16）计算 1 号课程的学生的平均成绩。

17）查询选修了 1 号课程的学生的最高分数。

18）求各课程号及相应的选课人数。

19）查询选修了 3 门以上课程的学生学号。

20）查询每个学生及其选修课程的情况。

21）查询选修 2 号课程且成绩在 90 分以上的所有学生。

22）查询每个学生的学号、姓名、选修的课程名和成绩。

23）查询所有选修了 1 号课程的学生姓名。

24）查询选修了课程名为"数据库"的学生的学号和姓名。

4.6 习题

1. 在查询结果集中将 ConnectName 显示为联系人，应该使用（ ）语句。

A. SELECT ConnectName FROM Customer as ' 联系人 '

B. SELECT ConnectName =' 联系人 ' FROM Customer

C. SELECT * FROM Customer WHERE ConnectName=' 联系人 '

D. SELECT ConnectName as ' 联系人 ' FROM Customer

2. NULL 值等于（ ）。

A. 0　　　　　B. 空白　　　　　C. 不确定　　　　　D. 无意义

3. 在查询数据时，关键字 BETWEEN 和 IN 的适用对象是什么？

4. 要使查询的结果有序显示，应使用什么子句？

5. LIKE 匹配字符有哪几种？代表什么含义？

第 5 章　索引的创建与使用

索引是数据库中一个比较重要的对象，是一个与表相关的数据结构。利用索引对数据进行各种操作可以极大地提高系统性能，这在数据查询方面表现得尤为突出。本章将对索引的类型、创建与应用等方面进行详细介绍。

本章学习要点：
- 索引的概念和优点
- 索引的分类
- 创建索引的方法
- 对索引进行管理

5.1　索引概述

在数据库中包含了一个用于对表中的记录按需排序，从而可以优化查询的特殊对象——索引。索引是一个与表或视图相关联的磁盘结构，可以加快从表或视图中检索行的速度。索引包含由表或视图中的一列或多列生成的键。这些键存储在一个结构（B 树）中，使 SQL Server 可以快速有效地查找与键值关联的行。

索引和我们通常见到的图书目录用途相似。在一本书中，使用目录可以快速找到需要的信息。同理，数据库中的索引也可以帮助用户在整个表中快速找到满足条件的记录。书中的索引是由标题和页码构成的列表，而数据库中的索引由表中的一列或多列字段值以及相应的指向标识这些值的数据页的逻辑指针构成。

在 SQL Server 中使用索引查询记录时，因为索引是有序排列的，所以系统可以利用高效的有序查找算法（如折半查找等）找到索引项，再根据索引项中记录的物理地址，找到查询结果的存储位置。相反，若系统没有对表建立索引，则在查询该表的记录时，系统将会从第一条记录开始，对表中所有的记录进行逐行扫描，依次比较记录，直到找到查询结果的位置，所以查询速度会慢下来。

5.1.1　为什么要创建索引

如上所述，利用索引可以帮助用户提高查询速度，除此之外，在表中创建索引还有以下用途：保证数据记录的唯一性，这一点可以利用索引的唯一性来控制。通过在字段值要求唯一的字段上（如编号字段）创建唯一索引，保证了整条记录的唯一性。利用索引还可以加速表与表之间的连接，这一点在实现数据的参照完整性方面特别有意义。在一个创建了索引的表中使用 ORDER BY 和 GROUP BY 命令进行数据检索时，可以明显地减少排序和分组的时间。SQL Server 2014 还提供了索引优化，它使用查询优化器分析工作负荷中的查询任务，对于工作负荷较大的数据库推荐最佳的索引混合方式，以加快数据库的查询速度。

索引可以为数据查询带来高性能、高效率，但这并不等于表中的索引创建得越多越好。因为利用索引提高查询效率是以额外占用存储空间为代价的，而且为了维护索引的有效性，当向表中插入新数据时，数据库还要执行额外的操作来维护索引。所以过多的索引不一定能提高系统的性能，只有科学地设计索引，才能带来数据库性能的提高。在建立索引时，应该参照以下原则：

- 在经常检索的列上创建索引（如经常在 where 子句中出现的列）。
- 在表的主键、外键上创建索引。
- 在频繁进行分组和排序的列上建立索引。
- 在选择性高的字段上建立索引。选择性是指查询条件的记录总数 / 总记录数量，这个值越高，表示选择性越高，在这样的列上建立索引，查找才更有效。
- 在数据密度小的列上建立索引。数据密度是指键值唯一的记录条数分之一，也就是数据密度 =1/ 键值唯一的记录数量。数据密度越小，建立索引后查询性能更好。

根据数据分布判断某查询是否应用索引。数据分布包括平均分布和标准分布两种。

一般而言，如下情况的列不考虑在其上创建索引。

- 在查询中几乎不涉及的列。
- 很少有唯一值的列（即包含太多重复值的列，如性别字段）。
- 数据类型为 text、ntext 或 image 的列。
- 只有较少行数的表没有必要创建索引。
- 当写的性能比查询更重要时，应少建或不建索引。
- 避免对经常更新的表进行过多的索引，并且索引中的列尽可能少。

5.1.2　索引的分类

从存储结构的角度划分索引，可分为聚集索引和非聚集索引；按照索引字段是否有重复值，可将索引分为唯一索引与非唯一索引；根据索引涉及的字段数，可将索引分为单字段索引和复合索引等。下面介绍 SQL Server 2014 中常用的索引类型。

1. 聚集索引

聚集索引是基于聚集索引键，将表或视图中的数据行按索引顺序排序并存储。聚集索引按 B 树索引结构实现，B 树索引结构支持基于聚集索引键值对行进行快速检索。

一个表中只能创建一个聚集索引。当为表创建主键时，系统自动以主键字段创建一个聚集索引，同样创建聚集索引时，系统也会自动创建主键约束。

2. 非聚集索引

既可以使用聚集索引来为表或视图定义非聚集索引，也可以根据堆来定义非聚集索引。非聚集索引中的每个索引行都包含非聚集键值和行定位符。此定位符指向聚集索引或堆中包含该键值的数据行。索引中的行按索引键值的顺序存储，但是表中的数据行并不会按非聚集索引键值的顺序存储。

3. 唯一索引

唯一索引确保索引键不包含重复的值。聚集索引和非聚集索引都可以是唯一索引。可以创建基于单个字段的唯一索引，也可以对多个字段创建唯一索引。此时要求多个字段的组合取值不能重复，但对其中某个单独字段的取值可以重复。

建立唯一索引的字段最好不允许为空（NOT NULL），因为任何两个 NULL 值都会被认为是重复的字段值。在对具有唯一索引的数据表添加或修改记录时，若新添加的或者改后的字段值与该字段原有的值重复，则添加或修改操作不能成功。

4. 哈希索引

哈希索引是建立在哈希表的基础上，只对使用了索引中的每一列的精确查找有用。对于每一行，存储引擎都会计算出被索引的哈希码（Hash Code）。哈希码是一个较小的值，并且有可能和其他行的哈希码不同，哈希码被保存在索引中。哈希索引适合建立在较长的字段上。

5. 列存储索引

内存中列存储索引通过使用基于列的数据存储和基于列的查询处理来存储和管理数据。

列存储索引适合于主要执行大容量加载和只读查询的数据仓库工作负荷。与传统面向行的存储方式相比，使用列存储索引存档可最多提高 10 倍查询性能，与使用非压缩数据大小相比，可提供多达 7 倍的数据压缩率。

6. 全文索引

一种特殊类型的基于标记的功能性索引，由 Microsoft SQL Server 全文引擎生成和维护，用于帮助在字符串数据中搜索复杂的词。

7. XML 索引

可以对 XML 数据类型列创建 XML 索引。它们对列中 XML 实例的所有标记、值和路径进行索引，从而提高查询性能。XML 索引分为主 XML 索引和辅助 XML 索引。

8. 计算列上的索引

计算列上的索引是从一个或多个其他列的值或某些确定的输入值派生的列上的索引。

9. 筛选索引

筛选索引是一种经过优化的非聚集索引，尤其适用于涵盖从定义完善的数据子集中选择数据的查询。筛选索引使用筛选谓词对表中的部分行进行索引。与全表索引相比，设计良好的筛选索引可以提高查询性能，减少索引维护开销并可降低索引存储开销。

10. 空间索引

利用空间索引，可以更高效地对 geometry 数据类型的列中的空间对象（空间数据）执行某些操作。空间索引可减少需要应用开销相对较大的空间操作的对象数。

5.2 创建索引

在 SQL Server 系统中，索引可以由系统自动创建，也可以由用户根据需要手工创建。因此，创建索引有以下两种方式：

- 使用 CREATE TABLE 或 ALTER TABLE 命令对列定义主键约束或唯一约束时，系统自动创建与约束名称相同的索引。详细信息请参阅主键约束和唯一性约束的创建。

- 使用 CREATE INDEX 语句或 SQL Server Management Studio "对象资源管理器"中的 "新建索引"窗口创建独立于约束的索引。在这种方式下必须指定索引的名称、表以及应用该索引的列，还可以指定索引选项和索引位置、文件组或分区方案。默认情况下，如果未指定聚集或唯一选项，将创建非聚集的非唯一索引。

本节主要介绍第二种方式手工创建索引，即通过 CREATE INDEX 语句和 SQL Server Management Studio "对象资源管理器"来创建索引。

5.2.1　使用 SQL Server Management Studio 创建索引

使用 SQL Server Management Studio 创建索引的操作步骤如下：

1）打开 SQL Server Management Studio "对象资源管理器"，展开指定的服务器和数据库，选中要创建索引的表，单击该表左边的 "+"图标将其展开。右键单击索引，选择 "新建索引"命令，如图 5-1 所示。

2）进入 "新建索引"窗口，如图 5-2 所示。在该窗口中完成新建索引的所有操作。

在该窗口中给出新建索引的如下信息：

- 索引名称。
- 索引类型：聚集、非聚集、非聚集列存储等。
- 是否是唯一索引。
- 索引字段：可以单击 "添加"或 "删除"按钮选择合适的索引字段。

图 5-1　选择 "新建索引"命令

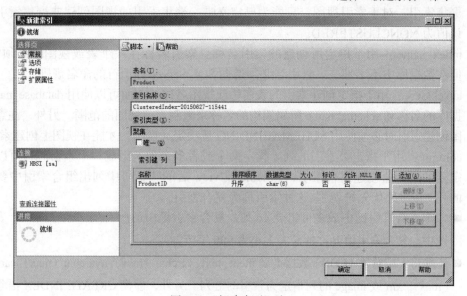

图 5-2　"新建索引"窗口

3）单击 "确定"按钮完成索引的创建过程。

5.2.2 使用 Transact-SQL 语句创建索引

使用 Transact-SQL 语句创建索引的命令是 CREATE INDEX，其语法格式如下：

```
CREATE [ UNIQUE ] [ CLUSTERED | NONCLUSTERED ] INDEX index_name
ON [ database_name. [ schema_name ] . | schema_name. ] table|view
 ( column [ ASC | DESC ] [ ,...n ] )
[ INCLUDE ( column_name [ ,...n ] ) ]
[ WHERE <filter_predicate> ]
[ WITH ( <relational_index_option> [ ,...n ] ) ]
[ ON { partition_scheme_name ( column_name ) | filegroup_name | default } ]
[ FILESTREAM_ON { filestream_filegroup_name | partition_scheme_name | "NULL" } ]
```

其中：

- UNIQUE：为表或视图创建唯一索引。唯一索引不允许两行具有相同的索引键值。视图的聚集索引必须唯一。无论 IGNORE_DUP_KEY 是否设置为 ON，数据库引擎都不允许为已包含重复值的列创建唯一索引。否则，数据库引擎会显示错误消息。必须先删除重复值，然后才能为一列或多列创建唯一索引。唯一索引中使用的列应设置为 NOT NULL，因为在创建唯一索引时，会将多个 NULL 值视为重复值。
- CLUSTERED：用于指定所创建的索引为聚集索引，键值的逻辑顺序决定表中对应行的物理顺序。聚集索引的底层（或称叶级别）包含该表的实际数据行。一个表或视图只允许同时有一个聚集索引。具有唯一聚集索引的视图称为索引视图。为一个视图创建唯一聚集索引会在物理上具体化该视图。必须先为视图创建唯一聚集索引，然后才能为该视图定义其他索引。
- NONCLUSTERED：创建一个指定表的逻辑排序的索引。对于非聚集索引，数据行的物理排序独立于索引排序。无论是使用 PRIMARY KEY 和 UNIQUE 约束隐式创建索引，还是使用 CREATE INDEX 显式创建索引，每个表都最多可包含 999 个非聚集索引。对于索引视图，只能为已定义唯一聚集索引的视图创建非聚集索引。默认值为 NONCLUSTERED。
- index_name：用于指定所创建的索引名称。索引名称在一个表或视图中必须唯一，但在数据库中不必唯一。索引名必须遵循 SQL Server 标识符的命名规则。
- table| view：用于指定创建索引的表名称或视图名称。前面可以使用 database_name 数据库的名称和 schema_name 所属架构的名称来限制表或视图的范围。另外，注意为视图创建索引时必须使用 SCHEMABINDING 选项定义视图，才能在视图上创建索引。
- column：用于指定被索引的列。指定两个或者多个列名组成一个索引时，可以为指定列的组合值创建组合索引，在 table 或 view 后的圆括号中列出组合索引中要包括的列（按排序优先排列）。这种索引称为复合索引。
  - 一个复合索引键中最多可组合 16 列。复合索引键中的所有列必须在同一个表或视图中。复合索引值允许的最大大小为 900 字节。
  - 不能将大型对象（LOB）数据类型 ntext、text、varchar（max）、nvarchar（max）、varbinary（max）、xm 或 image 的列指定为索引的键列。另外，即使 CREATE INDEX 语句中并未引用 ntext、text 或 image 列，视图定义中也不能包含这些列。
- ASC|DESC：用于指定某个具体索引列的升序或降序排序方向。默认值为升序（ASC）。

- INCLUDE：指定要添加到非聚集索引的叶级别的非键列。非聚集索引可以唯一，也可以不唯一。在 INCLUDE 列表中列名不能重复，且不能同时用于键列和非键列。如果对表定义了聚集索引，则非聚集索引始终包含聚集索引列。带有包含性非键列的索引可以显著提高查询性能。
- WHERE：通过指定索引中要包含哪些行来创建筛选索引。筛选索引必须是对表的非聚集索引。为筛选索引中的数据行创建筛选统计信息，如 WHERE StartDate > '20000101' AND EndDate <= '20000630'。
- WITH：该子句用于在创建索引时，设置更多的参数信息。例如，可以使用 PAD-INDEX 指定索引填充，默认为 OFF；可以使用 FILLFACTOR 指定每个索引页的数据占索引页大小的百分比；可以使用 IGNORE_DUP_KEY 设置是否允许忽略重复的键值等。
- ON：指定分区方案或文件组，包括 3 个可选的值。
  - partition_scheme_name(column_name)：指定分区方案，该方案定义要将分区索引的分区映射到的文件组。必须执行 CREATE PARTITION SCHEME 或 ALTER PARTITION SCHEME，使数据库中存在该分区方案。column_name 指定对已分区索引进行分区所依据的列。
  - filegroup_name：为指定文件组创建指定索引。如果未指定位置且表或视图尚未分区，则索引将与基础表或视图使用相同的文件组。该文件组必须已存在。
  - default：为默认文件组创建指定索引。
- FILESTREAM_ON：FILESTREAM_ON 子句用于将 FILESTREAM 数据移动到不同的 FILESTREAM 文件组或分区方案。

【例 5.1】　为 sales 数据库中的 Product 表创建一个唯一聚集索引，依据字段 ProductID 进行排序。

```
USE sales
GO
CREATE UNIQUE CLUSTERED INDEX ProID_index
ON Product (ProductID)
```

【例 5.2】　为 sales 数据库中的 Product 表创建一个复合索引，依据字段 CategoryID 和 Price 进行排序。

```
USE sales
GO
CREATE INDEX C_P_index
ON Product (CategoryID, Price)
```

【例 5.3】　在 CREATE INDEX 语句中，可以使用 IGNORE_DUP_KEY 选项来设置在插入新数据时，是否可以忽略重复的行，但不会回滚整个事务。
创建一个测试表：

```
USE sales
GO
CREATE TABLE test (id int,name varchar(10))
GO
```

为测试表创建一个具有 IGNORE_DUP_KEY 选项的唯一索引：

```
CREATE UNIQUE INDEX id_Index ON test (id)
WITH (IGNORE_DUP_KEY = ON)
```

向测试表中插入 3 行新数据，由于第一行和二行中的 id 值重复，因此第二行的插入操作被忽略，但是并不影响第三行的插入。

```
insert into test values(1,'张三')
insert into test values(1,'李四')
insert into test values(3,'王五')
```

以上命令的执行结果如图 5-3 所示：

使用查询语句，查看表中已经插入的新数据，如图 5-4 所示。

图 5-3　具有 IGNORE_DUP_KEY 属性的视图

5.3　数据库引擎优化顾问

数据库引擎优化顾问是 Microsoft SQL Server 中的性能管理工具，使用该工具可以优化数据库，提高查询处理的性能。数据库引擎优化顾问

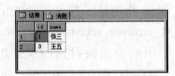

图 5-4　test 表的查询结果

检查指定数据库中处理查询的方式，然后建议如何通过修改物理设计结构（如索引、索引视图和分区）来改善查询处理性能。

数据库引擎优化顾问提供两个用户界面：图形用户界面（GUI）和 dta 命令提示实用工具。使用 GUI 可以方便快捷地查看优化会话结果，使用 dta 实用工具可以轻松地将数据库引擎优化顾问功能并入脚本中，从而实现自动优化。此外，数据库引擎优化顾问可以接受 XML 输入，该输入可对优化过程进行更多控制。

5.3.1　数据库引擎优化顾问的启动与布局

在 Windows 的"开始"菜单上，单击"所有程序"→Microsoft SQL Server 2014→"性能工具"→"SQL Server 2014 数据库引擎优化顾问"命令，或者在打开的 SQL Server Management Studio 窗口中单击"工具"菜单下的"数据库引擎优化顾问"菜单项，启动数据库引擎优化顾问工具。该工具启动后，在弹出的"连接到服务器"对话框中，选择服务器名和用户登录名，单击"连接"按钮，即可进入"数据库引擎优化顾问"窗口，如图 5-5 所示。

可以单击"工具"菜单中的"选项"，打开"选项"对话框，设置数据库引擎优化顾问的布局。

- "启动时"列表：查看数据库引擎优化顾问在启动时可显示的内容。默认情况下，选择"显示新会话"。
- "更改字体"按钮：可以设置"常规"选项卡中的数据库与表的列表的字体，而且该字体也用于数据库引擎优化顾问的建议网格和报表中。
- 最近使用的列表中的项数：可设置为 1 ~ 10 的数字，用于设置在单击"文件"菜单上的"最近使用的会话"或"最近使用的文件"时，可以显示的列表的最大项数。
- 记住我上次设置的优化选项：数据库引擎优化顾问会将为上一优化会话指定的优化

选项用于下一优化会话中。

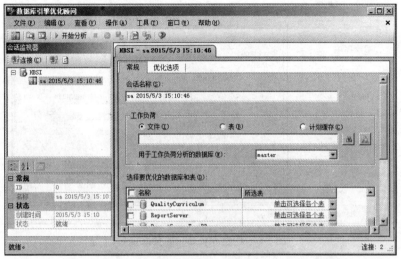

图 5-5 "数据库引擎优化顾问"窗口

- 在永久删除会话之前询问：以避免意外删除优化会话。
- 在停止会话分析之前询问：以避免在数据库引擎优化顾问完成工作负荷分析之前意外停止优化会话。

5.3.2 使用数据库引擎优化顾问

用户使用数据库引擎优化顾问可以优化数据库、管理优化会话并查看优化建议、为所优化的工作负荷找到最佳物理设计结构配置等。下面以优化工作负荷为例，介绍使用数据库引擎优化顾问的步骤，本例使用的是 sales 数据库。

1）创建新会话，选择工作负荷。单击"文件"菜单中的"新建会话"菜单项，弹出新建会话窗口。

在该窗口中输入本次会话的名称，如"MySession"。工作负荷选择"文件"选项，单击"浏览"按钮选择要优化的查询文件，本例中选择 MyScript.sql 文件。MyScript.sql 文件包含需要进行优化分析的查询语句，本例使用的查询是 select * from Product where ProductID>'p01007'。接下来选择用于工作负荷分析的数据库，如 sales 数据库。在"选择要优化的数据库和表"中选择本次优化分析中涉及的所有数据库和表，本例选择 Product 表，如图 5-6 所示。

2）单击"优化选项"选项卡可以进行优化设置，单击其中的"高级优化选项"进行其他设置。例如，将"定义建议所用的最大空间"值调到优化所要求达到的最大值，如果该值设置得过小或未设置，后面的优化分析将终止。

3）设置完成后，单击工具栏上的"开始分析"按钮，开始执行优化分析。分析完成后，系统给出分析建议和分析报告，如图 5-7 所示。可以参考系统给出的分区建议和索引建议对数据库或表结构进行调整，也可以单击"操作"菜单中的"保存建议"菜单项将分析的结果存储在文件中。

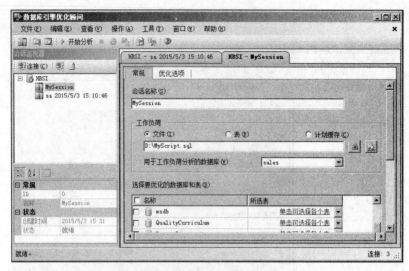

图 5-6　新建 MySession 会话窗口

图 5-7　优化分析结果

5.4　管理索引

5.4.1　使用 SQL Server Management Studio 查看、修改和删除索引

使用 SQL Server Management Studio "对象资源管理器" 可以完成对索引的各种维护工作，包括索引的创建、修改与删除。在 "对象资源管理器" 中选中需要维护索引的表，右击选中的表，从弹出的快捷菜单中选择 "设计"，使该表处于被修改状态，然后单击 "表设计器" 菜单中的 "索引/键" 菜单项，打开 "索引/键" 对话框，如图 5-8 所示。该对话框中显示了所选表中现有的索引情况。

1. 查看索引

在图 5-8 的左侧选中某个索引名称，在右侧显示该索引的所有属性，如索引名称、排序的列、升降序、是否为聚集索引、填充因子等。

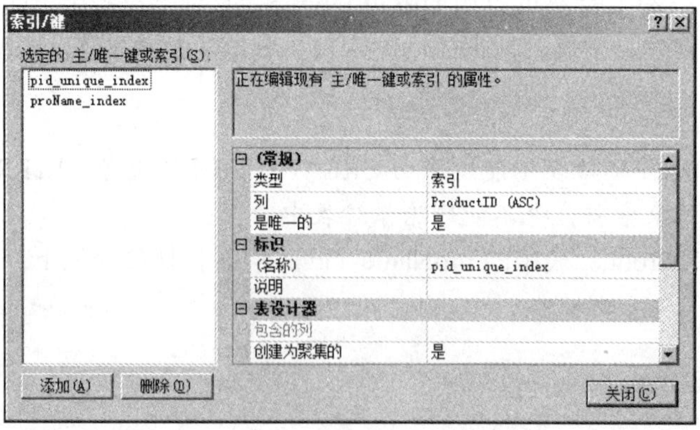

图 5-8　索引 / 键对话框

2. 添加索引

在图 5-8 的左下角，单击"添加"按钮，即可创建新索引。具体操作是，在右侧窗口中分别选择索引的列、是否具有唯一性、索引名称、是否定义为聚集索引等。

3. 修改索引

在图 5-8 的左侧选中某个索引后，在右侧的属性栏中可以直接修改索引的属性。

4. 删除索引

在图 5-8 的左侧选中某个索引后，单击下方的"删除"按钮即可将该索引删除。

5.4.2　使用 Transact-SQL 语句查看、修改和删除索引

1. 查看索引信息

使用系统存储过程可查看索引信息，其语法形式如下：

```
sp_helpindex [@objname]='name'
```

其中，[@objname]='name' 参数用于指定当前数据库中表的名称。

【例 5.4】 利用系统存储过程查看 sales 数据库中表 Product 的索引信息，命令如下：

```
USE sales
GO
sp_helpindex Product
```

2. 修改索引名称

使用系统存储过程 sp_rename 更改索引的名称，其语法形式如下：

```
sp_rename 'object_name','new_name'[,'object_type']
```

【例 5.5】 将 Product 表中的索引 ProID_index 重命名为 ID_index。其命令如下：

```
USE sales
GO
sp_rename 'product.pid_unique_index','ID_index','index'
```

3. 删除索引

当不再需要某个索引时，可以用 DROP INDEX 命令删除索引。而且利用该命令删除索引时，可以同时删除多个当前数据库中的索引。其语法形式如下：

```
DROP INDEX 'table.index | view.index' [ ,...n ]
```

注意　DROP INDEX 命令不能删除由 CREATE TABLE 或者 ALTER TABLE 命令创建的主键或者唯一性约束索引，也不能删除系统表中的索引。

【**例 5.6**】 删除 Product 表中的 proName_index 索引。其命令如下：

```
USE sales
GO
DROP INDEX Product.proName_index
```

5.5　本章小结

本章介绍了索引的相关知识，其内容主要包括索引的概念、优点、索引的创建和索引的管理。在索引的概念部分介绍了创建索引的目的和索引的分类；在索引的创建部分介绍了创建索引的方法，包括使用"对象资源管理器"和 CREATE INDEX 命令；在索引的管理部分重点介绍对索引的查看、修改和删除操作。

5.6　实训项目

实训目的

1）掌握使用 SQL Server Management Studio 和 T-SQL 语句创建索引。

2）掌握使用 SQL Server Management Studio 和 T-SQL 语句查看、修改和删除索引。

3）初步掌握数据库引擎优化顾问的使用方法。

实训内容

1）创建索引。

要求：分别使用对象资源管理器和 T-SQL 语句为 sales 数据库中的表创建索引。

①在 Customer 表上，创建一个基于 CustomerID 字段的唯一、聚集索引。

②在 Orders 表上，创建一个基于 CustomerID 和 SaleID 字段的复合、非聚集索引。

2）查看索引信息。

要求：分别使用对象资源管理器和 T-SQL 语句查看第 1）题创建的索引信息，并重命名该索引。

3）删除第 1）题创建的索引。

4）使用数据库引擎优化顾问对某个数据量较大的表执行查询操作的优化分析。

5.7　习题

1. 使用索引的优点是什么？在什么情况下使用索引较好？

2. 索引可以分为哪几种类型，分别具有什么特点？

3. 如何查看、修改索引的属性？

4. 怎样删除索引？

第6章 视图的创建与使用

如果用户需要多次引用来自不同源的数据，或者仅对表中部分数据具有操作权限，亦或是对数据的查询结果进行更新、删除等操作，利用查询语句创建视图将是个不错的主意。视图通常用来集中、简化和自定义每个用户对数据库的不同认识。视图可用作安全机制，方法是允许用户通过视图访问数据，而不授予用户直接访问视图基础表的权限。利用视图完成数据的操作有许多好处，本章将介绍关于视图的各种操作，如视图的创建、管理与应用。

本章学习要点：
- 视图的概念和优点
- 创建视图的方法
- 对视图进行管理
- 利用视图修改源表数据

6.1 视图概述

6.1.1 视图的概念

在前面章节我们学习了如何创建和使用查询，利用查询查找用户所需要的数据。但有时候需要对查找出来的数据进行修改并将这种修改返回数据源表，这是查询不能做到的，因为查询的结果是只读的。为了实现这样的功能，SQL Server 系统提供了视图这种特殊的查询工具。

视图作为一种数据库对象，可以让用户对数据源进行查询和修改。视图实际上只是一条用户不可见的 SELECT 语句，它的数据源可以是一个或多个表，或者是其他的视图，这取决于对视图的定义。可以将视图看成是虚拟表或存储查询。除非是索引视图，否则视图的数据不会作为非重复对象存储在数据库中。数据库中存储的是 SELECT 语句。SELECT 语句的结果集构成视图所返回的虚拟表。用户可以采用引用表时所使用的方法，在 Transact-SQL 语句中引用视图名称来使用此虚拟表。因此，视图只是将数据源中的数据根据用户的查询需要临时地、逻辑地组织在一起。当视图数据源中的数据发生变化时，视图的查询结果也会发生变化。视图的示意图如图 6-1 所示。

图 6-1 中的视图（view）包含三列，其中 FirstName 字段和 LastName 字段的值来自于表 EmployeeMaster，Description 字段的值来自于表 Department。此时的视图将两个表中

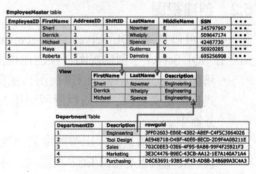

图 6-1 视图的形成

的 3 个字段临时组织在一起，形成一个逻辑表。

6.1.2 视图的优点

与直接对数据源表操作相比，利用视图对数据进行操作有较多的优势，主要表现在以下几个方面：

1. 简化数据操作

用户使用视图对数据进行操作，可以只展示对用户有用的数据以供处理，而不用关心数据表中的数据结构，从而简化了数据处理的复杂性。用户只能看到视图中定义的数据，而不是基表中的数据。

2. 数据安全访问机制

视图可以对用户访问的数据资源进行限定，控制用户对某些数据行或某些数据列进行操作。例如，用户只能对 Product 数据表中的 ProductName 与 Price 两个字段进行操作或者只能对 CategoryId 为 1 的数据行进行操作。可以先根据用户的需要创建视图，再为用户分配访问视图的相应权限，从而避免直接给用户分配访问数据源表的权限，达到限制访问的目的。视图所引用的数据源表的访问权限与视图访问权限的设置互不影响。

3. 自定义所需数据

有时用户不是直接需要数据库中的数据，而是某些经过计算后的数据，这时利用视图来获得这样的数据非常方便。例如，想查看 Product 表中每种商品的价值总和，可以建立一个简单的视图文件来实现。

4. 从多个表中汇总数据

视图可以将来自两个或多个表（或其他视图）中的有用数据组合成单一的结果集，这对用户来说看到的是一个单独的数据区，可以像独立的表一样操作，从而简化了用户对数据的处理。例如，可以利用 Product 和 OrderDetail 两个表来查看每种商品的具体订货情况。

5. 修改数据

用户在利用视图浏览表中的数据时，可以在视图的结果集中修改，而且这种修改在一定程度上可以返回数据源表，再次执行视图或者用 SELECT 语句浏览数据源表能看到数据的更改情况。

6.2 创建视图

用户可以利用 SQL Server Management Studio "对象资源管理器" 和 CREATE VIEW 命令在 SQL Server 中创建视图。在创建视图时，应遵循如下原则：

- 只能在当前数据库中创建视图，视图最多可以包含 1024 列。但是，如果使用分布式查询定义视图，则新视图所引用的表和视图可以存在于其他数据库，甚至其他服务器中。
- 视图名称必须遵循标识符的命名规则。可以选择是否指定视图所有者名称。
- 仅当在基表上有 SELECT 权限时，才能基于该表创建视图。
- 定义视图的查询不能包含 COMPUTE 子句、COMPUTE BY 子句和 INTO 关键字。

- 定义视图的查询不能包含 ORDER BY 子句，除非在 SELECT 语句的选择列表中还有一个 TOP 子句。
- 不能创建临时视图，也不能对临时表创建视图。

6.2.1 使用 SQL Server Management Studio 创建视图

具体操作步骤如下：

1）打开 SQL Server Management Studio "对象资源管理器"，展开要创建视图的数据库，右击"视图"，从弹出的快捷菜单中单击"新建视图"选项，进入新建视图窗口，如图 6-2 所示。

图 6-2 新建视图窗口

2）在弹出的"添加表"对话框中选择视图需要的数据源，然后单击"添加"按钮，如图 6-3 所示。当然，如果该对话框被关闭，也可以在打开的新建视图对话框的空白处单击鼠标右键，从弹出的快捷菜单中选择"添加表"菜单项，再次将该窗口打开。

在"添加表"对话框中包含 4 个选项卡：表示视图的 4 种数据源类型（表、视图、函数和同义词）。在"表"选项卡中，列出了当前数据库中所有可用的表，选择相应的表作为视图的基表，单击"添加"按钮或者双击某个表名将表加入视图设计器中。切换到"视图"、"函数"或"同义词"选项卡，可以使用同样的方法从中选择需要的视图、函数或同义词作为新建视图的数据源。按住 Ctrl 键，再配合鼠标，可以同时选中多个数据源。这里选择 Customer、Orders、OrderDetail 三个表。

3）单击字段左边的复选框选择需要的字段，本例选择 Customer 表中的 CustomerID 和 CompanyName

图 6-3 添加表对话框

字段，OderDetail 表中的 Quantity 和 ProductID，Orders 表中的 OderID 和 OderDate 字段，如图 6-4 所示。

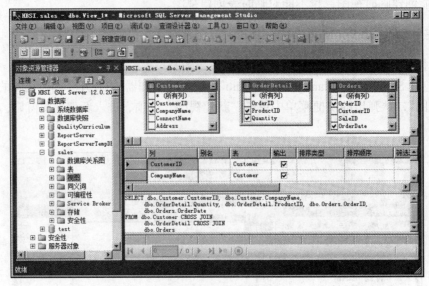

图 6-4 选择视图字段

在该窗口中，其他项的含义如下：

- "输出"表示在输出结果中是否显示该字段内容。
- 在"筛选器"中可以输入该字段的限制条件。本例在 Quantity 字段的"筛选器"中输入">50"。
- "排序类型"表示新建视图的运行结果按照该字段的升序或降序排列。
- "或"表示可以为该字段输入多个逻辑关系为"或"的限制条件，若为该字段输入逻辑关系为"与"的限制条件，可在下边的 Transact-SQL 语句中用 AND 输入。

4）单击工具栏中的"执行"按钮，或者右击视图设计窗口的空白区域，在弹出的快捷菜单中选择"执行 SQL"选项，可以运行视图，在窗口的下面显示查询结果。

5）单击工具栏菜单中的"保存"按钮，或者单击"文件"菜单中的"保存视图"菜单项，输入"v_Quantity"作为视图名，并单击"确定"按钮，完成视图的创建。

6.2.2 使用 Transact-SQL 语句创建视图

使用 CREATE VIEW 语句创建视图的语法格式如下：

```
CREATE VIEW [ schema_name . ] view_name [ (column [ ,...n ] ) ]
[ WITH <view_attribute> [ ,...n ] ]
AS select_statement
[ WITH CHECK OPTION ]

<view_attribute> ::=
{
  [ ENCRYPTION ]
  [ SCHEMABINDING ]
  [ VIEW_METADATA ]
}
```

其中：

- schema_name：用于指定视图所属架构的名称。
- view_name：用于指定新建视图的名称。
- column：用于指定视图中字段的名称。一般情况下，该名称为所选的数据源中的字段名，但某些特定的情况下必须重命名视图的字段。例如：
  - 视图中的字段是从算术表达式、内置函数或常量派生而来的。
  - 视图中有两个字段或多个字段来自于不同表的同名字段。
  - 希望为视图中的字段指定一个与其源表中的字段不同的名称。
- ENCRYPTION：表示为新建的视图加密。
- SCHEMABINDING：表示将视图绑定到基础表的架构。如果指定了 SCHEMABINDING，则不能按照影响视图定义的方式修改基表或表。必须先修改或删除视图定义本身，才能删除将要修改的表的依赖关系。使用 SCHEMABINDING 时，查询语句中必须包含所引用的表、视图或用户定义函数的两部分名称（schema.object）。所有被引用对象都必须在同一个数据库内。
- VIEW_METADATA：指定为引用视图的查询请求浏览模式的元数据时，SQL Server 实例将向 DB-Library、ODBC 和 OLE DB API 返回有关视图的元数据信息，而不返回基表的元数据信息。
- select_statement：用于创建视图的 SELECT 语句，利用 SELECT 命令可以从多个表或者视图中选择字段构成新视图的字段，也可以使用 UNION 关键字联合多个 SELECT 语句。
- WITH CHECK OPTION：用于强制视图上执行的所有数据修改语句都必须符合由 select_statement 设置的准则。通过视图修改数据行时，WITH CHECK OPTION 可以确保提交修改后，能通过视图看到修改后的数据。

下面是使用 CREATE VIEW 命令行创建视图的例子。

【例 6.1】 利用 Seller 表查询销售员的编号、姓名、性别、地址。

```
USE sales
GO
CREATE VIEW dbo.V_Seller（编号,姓名,性别,地址）
AS
SELECT SaleID, Salename, Sex, Address
FROM Seller
```

【例 6.2】 在 sales 数据库中创建如下视图：利用 Customer、Orders、OrderDetail 三个表查询定单数量在 50 ~ 100 的客户编号（CustomerID）、公司名称（CompanyName）、产品编号（ProductID）、定单编号（OrderID）、订单日期（OrderDate）、订单数量（Quantity）。

```
USE sales
GO
CREATE VIEW V_customer
AS
SELECT Customer.CustomerID, Customer.CompanyName,
OrderDetail.ProductID, Orders.OrderID AS Order_ID,
Orders.OrderDate, OrderDetail.Quantity
FROM Customer INNER JOIN Orders ON
Customer.CustomerID = Orders.CustomerID
```

```
INNER JOIN OrderDetail ON
Orders.OrderID = OrderDetail.OrderID
WHERE (OrderDetail.Quantity > 50) AND
(OrderDetail.Quantity < 100)
```

输入以下查询语句会得到该视图的查询结果。

```
SELECT * FROM V_customer
```

6.2.3   创建保护视图

对于一些商业软件，保护源代码显得尤为重要。因此，在创建视图时，可以使用
WITH ENCRYPTION 选项对定义的视图进行加密，这样浏览者就无法再看到视图的定义
信息了。

WITH ENCRYPTION 关键字跟在视图名称之后，在 AS 关键字之前，这样的视图就
具有了加密属性。想去除加密属性，只能使用 Alter View 语句修改视图，对视图进行重新
定义，不要再带有 WITH ENCRYPTION 关键字。但是，需要注意 Alter View 语句可以改
变视图的结构，却不能改变对视图的访问权限。

【例 6.3】 在 sales 数据库中创建如下保护视图：利用 OrderDetail 表和 Product 表查询
每种产品销售的总价值。

```
USE sales
GO
CREATE VIEW V_Sale_Total (定单编号，产品名称，销售总价值)
WITH ENCRYPTION
AS
SELECT OrderID, ProductName, Price *Quantity
FROM OrderDetail INNER JOIN Product
ON OrderDetail.ProductID =Product.ProductID
```

本例重命名查询的字段。输入以下 SQL 语句可以
查看视图，结果如图 6-5 所示。

```
SELECT * FROM V_Sale_Total
```

该视图的定义中使用了 WITH ENCRYPTION 关键
字后，视图就成为保护视图，无法再看到视图的定义语
句了。

【例 6.4】 试图查看保护视图的定义信息。

使用 sp_helptext 存储过程查看视图的定义时，得
到如图 6-6 的结果。

```
EXEC sp_helptext  V_Sale_Total
```

从元数据定义的视图 sql_modules 中获取上面保护
视图的详细信息，查询语句如下。

执行结果如图 6-7 所示。

图 6-5   视图结果

图 6-6   查看保护视图

```
select * from sys.sql_modules where object_id=OBJECT_ID('V_Sale_Total')
```

从图 6-7 的查询结果上看，加密后的视图除了对象的编号外，SQL Server 返回了一个

NULL 结果，没有提供太多信息。因此，这样的代码是安全可靠的。

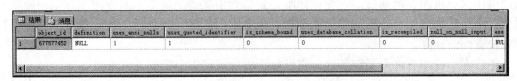

图 6-7　查看保护视图的元数据

6.2.4　创建绑定视图

绑定视图是指将视图所依赖的表或其他视图"绑定"到当前正在定义的视图上，避免在删除该绑定视图之前，先删除或修改该视图依赖的表或其他视图。具体原因如下：

- 可以防止修改底层对象（视图所依赖的表或其他视图）时，视图无法正常运行，或成为"孤立"对象。
- 为了在该视图上创建索引，视图必须定义为绑定视图。有关索引视图的信息，请参见 6.2.5 节。
- 为了允许依赖模式绑定的对象：如果要创建一个模式绑定的用户自定义函数（具有绑定属性的函数）来引用该视图，那么视图也必须是模式绑定的。

那么如何定义绑定视图呢？方法很简单，就是在视图名称的后面，AS 关键字的前面增加 WITH SCHEMABINDING 关键字即可。

但是，定义绑定视图时必须注意以下两点：

1）在定义视图的 select 语句中不能使用"*"，必须明确列出需要的字段名。

2）在绑定视图所引用的底层对象，如数据源表名称的前面必须具有架构名称，即语句中引用到的对象必须由架构名和对象名两部分组成。

【例 6.5】 定义绑定视图。

```
CREATE VIEW V_product
WITH SCHEMABINDING
AS
SELECT ProductID,ProductName,Price,stocks FROM dbo.Product
WHERE stocks>300
```

【例 6.6】 尝试删除绑定视图所依赖的对象。

```
DROP TABLE Product
```

系统将给出以下提示，如图 6-8 所示。

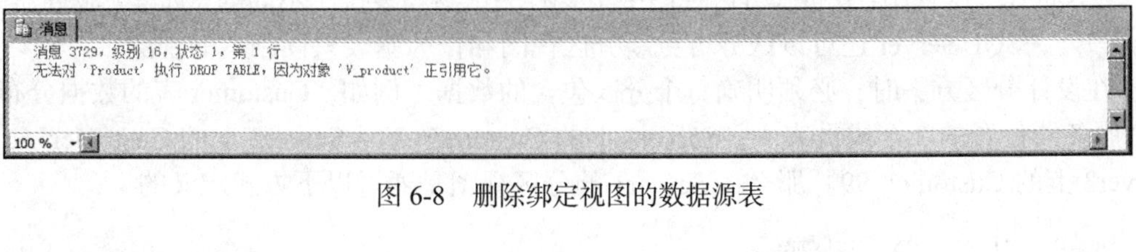

消息
消息 3729，级别 16，状态 1，第 1 行
无法对 'Product' 执行 DROP TABLE，因为对象 'V_product' 正引用它。

100 %

图 6-8　删除绑定视图的数据源表

6.2.5　创建索引视图

对于标准视图而言，为每个引用视图的查询动态生成结果集的开销很大，特别是那些涉及对大量数据行进行复杂处理（如聚合大量数据或连接多行）的视图。如果在查询中频繁地引用这类视图，可通过对视图创建唯一聚集索引来提高性能。对视图创建唯一聚集索引后，结果集将存储在数据库中，就像带有聚集索引的表一样。查询优化器可使用索引视图加快查询的速度。

创建索引视图有许多限制条件，它们对于成功实现索引视图非常重要。

- 创建索引视图的前后必须确认会话的 SET 选项的设置是否正确。如果执行查询时启用不同的 SET 选项，则在数据库引擎中对同一表达式求值会产生不同结果。例如，将 SET 选项 CONCAT_NULL_YIELDS_NUL 设置为 ON 后，表达式 'abc' + NUL 会返回值 NULL。但将 CONCAT_NULL_YIEDS_NUL 设置为 OFF 后，同一表达式会生成 'abc'。
- 必须使用 WITH SCHEMABINDING 选项将视图定义为绑定视图。
- 在视图上必须先创建唯一的聚集索引，然后才可以创建更多非聚集索引。
- 验证视图定义是否为确定性的。索引视图的定义必须是确定性的。如果选择列表中的所有表达式、WHERE 和 GROUP BY 子句都具有确定性，则视图也具有确定性。在使用特定的输入值集对确定性表达式求值时，它们始终返回相同的结果。

【例 6.7】 创建数据源表 student 以及基于该表的索引视图 view1。

```
CREATE TABLE student
(num int PRIMARY KEY,
name varchar(8),
class_name varchar(20))
GO
CREATE VIEW view1 WITH SCHEMABINDING AS
SELECT num,name,class_name
FROM dbo.student
WHERE num BETWEEN 1 AND 100
GO
CREATE UNIQUE CLUSTERED INDEX index_num ON view1(num)
```

6.2.6　创建分区视图

分区视图是通过对成员表使用 UNION ALL 定义的视图，这些成员表的结构相同，但作为多个表分别存储在同一个 SQL Server 实例中，或存储在称为联合数据库服务器的自主 SQL Server 服务器实例组中。

分区视图在一台或多台服务器间水平连接一组成员表中的分区数据，使数据看起来就像来自一个表。分区视图从数据源的物理分布上可以分为：

- 本地分区视图：本地分区视图中的所有参与表和视图都位于同一个 SQL Server 实例上。
- 分布式分区视图：分布式分区视图中至少有一个参与表位于不同的（远程）服务器上。

另外，SQL Server 还可以区分可更新分区视图和作为基表只读副本的视图。

在设计分区方案时，必须明确每个分区包含的数据。例如，Customer 表的数据分布在 3 个服务器位置的 3 个成员表中：Server1 上的 Customer_33、Server2 上的 Customer_66 和 Server3 上的 Customer_99。那么在 Server1 的分区视图是通过以下方式定义的：

```
CREATE VIEW view_Customer
AS
SELECT * FROM CompanyData.dbo.Customer_33
UNION ALL
```

```
SELECT * FROM Server2.CompanyData.dbo.Customer_66
UNION ALL
SELECT * FROM Server3.CompanyData.dbo.Customer_99
```

在本例中，由于 view_Customer 视图建立在服务器 Server1 上，因此在 Server1 上执行的查询语句中的服务器名可以省略，而另外两个查询语句中的服务器名必须指定。其中 CompanyData 是 Customer 表所在的数据库名称。

一般情况下，如果视图的查询语句为下列格式，则称其为分区视图。

```
SELECT <select_list1>
FROM T1
UNION ALL
SELECT <select_list2>
FROM T2
UNION ALL
......
SELECT <select_listn>
FROM Tn
```

6.3　管理视图

6.3.1　查看视图信息

每当用户创建一个新视图后，SQL Server 都会将创建该视图的基本信息保存在系统表中，如 sysobjects 表、syscolumns 表、sysdepends 表等。这些系统表分别存放视图的不同信息，如视图名称、列名称以及视图的依赖关系等。可以使用系统存储过程 sp_help、sp_helptext、sp_depends 来查看视图信息。

1. 使用 sp_help 显示视图的特征

```
sp_help objname
```

【例 6.8】　显示视图 V_Quantity 的特征信息。

```
USE sales
GO
sp_help V_Quantity
```

2. 使用 sp_helptext 显示视图在系统表中的定义

```
sp_helptext  objname
```

【例 6.9】　显示视图 V_Quantity 的在系统表中的定义。

```
USE sales
Go
sp_helptext V_Quantity
```

注意　若该视图在创建的过程中已加密，则在使用 sp_helptext 存储过程查看视图定义时将显示"对象的文本已加密"的信息。

3. 使用 sp_depends 显示视图对表的依赖关系和引用的字段。

```
sp_depends objname
```

【例 6.10】 显示视图 V_Quantity 的表依赖关系和引用的字段情况。

```
USE sales
Go
sp_depends V_Quantity
```

除了使用上面提到的系统存储过程查看视图信息外，还可以使用"对象资源管理器"
浏览视图的信息。具体操作如下：

1）单击视图所在的数据库旁边的加号，展开数据库包含的项。

2）单击"视图"文件夹旁边的加号。

3）右键单击要查看的视图，在弹出的快捷菜单中选择"设计"。

4）在右边的窗口中可以看到视图的详细定义，如视图的基表、涉及的字段、查询的
条件、排列的顺序等。

6.3.2　修改视图

可以使用 ALTER VIEW 命令修改视图。使用该命令修改视图必须具有对视图的
ALTER（修改）权限。其语法形式如下：

```
ALTER VIEW [ schema_name . ] view_name [ (column [ ,...n ] ) ]
[ WITH <view_attribute> [ ,...n ] ]
AS select_statement
[ WITH CHECK OPTION ] [ ; ]
```

其参数的含义与创建视图 CREATE VIEW 命令中参数的含义相同。

注意　可以利用该命令行修改视图的加密性。若原视图带有加密属性无法查看其属性
中文本定义的内容，可以利用该命令中的加密参数来去除加密属性。

【例 6.11】 利用 ALTER 命令去除视图 V_Sale_Total 的加密属性。

```
USE sales
GO
ALTER VIEW V_Sale_Total ( 定单编号 , 产品名称 , 销售总价值 )
AS
SELECT OrderID,ProductName, Price * Quantity
FROM OrderDetail INNER JOIN Product
ON OrderDetail.ProductID = Product.ProductID
```

该视图修改之前，由于具有加密属性无法显示视图的定义，会弹出"对象的文本已加
密"。修改之后，将视图的加密属性去除，就可以利用前面的方法查看视图的定义。

除了使用 ALTER VIEW 命令修改视图的定义外，还可以使用"对象资源管理器"修
改视图的定义。具体操作如下：

1）按照前面介绍的在"对象资源管理器"中显示视图信息的方法，先打开视图的定
义窗口。

2）在视图定义的窗口中，通过以下一种或多种方式更改视图。

①选中或清除要添加或删除的任何元素的复选框。

②在关系图窗格中单击鼠标右键，选择"添加表"，从"添加表"对话框中选择要添
加到视图的其他列。

③右键单击要删除的表的标题栏，选择"删除"命令。

④在"文件"菜单中单击"保存 view name"。

6.3.3　重命名视图

有时可能需要改变视图的名称，这可以利用系统存储过程 sp_rename 来实现，其语法格式如下：

```
sp_rename old_name, new_name
```

【例 6.12】　将视图 V_customer 重命名为 V_customer1。

```
sp_rename V_customer, V_customer1
```

也可以在"对象资源管理器"中，找到要重命名的视图，单击鼠标右键，在弹出的快捷菜单中选择"重命名"，直接修改视图的名称。

6.3.4　删除视图

对于不再使用的视图可以使用 DROP VIEW 命令删除。但需要注意，若有其他数据库对象依赖于将要删除的视图，则应考虑是否还要继续删除此视图，因为一旦删除，依赖于该视图的所有对象都将变为不可用。DROP VIEW 命令的语法格式如下：

```
DROP VIEW { view } [ ,...n ]
```

其中，参数 view 是要删除的视图名称，视图名称必须符合标识符命名规则；n 表示可以同时删除多个视图对象，视图名称之间用逗号隔开。

【例 6.13】　删除视图 V_Customer。

```
DROP VIEW V_Customer
```

也可以在"对象资源管理器"中，找到要删除的视图，右键单击后，在弹出的快捷菜单中选择"删除"，在弹出的"删除对象"窗口中单击"确定"按钮，即可删除视图。

6.4　通过视图修改数据

可以利用视图对创建它的数据源（表或其他视图）进行一定的修改，如插入新的记录、更新已有的记录、删除记录等。但使用视图修改数据源时需要注意以下几点：

- 修改（包括 UPDATE、INSERT 和 DELETE）视图中的数据时，不能同时修改两个或多个基表中的数据，也就是说，利用视图修改数据时，每次修改只能影响一个基表。
- 不能修改那些通过表达式计算得到的字段值，如包含计算值或者合计函数的字段。
- 若用户在创建视图时指定了 WITH CHECK OPTION 选项，那么对视图进行 UPDAT 或 INSERT 操作时，要保证更新或插入的数据满足视图定义的范围。
- 用户想通过视图执行更新和删除命令时，要操作的数据必须包含在视图的结果集中，否则不能完成该操作。

下面将详细介绍如何使用视图对数据进行插入、更新与删除。

6.4.1　利用视图插入新记录

可以向视图的结果集中插入新的记录，但注意新插入的记录保存在视图的数据源中。

插入新记录时，需注意以下几点：

1）如果新插入的记录不符合视图定义的查询条件，但是视图定义时没有使用 WITH CHECK OPTION 选项，那么该记录仍然可以通过视图插入基表中，但再次运行视图时，新记录不会在视图中显示。

2）如果在视图的定义中使用了 WITH CHECK OPTION 选项，则向视图中插入不符合视图查询条件的记录时，系统报错。

3）如果基表中定义了某些约束条件或触发器，则插入的记录违反这些限制时，不能将该记录插入视图和基表中。

【例 6.14】 基于 Product 表创建一个新视图 V_stocks，要求包含库存 stocks 值在 300 以上的记录。

```
USE sales
GO
CREATE VIEW V_stocks
AS
SELECT ProductID, ProductName, CategoryID, Price, stocks
FROM Product
WHERE stocks>300
```

创建视图后，可输入以下命令向视图中插入一条新数据。

```
INSERT INTO V_stocks VALUES ('P03008','冰糖 ',3,6.0,200)
```

系统允许插入该记录，但由于新添加的记录不符合查询条件，所以当重新运行视图时，新记录不会出现在结果集中。

```
SELECT * FROM V_stocks
```

【例 6.15】 若视图的定义中包含 WITH CHECK OPTION 选项，则系统不允许插入不满足查询要求的记录。在本例中修改 V_stocks 视图的定义，添加选项 WITH CHECK OPTION，然后添加新记录。

```
CREATE VIEW V_stocks
AS
SELECT ProductID, ProductName, CategoryID, Price, stocks
FROM Product
WHERE stocks>300
WITH CHECK OPTION
```

创建视图后，可输入以下命令向视图中插入一条新数据。

```
INSERT INTO V_stockS VALUES ('P03010','雪饼 ',3,15.0,200)
SELECT * FROM V_stocks
```

执行该命令行后，出现如图 6-9 所示的错误信息。

图 6-9 违反查询的条件

6.4.2 利用视图更新记录

使用视图可以更新数据，但更新的只是数据库中基表的数据记录。需要注意的是，更新的字段应属于同一个表，而且修改后的值同样会受到 WITH CHECK OPTION 选项的影响。修改后的新数据能否成功保存、能否在视图中继续显示，还需要看视图的定义和数据源的约束。如果视图定义时没有使用 WITH CHECK OPTION 选项，修改后的数据如果不违反数据源的限制，更新操作就能成功，否则更新失败，这一点与向视图中添加新记录的限制类似。

【例 6.16】 用前面创建的视图 V_Seller，输入如下命令：

```
USE sales
GO
UPDATE V_Seller
SET 地址 =' 保定职大路 1 号 '
WHERE 编号 ='s10'
```

执行以上命令后，更改职工编号为 s10 的记录中的地址字段值。

【例 6.17】 用前面创建的视图 V_stocks，输入如下命令：

```
USE sales
GO
UPDATE V_stocks
SET stocks=200
WHERE ProductID='p01006'
```

执行以上命令后，系统出现如图 6-10 所示的错误信息。

图 6-10　新数据不符合查询条件

6.4.3 利用视图删除记录

使用视图可以删除记录，但需要注意的是，删除的只是数据库中基表的数据记录。

【例 6.18】 利用视图 V_stocks 删除满足一定条件的记录。

```
USE sales
GO
DELETE FROM V_stocks
WHERE ProductID='p03005'
```

当使用 SELECT * FROM Product 命令查看表中数据时，发现满足 " ProductID=' p03005' " 条件的记录已经被删除。

6.5 本章小结

本章主要介绍了视图的相关知识，包括利用 "对象资源管理器" 和 Transact-SQL 语句创建视图；视图的管理，即查看、修改和删除视图；以及如何利用视图来修改数据源数据。

6.6 实训项目

实训目的

1）掌握利用对象资源管理器和 CREATE VIEW 命令创建视图的具体操作。

2）熟悉利用视图修改数据的操作。

3）能够创建简单的索引视图和分区视图。

实训内容

1）创建视图。

要求：分别利用对象资源管理器和 CREATE VIEW 命令创建如下视图。

在 sales 数据库中使用表 Category 和 Product 创建视图对象 view_cate_prod 来查询每种类型产品的总库存。

2）通过视图修改数据。

要求：在查询分析器中利用 sales 数据库中的表 Seller 创建视图 view_Seller1，通过该视图将 sex 值为 "女" 改为 "F"，为 "男" 改为 "M"。

3）利用现有的数据源创建简单的索引视图。

6.7 习题

1. 视图的优点是什么？

2. 如何利用对象资源管理器和 Transact-SQL 语句对视图进行创建、修改和删除？

3. 什么是索引视图和分区视图？

4. 如何利用视图对数据进行插入、更新和删除？执行这些操作时需要注意什么？

5. 简单说明视图与查询、视图与表之间的相同点与不同点。

第 7 章　Transact-SQL

Transact-SQL 是 SQL Server 对标准 SQL 的扩展，是 SQL Server 的专用数据库编程语言。使用该语言可以编写 SQL 脚本，对数据库执行逻辑更复杂的操作。Transact-SQL 主要包括定义变量、批处理、流程控制语句，以及各种数据库编程对象，如自定义函数、存储过程、触发器等。本章主要介绍 Transact-SQL 的基础语法和自定义函数的创建与调用，其他可编程对象将在后面的章节陆续介绍。

本章学习要点：
- 命名规则和注释
- 变量的创建与使用
- 运算符和函数
- 批处理的概念
- 各类流程控制语句
- 错误处理和异常

7.1　Transact-SQL 简介

结构化查询语言（Structured Query Language，SQL）最初是为 IBM 公司的 DB2 产品设计的，是一种非过程化的语言，它使得建立关系数据库成为可能。1982 年，美国国家标准化组织（ANSI）成立了 SQL 标准委员会并确认 SQL 为数据库系统的工业标准。SQL 标准经过多次修改，现在已经成为关系型数据库环境下的标准查询语言。该语言主要包括前面章节介绍的数据操作语句（Data Manipulation Language，DML）、数据定义语句（Data Definition Language，DDL）和数据控制语句（Data Control Language，DCL）。

Transact-SQL 是 SQL Server 对标准 SQL 的扩展，是 SQL Server 的专用编程语言。它包含两部分：一是 SQL 语句的标准语言部分，利用这些标准 SQL 编写的应用程序和脚本，可以自如地移到其他的关系型数据库管理系统中执行；二是在标准 SQL 语句上进行的扩充。因为标准的 SQL 语句形式简单，不能满足应用程序中的编程需要，因此各厂商都针对各自的数据库软件版本做了某些程度的扩充和修改。微软公司在标准 SQL 语句上增加了许多新功能（如语句的注释、变量、运算符、函数和流程控制语句等），还添加了更多的 .NET 语言元素，提高可编程性和灵活性。

由 Transact-SQL 编写的文本文件，称为 SQL 脚本，通常以 ".sql" 为扩展名，当然这不是必须的。SQL 脚本中可以包含一条或多条逻辑相关的 Transact-SQL 语句，以实现特定的功能。SQL 脚本文件可以使用任何一种脚本编辑工具编写。在 SQL Server Management Studio 中的查询窗口就是一种 SQL 脚本编辑器，它是彩色编码的，能够方便地辨别出关键字，有助于理解它们的性质。

7.2 命名规则和注释

7.2.1 SQL 对象的命名规则

1. 常规对象的标识符命名规则

SQL 常规对象的标识符命名规则取决于数据库的兼容级别，兼容级别可以用 sp_dbcmptlevel 来设置。其规则是：

1）第一个字符必须是下列字符之一：字母 a ~ z 和 A ~ Z、来自其他语言的字母字符、下划线（_）、@ 或者数字符号 #。在 SQL Server 中，某些处于标识符开始位置的符号具有特殊意义：以 @ 符号开始的标识符表示局部变量或参数；以 @@ 符号开始的标识符表示全局变量；以 # 符号开始的标识符表示临时表或过程；以双数字符号（##）开始的标识符表示全局临时对象。

2）后续字符可以是：所有的字母、十进制数字、@ 符号、美元符号 ($)、数字符号或下划线。

注意

- 标识符不能是 Transact-SQL 的保留字。
- 不允许嵌入空格或其他特殊字符。
- 当标识符用于 Transact-SQL 语句时，必须用双引号（""）或括号（[ ]）分隔不符合规则的标识符。

2. 数据库对象的命名规则

完整的数据库对象名称由 4 部分组成：服务器名称、所属的数据库名称、所属的架构名称、对象自己的名称。其中，前三部分都可以省略。

7.2.2 注释

通常可以在程序代码中写些说明性的文字来对程序的结构及功能进行说明，这些说明性的文字称为注释。对于注释的内容，SQL 系统将不进行编译，而且也不执行。

在 SQL Server 中，有两种类型的注释字符，分别为单行注释和多行注释。其中，单行注释使用两个连在一起的减号 "--" 作为注释符，注释语句写在注释符的后面，以最近的回车符作为注释的结束。多行注释使用 "/* */" 作为注释符，"/*" 用于注释文字的开头，"*/" 用于注释文字的结尾，中间部分为注释性文字说明。当然，单行注释也可以使用 "/* */" 将起注释作用的单行文字括起来。段落注释也可以使用 "--"，但段落注释的每一行都要以 "--" 开头。

【**例 7.1**】 在程序中使用两种类型的注释分别对某些行或段落进行说明。

```
-- 在程序中对于某些难理解的语句行进行注释
USE sales -- 打开 sales 数据库
GO
/* 以下四行命令语句表示从 Products 表中查询
单价在 50 以上的产品名称和产品编号 */
SELECT ProductID, Productname, Price
FROM Product
WHERE Price>=50
ORDER BY Price DESC
INSERT INTO Product -- 向 Products 表中插入新记录
(ProductID,Productname,CategoryID,Price,stocks)
VALUES('p06001','sugar',3,10.00,60)
```

7.3 变量

利用变量可以保存批处理和脚本中特定类型的数据值，还可以在语句间进行数据传递。Transact-SQL 中的变量有两种类型：全局变量和局部变量。其中，全局变量是系统预先定义好的，用户可以直接从系统中进行调用；而局部变量是用户根据自己的需要定义的，对于局部变量，需要注意的是必须先创建后使用。在本节中，将详细介绍这两种变量的创建和使用方法。

7.3.1 全局变量

全局变量是 SQL 系统本身创建和维护的，用来记录系统的各种活动状态，可以帮助用户测试系统的设定值或者 Transact-SQL 命令执行后的状态值。全局变量的作用范围不仅仅局限于某一程序，在系统的任何程序中都可以随时调用。SQL Server 的配置设定值和统计数据通常存储在某些特定的全局变量中。

用户使用全局变量时，应该注意：全局变量是由系统在服务器级定义的；用户只能使用 SQL 系统预先定义好的全局变量，不能自己创建全局变量；在程序中调用全局变量时，全局变量的名称必须以标记符 "@@" 开头；全局变量对用户来说是只读的，用户无法对它们进行修改。

1. SQL Server 常用的全局变量

- @@CONNECTIONS：返回自上次启动 SQL Server 以来连接或试图连接的次数。
- @@CURSOR_ROWS：返回在本次连接中，最后打开的游标取出数据行的数目。
- @@ERROR：返回最后执行的 Transact-SQL 语句的错误代码。
- @@FETCH_STATUS：返回被 FETCH 语句执行的最后游标的状态，而不是任何当前被连接打开的游标的状态。
- @@IDENTITY：返回最后插入的标识列的列值。
- @@LANGID：返回当前所使用语言的本地语言标识符（ID）。
- @@LANGUAGE：返回当前使用的语言名。
- @@LOCK_TIMEOUT：返回当前会话的当前锁超时设置，单位为 ms。
- @@MAX_CONNECTIONS：返回 SQL Server 上允许的同时连接的最大数。返回的数不必为当前配置的数值。
- @@OPTIONS：返回当前 SET 选项的信息。
- @@PROCID：返回当前过程的存储过程标识符（ID）。
- @@ROWCOUNT：返回受上一语句影响的行数。
- @@SERVERNAME：返回运行 SQL Server 的本地服务器名称。
- @@SPID：返回当前用户进程的服务器进程标识符（ID）。
- @@TOTAL_ERRORS：返回 SQL Server 自上次启动后所遇到的磁盘读 / 写错误数。
- @@VERSION：返回 SQL Server 当前安装的日期、版本和处理器类型。

2. 全局变量在程序中的应用

【例 7.2】 利用全局变量 @@CONNECTIONS 显示到系统的当前日期和时间为止，用户登录 SQL Server 的次数。

```
SELECT GETDATE() AS "Today's Date and Time"
SELECT @@CONNECTIONS AS 'Login Attempts'
```

输入并运行以上命令，执行结果如图 7-1 所示。

图 7-1　显示当前时间和登录次数

【例 7.3】　利用全局变量 @ERROR 检测一个特定错误：用 @@ERROR 在一个 UPDATE 语句中检测限制检查冲突（错误 #2627）。

```
USE sales
GO
UPDATE Seller SET SaleID ='s02'
WHERE SaleID ='s01'
IF @@ERROR = 2627
PRINT ' 当前操作违反了主键约束，请重新修改！'
```

执行结果如图 7-2 所示。

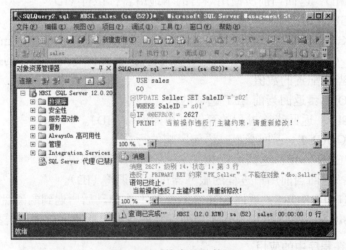

图 7-2　系统常量的使用

7.3.2　局部变量

局部变量是用户根据程序需要在该程序内部创建的，而且它的作用范围限制在程序内部。用户根据需要为该局部变量命名和设定数据类型，局部变量的名称不能与全局变量的名称相同。局部变量可以作为计数器在循环语句中计算循环执行的次数，或者控制循环执行的次数；还可以作为临时的存储器来保存程序的运行结果或者传递函数的参数值。

局部变量可以分为标量变量和表变量。标量变量保存单个的原子值，如整数或字符串。表变量具有较复杂的数据结构，可以保存任意数量的行，可以像普通表一样执行增、删、改、查操作。

1. 创建标量变量

利用 DECLARE 语句创建标量变量，其语法格式如下：

```
DECLARE @local_variable data_type[length][=value] [,…n]
```

其中：

- @local_variable：用于指定新创建的局部变量的名称，局部变量名称前第一个字符必须为 "@"，而且该名称必须符合 SQL 对象的命名规则。
- data_type：表示新创建的局部变量的数据类型。该类型可以是任何由系统内部提供的或用户自定义数据类型，但局部变量的数据类型不能是 text、ntext 和 image 数据类型，用户在创建局部变量时应该注意这一点。
- length：表示局部变量中值的长度，该属性可有可无。有些数据类型有固定的长度就不必给出该属性。如果有些数据类型默认的长度太小，不足以存储变量值，就需要设置长度。
- value：表示在定义变量时允许为变量设置初始值，该属性可以省略。省略时，变量的初始值为 NULL。将来在使用变量之前必须使用 SET 或 SELECT 为变量赋值。
- n：表示在一个 DECLARE 语句中可以同时声明多个局部变量。

2. 创建表变量

利用 DECLARE 语句创建表变量，其语法格式如下：

```
DECLARE @table_name TABLE(column_name data_type [length][NOT NULL][IDENTITY][PRIMARY
KEY],…n]
```

其中：

- table_name：表变量的名称，要符合 SQL 的标识符命名规则。
- TABLE：定义表变量的关键字。
- column_name：表变量中的字段名称。
- data_type、length、NOT NULL、IDENTITY、PRIMARY KEY 这些关键字与定义表的语句中的含义相同。因此，表变量可以有键约束、标识列以及完备表的许多其他功能。参见后面有关表变量的例题。

3. 局部变量赋值

创建局部变量后，需要为局部变量赋值，可以有以下 3 种方式：

1）在声明变量的 DECLARE 语句中通过 "=" 为变量赋值。例如：

```
DECLARE @a int=10;
```

2）使用 SET 命令为局部变量赋值。例如：

```
SET @a=100;
```

3）使用 SELECT 命令为局部变量赋值。例如：

```
select @a=sum(stocks) from Product;
```

注意 如果执行简单的变量赋值，即变量的值是一个常量、其他变量或表达式，那么使用 SET 语句赋值比较方便。如果基于查询为变量赋值，那么使用 SELECT 语句更合适。

4. 局部变量的应用举例

【**例 7.4**】 创建一个局部变量，并将一个任意字符串赋值给局部变量。

```
DECLARE @char_var char(20)
SET @char_var='hello,everyone!'
SELECT @char_var AS 'char_var 变量值为'
```

以上命令的执行结果如图 7-3 所示。

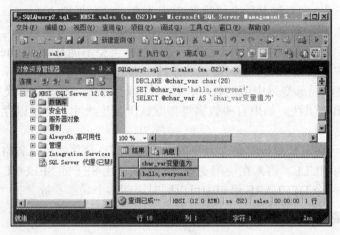

图 7-3 例 7.4 程序的运行结果

【**例 7.5**】 使用 DECLARE 语句定义一个名为 @chazhao 的局部变量，在 sales 数据库中的 Customer 表中检索所有姓"王"的客户信息。

```
USE sales
GO
DECLARE @chazhao varchar(30)
SET @chazhao = '王%'
SELECT CustomerID,ConnectName,Address
FROM Customer
WHERE ConnectName LIKE @chazhao
```

【**例 7.6**】 创建两个变量 @xb 和 @sr，并利用这两个变量在 sales 数据库中的 Seller 表中查询性别是"女"并且出生日期在 1965-01-01 之后雇员的信息。

```
USE sales
GO
DECLARE @xb char(2), @sr datetime
SET @xb = '女'
SET @sr = 1/01/65
SELECT * FROM Seller
WHERE sex = @xb and Birthday >= @sr
```

【例 7.7】 表变量的定义与使用。

```
-- 定义表变量 @var_table
DECLARE @var_table TABLE(pname varchar(20),price money,stocks smallint);
-- 向表变量中插入两行新数据
insert into @var_table values(' 苹果 ',3.5,200);
insert into @var_table values(' 香蕉 ',2,300);
-- 查询表变量中的数据
select * from @var_table
-- 删除表变量中的数据
delete from @var_table where pname=' 苹果 '
-- 执行 delete 语句后，再次查询表变量中的数据
select * from @var_table
```

以上语句的执行结果如图 7-4 所示。

图 7-4　表变量的创建与应用

5. 数据输出函数 PRINT

PRINT 语句可以向客户端返回用户定义信息，可以显示局部或全局变量的字符串。其语法格式如下：

```
PRINT msg_str | @local_variable | string_expr
```

其中：

- msg_str：一个字符串或 Unicode 字符串常量。
- @local_variable：一个用户自定义局部变量的名称。
- string_expr：字符串的表达式，可包括串联的文字值、函数和变量。

【例 7.8】 定义局部变量 name 和 age 分别保存姓名和年龄的值，使用 PRINT 语句输出。

```
DECLARE @name VARCHAR(10)=' 李丽 '
DECLARE @age INT=20
PRINT ' 姓名      年龄 '
PRINT '------------------'
PRINT @name+'      '+CONVERT(VARCHAR(3),@age)
```

7.4 运算符

运算符是一种符号，用来指定要在一个或多个表达式中执行的操作。SQL Server 常用的运算符有：算术运算符、赋值运算符、比较运算符、逻辑运算符、字符串串联运算符。

7.4.1 算术运算符

算术运算符可以在任何数值类型的常量、变量、表达式之间进行各种数学运算。算术运算符包括：加（+）、减（-）、乘（*）、除（/）、取模（%）。其中加、减、乘、除这 4 种运算符的表达式可以是任何数值类型（如 int、float、decimal、money、real 等）；而取模运算符的操作数只能是整数类型（如 int、smallint、tinyint）。加（+）和减（-）运算符也可用于计算 datetime 及 smalldatetime 值。

【例 7.9】 利用 Product 表计算每种商品的总价值。

```
USE sales
GO
SELECT ProductName 商品名称, Price*stocks AS 商品总价值
FROM Product
GO
```

【例 7.10】 从订单表中查询所有订单到目前为止经过了多少年。

```
SELECT OrderID AS 订单编号, year(GETDATE())-year(OrderDate) AS 年数 FROM Orders
```

7.4.2 赋值运算符

赋值运算符为等号（=），可以为变量赋值，还可以利用赋值运算符为字段分配标题（又称列别名）。

【例 7.11】 利用赋值运算符为表中的列设置标题。

```
USE sales
GO
SELECT 客户编号=CustomerID, 所在公司=CompanyName, 联系人=ConnectName,
地址=Address, 邮政编码=ZipCode, 电话=Telephone
FROM Customer
```

7.4.3 字符串串联运算符

字符串串联运算符为（+）允许在多个字符串间进行字符串串联操作，将多个字符串合并为一个。在进行串联运算时，多个表达式必须具有相同的数据类型，或者其中一个表达式必须能够隐式地转换为另一个表达式的数据类型，若要连接两个数值，这两个数值都必须显式转换为某种字符串数据类型。

【例 7.12】 使用串联运算符进行字符串的连接操作。

```
DECLARE @myvar char(20)
SET @myvar='SQL'+'SERVER'+'2000'
SELECT @myvar AS '运算结果为: '
```

【例 7.13】 查询每个客户的联系人和所在公司名称。

```
SELECT '客户: '+ConnectName+', 所在公司: '+CompanyName FROM Customer
```

7.4.4 比较运算符

比较运算符测试两个表达式是否相同。除了 text、ntext 或 image 数据类型的表达式外，比较运算符可以用于所有的表达式。比较运算符的结果为布尔数据类型，它有 3 种值：TRUE、FALSE 和 UNKNOWN。比较运算符及其含义如表 7-1 所示。

表 7-1 比较运算符

运算符	含义	运算符	含义
=	等于	<>	不等于
>	大于	!=	不等于
<	小于	!<	不小于
>=	大于等于	!>	不大于
<=	小于等于		

当比较运算符两边的表达式均为空值时，其运算结果不定。当 SET ANSI_NULLS 为 ON 时，带有一个或两个 NULL 表达式的运算符返回 UNKNOWN。当 SET ANSI_NULLS 为 OFF 时，上述规则同样适用，只不过如果两个表达式都为 NULL，那么比较运算符返回 TRUE。例如，如果 SET ANSI_NULLS 是 OFF，那么 NULL = NULL 返回 TRUE。

比较运算符可以用在 WHERE 子句中作为查询条件使用，也可以用在流程控制语句中作为选择条件或循环条件。例如，在 IF 和 WHERE 中使用这种表达式。

【例 7.14】 利用比较运算符查询 Product 表中产品编号为 1 且单价大于 4 的记录。

```
USE sales
GO
SELECT *
FROM Product
WHERE Price>=4 and CategoryID=1
GO
```

7.4.5 逻辑运算符

逻辑运算符用来把多个布尔表达式连接起来进行测试，以获得其真实情况。逻辑运算符和比较运算符一样，返回带有 TRUE 或 FALSE 值的布尔类型数据。逻辑运算符及其含义如表 7-2 所示。

表 7-2 逻辑运算符

运算符	含　　义
ALL	如果一系列的比较都为 TRUE，则为 TRUE
AND	如果两个布尔表达式都为 TRUE，则为 TRUE
ANY	如果一系列的比较中任何一个为 TRUE，则为 TRUE
BETWEEN	如果操作数在某个范围之内，则为 TRUE
EXISTS	如果子查询包含一些行，则为 TRUE
IN	如果操作数等于表达式列表中的一个，则为 TRUE
LIKE	如果操作数与一种模式相匹配，则为 TRUE
NOT	对任何其他布尔运算符的值取反
OR	如果两个布尔表达式中的一个为 TRUE，则为 TRUE
SOME	如果在一系列比较中，有些为 TRUE，则为 TRUE

【例 7.15】 使用逻辑运算符查询满足条件的记录。

```
USE sales
GO
DECLARE @myvar1 char(6),@myvar2 int
SELECT @myvar1='p0100%', @myvar2=1
SELECT *  FROM Product
WHERE ProductID like @myvar1 AND CategoryID=@myvar2
```

【例 7.16】 查询订单表和客户表，从中获得除销售员编号 "s03" 和 "s06" 之外的订单信息和客户信息。

```
SELECT o.OrderID,c.ConnectName,c.CompanyName,o.OrderDate,o.SaleID
FROM Orders o,Customer c
WHERE SaleID NOT IN('s03','s06') and o.CustomerID=c.CustomerID
```

7.4.6 运算符的优先级

在一个复杂的表达式中往往会包含多个运算符，该表达式的运算结果与运算符的执行次序有很大关系。在 SQL Server 中对运算符的执行顺序进行了如下规定，下面按优先级从高到低依次列出。

- （）（括号）
- +（正）、-（负）、~（按位 NOT）
- *（乘）、/（除）、%（模）
- +（加）、(+串联)、-（减）
- =、>、<、>=、<=、<>、!=、!>、!<（比较运算符）
- NOT
- AND
- ALL、ANY、BETWEEN、IN、LIKE、OR、SOME
- =（赋值）

在表达式中，各类运算符的优先级运算遵循的原则可总结如下：

1）在较低等级的运算符之前先对较高等级的运算符进行求值。

2）当一个表达式中的两个运算符有相同的优先级时，基于它们在表达式中的位置来对其从左到右进行求值。

7.5 函数

SQL Server 系统提供了多种函数，用户可以利用这些函数完成特定的运算和操作。常用的函数包括：系统函数、字符串函数、日期和时间函数、数学函数、转换函数。除此之外，用户还可以根据自己的需要利用 CREATE FUNCTION 命令创建函数。

函数用函数名来标识，在函数名后边有一对括号 "()"，它通常用来存放参数，但有些函数是不需要参数的，如 GETDATE() 函数。在 Transact-SQL 程序中可以利用函数名来调用函数，若函数需要参数，那么调用时必须传递参数。下面介绍各类常用函数。

7.5.1 数学函数

数学函数通常对输入的数字参数执行某些特定的数学计算，并返回运算结果。数学函数可以对 SQL Server 提供的数字数据（decimal、integer、float、real、money、smallmoney、smallint 和 tinyint）进行处理。SQL 系统中经常使用的数学函数如下：

- ABS(numeric_expression)：返回给定数字表达式的绝对值。
- ASIN、ACOS、ATAN(float_expression)：返回反正弦、反余弦、反正切。
- SIN、COS、TAN、COT(float_expression)：返回正弦、余弦、正切、余切。
- ATAN2(float_expression)：返回四个象限的反正切弧度值。
- DEGREES(numeric_expression)：将给出的弧度值转化为相应的角度值。
- RADIANS(numeric_expression)：将给出的角度值转化为相应的弧度值。
- EXP(float_expression)：返回所给的 float 表达式的指数值。
- LOG(float_expression)：返回给定 float 表达式的自然对数。
- LOG10(float_expression)：返回给定 float 表达式的以 10 为底的对数。
- SQRT(float_expression)：返回给定表达式的平方根。
- CEILING(numeric_expression)：返回大于或等于所给数字表达式的最小整数。
- FLOOR(numeric_expression)：返回小于或等于所给数字表达式的最大整数。
- ROUND(numeric_expression, length)：将给定的数据四舍五入到指定的长度。
- SIGN(numeric_expression)：返回表达式的正（+1）、零（0）或负（–1）号。
- PI()：常量 3.14159265358979。
- RAND（[seed]）：返回 0 ~ 1 的随机 float 值。若指定一个整数参数 x，则它被用作种子值，使用相同的种子数将产生重复序列。

【例 7.17】 使用 ROUND 函数进行四舍五入。

```
SELECT ROUND (123.456, 2)
```

【例 7.18】 查询 Product 表中的商品名称、单价、库存量，并只保留单价的整数部分。

```
SELECT ProductName, FLOOR (Price), stocks FROM Product
```

7.5.2 字符串函数

字符串函数主要用于 char、varvhar 数据类型。可以在 SELECT 语句的 SELECT 和 WHERE 子句以及表达式中使用字符串函数。在 SQL 系统中，常用的字符串函数如下：

- ASCII(char_expr)：返回字符表达式中第一个字符的 ASCII 码值。
- CHAR(integer_expr)：返回相同 ASCII 码值的字符。
- CHARINDEX(expr1, expr2[, start_location])：返回字符串中指定表达式的起始位置。
- DIFFERENCE(char_expr1, char_expr2)：比较两个字符串。
- LEFT(char_expr, integer_expr)：返回字符串中从左边开始指定个数的字符。
- LEN(char_expr)：返回字符串的长度。
- LTRIM(char_expr)：删字符串前面的空格。
- LOWER(char_expr)：将大写字符数据转换为小写字符数据后返回字符表达式。
- PATINDEX('%pattern%', expression)：返回指定表达式中模式第一次出现的起始位置，如果未找到模式，则返回 0。
- RIGHT(char_expr, integer_expr)：返回字符串中从右边开始指定个数的字符。
- REVERSE(char_expr)：将字符表达式求反。

- RTRIM(char_expr)：去掉字符串后边的空格。
- SPACE(integer_expr)：返回长度为指定数据的空格串。
- STUFF(char_expr1, start, length, char_expr2)：在 char_expr1 中，把从位置 start 开始，长度为 length 的字符串用 char_expr2 代替。
- SUBSTRING(expr, start, length)：返回指定表达式中从 start 位置开始长度为 length 的部分。
- STR(float_expr[, length[, decimal]])：把数值变成字符串返回，length 是总长度，decimal 是小数点右边的位数。
- UPPER(char_expr)：返回将小写字符数据转换为大写的字符表达式。

【例 7.19】 使用函数 RTRIM 和 LTRIM 分别删除两个字符串的空格，然后将两个字符串连接形成新的字符串。

```
DECLARE @string1 char(11),@string2 char(14)
SET @string1='    Example'
SET @string2='SQL Server    '
SELECT @string2+@string1 AS '字符串简单连接',
RTRIM( @string2)+LTRIM(@string1) AS '去除空格后的连接'
```

【例 7.20】 用函数 RIGHT() 和 LEFT() 查询 Customer 表中的客户的简单资料。

```
USE sales
GO
SELECT RIGHT(RTRIM(CustomerID),2)AS '客户编号',
LEFT(ConnectName,1) AS '客户姓氏',Telephone AS '联系电话'
FROM Customer
```

【例 7.21】 查询 Seller 表中的销售员姓名和电话号码（要求不包括区号）。

```
SELECT Salename,Sex,SUBSTRING(Telephone,6,8) FROM Seller
```

7.5.3 转换函数

大多数情况下，SQL Server 能够自动处理不同数据类型之间的转换。例如，比较 char 和 datetime 表达式，smallint 和 int 表达式，或不同长度的 char 表达式之间的转换。这种转换被称为系统自带的隐式转换。但是，当 SQL 系统不能自动转换或自动转换的结果不符合要求时，就需要借助转换函数来实现，这种转换称为显式转换。常用的转换函数主要有 CONVERT 和 CAST。这两个转换函数都可用于选择列表、WHERE 子句和允许使用表达式的任何地方。它们的语法格式分别如下：

- 利用 CAST 函数可以将某一种数据类型强制转换为另一种数据类型，其语法格式如下：

```
CAST(expression AS data_type)
```

其中，expression 是被转换的表达式，data_type 是要转换的目标数据类型。

- CONVERT 函数允许把表达式从一种数据类型转换为另一种数据类型，并且在日期的不同显示格式之间转换，其语法格式如下：

```
CONVERT(data_type[(length)],expression[,style])
```

其中 style 参数提供了各种日期显示格式。为 style 参数提供的数值确定了 datetime 数据的显示方式。年份可以显示为两位或四位数。默认情况下，SQL Server 将年份显示为两位数。若要显示包括世纪的四位数年份（yyyy）（即使年份数据是使用两位数的年份格式存储的），则将 style 值加 100 以获得四位数年份。style 参数取值如表 7-3 所示。

表 7-3　style 参数取值

不带世纪（yy）	带世纪（yyyy）	标　　准	输入 / 输出格式
—	0 或 100 (*)	默认值	mon dd yyyy hh:miAM（或 PM）
1	101	美国	mm/dd/yyyy
2	102	ANSI	yy.mm.dd
3	103	英国 / 法国	dd/mm/yy
4	104	德国	dd.mm.yy
5	105	意大利	dd-mm-yy
6	106	—	dd mon yy
7	107	—	mon dd, yy
8	108	—	hh:mm:ss
—	9 或 109 (*)	默认值 + 毫秒	mon dd yyyy hh:mi:ss:mmmAM（或 PM）
10	110	美国	mm-dd-yy
11	111	日本	yy/mm/dd
12	112	ISO	yymmdd
—	13 或 113 (*)	欧洲 + 毫秒	dd mon yyyy hh:mm:ss:mmm (24h)
14	114	—	hh:mi:ss:mmm (24h)

注意

- 默认情况下，SQL Server 根据截止年份 2049 解释两位数字的年份，即两位数字的年份 49 被解释为 2049，而两位数字的年份 50 被解释为 1950。许多客户端应用程序都使用 2030 作为截止年份。SQL Server 提供"两位数字的截止年份"配置项，用于更改 SQL Server 使用的截止年份并对日期进行一致性处理。然而最安全的办法是指定四位数字年份。
- 如果试图进行不可能的转换（如将含有字母的 char 表达式转换为 int 类型），SQL Server 将显示一条错误消息。
- 如果转换时没有指定数据类型的长度，则 SQL Server 自动设置长度为 30。

【例 7.22】　查询 Customer 表中的记录值，对 CustmoerID 字段值从第三位开始截取并将结果转换为数值类型。

```
USE sales
GO
SELECT CAST(SUBSTRING(CustomerID,3,1)AS INT) AS 客户编号,
ConnectName AS 联系人,Address AS 地址, Telephone AS 联系电话
FROM Customer
WHERE CAST(SUBSTRING(CustomerID,3,1)AS INT)<8
```

【例 7.23】　用 CONVERT 函数将系统当前日期转化为某种特定的格式。

```
SELECT GETDATE()AS 系统默认日期格式,
CONVERT(char(12),GETDATE(), 10)AS 美国日期格式
GO
```

7.5.4 日期和时间函数

日期和时间函数用于对日期和时间型数据进行各种不同的运算处理，其结果可以是字符型、数值型和日期/时间型数据。在 SQL 系统中，常用的日期和时间函数如表 7-4 所示。

表 7-4　日期时间函数

函　数	参　数	功　能
DATEADD	(datepart, number, date)	以 datepart 指定的方式，返回 date 加上 number 之和
DATEDIFF	(datepart, startdate, enddate)	以 datepart 指定的方式，返回 enddate 与 startdate 之差
DATENAME	(datepart, date)	返回日期 date 中 datepart 指定部分对应的字符串
DATEPART	(datepart, date)	返回日期 date 中 datepart 指定部分对应的整数值
DAY	(date)	返回指定日期的天数
GETDATE	()	返回当前的日期和时间
MONTH	(date)	返回指定日期的月份
YEAR	(date)	返回指定日期的年份

其中 datepart 参数规定应向日期的哪一部分（如年份、月份、日）返回新值的参数，datepart 选项及缩写如表 7-5 所示。

表 7-5　datepart 选项及缩写

日期部分	缩　写	值
年份	yy yyyy	1753 ~ 9999
季节	qq q	1 ~ 4
月份	mm m	1 ~ 12
某年的某一日	dy y	1 ~ 366
日期	dd d	1 ~ 31
星期	wk ww	0 ~ 51
工作日	dw	1 ~ 7（1 是周六）
小时	hh	0 ~ 23
分钟	mi n	0 ~ 59
秒	ss s	0 ~ 59
毫秒	ms	0 ~ 999

【例 7.24】 用 getdate () 函数显示当前的系统日期和时间。

```
SELECT getdate() AS 当前的日期和时间
```

【例 7.25】 显示 Orders 表中所有订单到当前日期的天数。

```
USE sales
GO
SELECT OrderID AS 订单编号 ,CustomerID AS 客户编号 ,
       STR(DATEDIFF(day,OrderDate,getdate()))+' 天 'AS 订购时间
FROM Orders
GO
```

【例 7.26】 从所给的日期中提取出年份、月份和天数。

```
SELECT YEAR('01/05/1999') AS 年份 ,
       MONTH('01/05/1999')AS 月份 ,
       DAY('01/05/1999')AS 天数
```

【例 7.27】 从销售员表 Seller 中查询每个销售员的姓名、性别和年龄。

```
SELECT Salename,Sex,DATEDIFF(year,Birthday,getdate()) AS Age
FROM Seller
```

7.5.5　系统函数

系统函数用于查询系统表。系统表是 SQL Server 用来存储关于用户、数据库、表和安全的信息。用户可以通过查看系统函数的值得到某些对象的信息，从而决定进行不同的操作。在 SQL Server 系统中，常用的系统函数如下：

- COL_NAME：返回表中指定字段的名称，即列名。
- COL_LENGTH：返回指定字段的长度值。
- DB_ID：返回数据库的编号。
- DB_NAME：返回数据库的名称。
- DATALENGTH：返回任何数据表达式的实际长度。
- HOST_ID：返回服务器端计算机的 ID。
- HOST_NAME：返回服务器端计算机的名称。
- ISDATE：检查给定的表达式是否为有效的日期格式。
- ISNULL：用指定值替换表达式中的指定空值。
- NULLIF：如果两个指定的表达式相等，则返回空值。
- OBJECT_ID：返回数据库对象的编号。
- OBJECT_NAME：返回数据库对象的名称。
- SUSER_SID：返回服务器用户的安全账户号。
- SUSER_NAME：返回服务器用户的登录名。
- USER_ID：返回用户的数据库 ID。
- USER_NAME：返回用户的数据库用户名。

【例 7.28】 用 COL_NAME 函数返回 Seller 表中第二列的字段名。

```
USE sales
GO
SELECT COL_NAME(OBJECT_ID('Seller'),2)  AS 'Seller 表中的第二列字段名为：'
```

【例 7.29】 查找 Product 表中 stocks 字段值为 NULL 的记录，找到后用 ISNULL 函数将 NULL 用 0 表示。

```
USE sales
GO
SELECT ProductID, ProductName, Price, ISNULL(stocks, 0) AS stocks
FROM Product
WHERE ProductID like 'p04%'
GO
```

【例 7.30】 查看数据库服务器名称、登录的用户名和当前访问的数据库名称。

```
SELECT HOST_NAME() AS 服务器名称,SUSER_NAME() AS 登录用户,DB_NAME() AS 数据库名称
```

7.5.6　用户自定义函数

SQL Server 系统不仅提供了大量的内置函数，而且允许用户根据需要创建用户自定义

函数。用户自定义函数是由一个或多个 Transact-SQL 语句组成的子程序，它接收参数，返回操作结果，返回值可以是单个的标量值，也可以是一个结果集。因此，用户自定义函数可分为标量函数和表值函数。其中，表值函数又可分为内联表值函数和多语句表值函数。

在 SQL Server 中使用用户定义函数有以下优点：

1）允许模块化程序设计。

只需创建一次函数并将其存储在数据库中，以后便可以在程序中调用任意次。用户定义函数可以独立于程序源代码修改。

2）执行速度更快。

与存储过程相似，用户定义函数通过缓存计划并在重复执行时重用它来降低 Transact-SQL 代码的编译开销。这意味着每次使用用户定义函数时均无需重新解析和重新优化，从而缩短了执行时间。与用于计算任务、字符串操作和业务逻辑的 Transact-SQL 函数相比，CLR 函数具有显著的性能优势。Transact-SQL 函数更适用于数据访问密集型逻辑。

3）减少网络流量。

基于某种无法用单一标量的表达式表示的复杂约束来过滤数据的操作，可以表示为函数。然后，此函数便可以在 WHERE 子句中调用，以减少发送至客户端的数字或行数。

用户自定义函数中可以包含以下类型的有效语句：

- DECLARE 语句：该语句可用于定义函数局部的数据变量和游标。
- 为函数局部对象的赋值：如使用 SET 为标量和表局部变量赋值。
- 游标操作：该操作引用在函数中声明、打开、关闭和释放的局部游标。不允许使用 FETCH 语句将数据返回到客户端。仅允许使用 FETCH 语句通过 INTO 子句给局部变量赋值。
- TRY...CATCH 语句以外的流控制语句。
- SELECT 语句：该语句包含具有为函数的局部变量赋值的表达式的选择列表。
- INSERT、UPDATE 和 DELETE 语句：这些语句修改函数的局部表变量。
- EXECUTE 语句：该语句调用扩展存储过程。

在操作用户自定义函数时，可使用 CREATE FUNCTION 语句创建函数，使用 ALTER FUNCTION 语句修改函数，使用 DROP FUNCTION 语句删除函数。用户自定义函数名必须唯一。

1. 创建用户自定义函数

（1）创建标量函数

标量函数返回一个确定类型的标量值，可以是除 text、ntext、image、cursor、timestamp 之外的任何类型的数据。如果函数中包含多条语句，那么必须使用 BEGIN…END 将这些语句括起来。

创建标量函数的语法形式如下：

```
CREATE FUNCTION [schema_name.]function_name
([{@parameter_name [AS] parameter_data_type [(length)][=default]}[,...n]])
RETURNS return_data_type
[AS]
BEGIN
function_body
RETURN expression
END
```

其中：

- schema_name：用户自定义函数所属的模式名称。
- function_name：用户自定义函数的名称。
- @parameter_name：用户自定义函数的参数名称。一个函数最多可以有 2100 个参数。执行函数时，如果未定义参数的默认值，则用户必须提供每个已声明参数的值。
- parameter_data_type：参数的数据类型。
- length：表示形参的长度。char 或 varchar 数据类型必须给出长度。
- default：参数的默认值。
- return_data_type：用户自定义函数返回值的数据类型。
- function_body：用户自定义函数体，是一系列实现函数功能的 T-SQL 语句的集合。
- expression：用户自定义函数的返回值。

（2）创建表值函数

表值函数返回一个表作为输出。在 RETURNS 子句中定义函数要返回的类型为 table，在 RETURN 子句中给出函数要返回的一个直接 SELECT 语句结果集或一个临时表中的数据。

- 内联表值函数：函数直接返回一个 SELECT 语句的结果集，并且在内联函数中不使用 BEGIN 和 END 语句包含函数体，直接使用 RETURN 子句返回一个 SELECT 语句的结果集或多个 SELECT 语句的集合运算，结构比较简单。
- 多语句表值函数：函数返回一个临时表作为输出。在函数的 RETURNS 子句中首先创建一个临时表，然后在 BEGIN 和 END 定义的函数体中可以通过多条语句向临时表中插入值，并将临时表中的数据作为返回结果。

内联表值函数的语法形式如下：

```
CREATE FUNCTION [schema_name.]function_name
([{@parameter_name [AS] parameter_data_type [=default]}[,...n]])
RETURNS TABLE
[AS]
RETURN (select-stmt)
```

其中，select-stmt 是函数返回值的单个查询语句。

创建多语句表值函数的语法形式如下：

```
CREATE FUNCTION [schema_name.]function_name
([{@parameter_name [AS] parameter_data_type [=default]}[,...n]])
RETURNS @return_variable TABLE <table_type_definition>
[AS]
BEGIN
function_body
RETURN
END
```

其中，<table_type_definition> 定义表数据类型，包括列的定义和约束。

2. 调用用户自定义函数的语法形式

当调用用户自定义函数时，如果调用的是标量函数，则必须提供架构名。其语法格式为：

```
schema_name.function([argument_expr][,…])
```

其中，argument_expr 表示实际参数值。

如果调用的是表值函数，则可以不提供架构名。

用户可以将调用的函数用在赋值语句中作为表达式的操作数，或用在 SQL 命令中。

3. 删除自定义函数的语法形式

用户可以使用 DROP FUNCTION 命令删除函数，其语法形式如下：

```
DROP FUNCTION { [ schema_name. ] function_name } [ ,...n ]
```

4. 用户自定义函数应用举例

【例 7.31】 创建自定义标量函数 TOTAL ()，用来计算任意两数之和。

```
CREATE FUNCTION TOTAL(@expr1 AS int,@expr2 AS int)
RETURNS int
BEGIN
DECLARE @my_total int
SELECT @my_total=@expr1+@expr2
RETURN @my_total
END
GO
```

用命令调用 TOTAL () 函数：

```
SELECT dbo.TOTAL(10,20) AS 两数之和
```

【例 7.32】 创建标量函数 sumsaler () 统计销售人员总数。

```
USE sales
GO
CREATE FUNCTION sumsaler()
RETURNS int
BEGIN
RETURN (SELECT COUNT(SaleID) FROM Seller)
END
```

用 SELECT 语句调用 sumsaler () 函数。

```
SELECT str(dbo.sumsaler())+'人 ' AS 销售员总数
```

【例 7.33】 根据给定的销售员编号，查找并返回该销售员姓名。

```
CREATE FUNCTION getSellerName(@sid char(3))
RETURNS char(8)
BEGIN
DECLARE @name char(8)
SELECT @name=Salename FROM Seller WHERE SaleID=@sid
RETURN @name
END
```

用 SELECT 语句调用 getSellerName() 函数。

```
SELECT dbo.getSellerName('s01')
```

5. 创建表值函数的应用举例

【例 7.34】 创建函数 fun_table () 返回一组查询的结果。

```
USE sales
```

```
GO
CREATE FUNCTION fun_table (@id char(6),@price money)
RETURNS TABLE
AS
RETURN (SELECT * FROM Product WHERE ProductID=@id
        union SELECT * FROM Product WHERE price>@price)
```

用 SELECT 语句调用该函数显示产品编号为 p02001 的产品信息。

```
SELECT * FROM dbo. fun_table('p02001',30)
```

【例 7.35】 创建函数 fun_multi_table () 返回一个临时表。

```
CREATE FUNCTION fun_multi_table()
RETURNS @tmp_table TABLE(产品名称 varchar(40),种类名称 nvarchar(15))
AS
BEGIN
INSERT @tmp_table SELECT productname,categoryname
            FROM Product p,Category c
            WHERE p.CategoryID=c. CategoryID
RETURN
END
```

用 SELECT 语句调用该函数：

```
select * from dbo.fun_multi_table()
```

7.6 批处理和流程控制语句

在 SQL Server 程序中，可以使用批处理和流程控制语句来实现相应的功能。批处理是包含一个或多个 Transact-SQL 语句的组，从应用程序一次性地发送到 SQL Server 执行。流程控制语句用来控制 SQL 语句、语句块或者存储过程的执行流程。

7.6.1 批处理

当用户利用 Transact-SQL 编写程序时，可以利用批处理语句来提高程序的执行效率。批处理是使用 GO 语句将多条 SQL 语句分隔，其中每两个 GO 之间的 SQL 语句就是一个批处理单元。一个批处理可以只包含一条语句，也可以包含多条语句。在 SQL Server 执行批处理之前首先编译批处理语句，使之成为一个可执行单元，然后再对编译成功的批处理单元进行处理。如果批处理中某条语句编译出现错误（如语法错误），则整个执行计划无法编译成功，从而导致批处理中的所有语句均无法执行。如果批处理语句在运行时出错（如算术溢出或违反约束），则会产生以下影响：

- 大多数运行时错误将停止执行批处理中当前语句和它之后的语句。
- 少数运行时错误（如违反约束）仅停止执行当前语句，而继续执行批处理中的其他语句。
- 在遇到运行时错误之前，执行的语句不受影响，除非批处理在事务中，而且错误导致事务回滚（事务的概念将在第 8 章详细介绍）。

例如，在批处理中有 10 条语句。如果第五条语句有一个语法错误，则不执行批处理中的任何语句。如果编译了批处理，而第二条语句在执行时失败，则第一条语句的结果不受影响，因为它已经执行。

当利用批处理时，应注意以下规则：

- CREATE DEFAULT、CREATE PROCEDURE、CREATE RULE、CREATE TRIGGER、CREATE VIEW、CREATE FUNCTION 和 CREATE SCHEMA 语句不能在批处理中与其他语句组合使用。批处理必须以 CREATE 语句开始，所有跟在该批处理后的其他语句将被解释为第一个 CREATE 语句定义的一部分。
- 不能在同一个批处理中更改表，然后引用新列。
- 如果 EXECUTE 语句是批处理中第一条语句，则不需要 EXECUTE 关键字。如果 EXECUTE 语句不是批处理中第一条语句，则需要 EXECUTE 关键字。
- 在书写批处理语句时，需要使用 GO 语句作为批处理命令的结束标志。

下面举例说明批处理的使用。

【例 7.36】 使用批处理创建一个视图。因为 CREATE VIEW 必须是批处理中的唯一语句，所以需要用 GO 命令将 CREATE VIEW 语句与其周围的 USE 和 SELECT 语句隔离。

```
USE sales
GO
CREATE VIEW v_products
AS
SELECT ProductName,Price,stocks
FROM Product
GO
SELECT *
FROM v_products
GO
```

【例 7.37】 利用批处理语句查询表中的信息。

```
USE sales
GO
SELECT * FROM Orders
GO
SELECT CategoryID AS 产品类别,CategoryName AS 产品名称,
        Description AS 产品描述
FROM Category
WHERE CategoryID='4'
GO
```

【例 7.38】 分别执行下面两段代码，查看结果有何不同。

代码段 1：

```
CREATE TABLE num(id int);
INSERT INTO num VALUES(1);
INSERT INTO num VALUES(1,2);
INSERT INTO num VALUES(3);
GO
SELECT * FROM num;
```

代码段 2：

```
INSERT INTO num VALUES(1);
INSERT INTO num VALUES(1,2);
INSERT INTO num VALUES(3);
GO
SELECT * FROM num;
```

分析：在代码段 1 中，由于不存在 num 表，因此首先编译并执行 CREATE TABLE 创建 num 表，然后编译并执行第一条 INSERT 语句。因此向表中插入一行新数据，然后继续编译第二条 INSERT 语句，此时编译出错。因此，整个批处理结束。一行数据插入成功。在代码段 2 中，三条 INSERT 语句逐个编译，编译成功后再整体执行。但是，当编译到第二条 INSERT 语句时，编译出错，三条 INSERT 语句均被终止执行，因此一行数据都没有插入。

7.6.2 流程控制语句

在使用 Transact-SQL 编程时，代码可以使用从上到下的顺序书写并执行，也可以根据业务需要改变代码的执行顺序。流程控制语句就是用来控制程序执行流程的语句。在 SQL Server 系统中可以使用的流程控制语句有 BEGIN…END、IF…ELSE、CASE、WHILE…CONTINUE…BREAK、GOTO、WAITFOR、RETURN 等。

1. BEGIN…END 语句

该语句是由一系列 Transact-SQL 语句组成的一个语句块，使 SQL Server 可以成组地执行 Transact-SQL 语句。在条件语句和循环语句等控制流程语句中，当符合特定条件需要执行两条或多条语句时，就应该使用 BEGIN…END 语句将这些语句组合在一起。其中，BEGIN 和 END 是流程控制语句的关键字。其语法格式如下：

```
BEGIN
{sql_statement| statement_block}
END
```

其中：
- sql_statement：表示单独的一条 SQL 语句。
- statement_block：表示由多条 SQL 语句构成的语句块。

这说明，在 BEGIN 和 END 关键字之间可以包含一条或多条 SQL 语句。

【例 7.39】 在 BEGIN…END 语句块中查询指定编号的销售员信息。

```
BEGIN
DECLARE @id CHAR(3);
SET @ID='s01';
SELECT * FROM Seller WHERE SaleID=@id;
END;
```

注意 BEGIN…END 语句块允许嵌套使用。BEGIN 和 END 语句必须成对使用，任何一条语句均不能单独使用。

2. IF…ELSE 语句

IF…ELSE 语句是条件判断语句。如果 IF 后边给出的条件满足（布尔表达式返回 TRUE），则执行 IF 关键字之后的 Transact-SQL 语句，若不满足，则执行 ELSE 后边的语句，但 ELSE 关键字是可选的。IF…ELSE 语句的语法形式如下：

```
IF Boolean_expression
{ sql_statement | statement_block }
[ ELSE
{ sql_statement | statement_block } ]
```

其中：

- Boolean_expression：返回 TRUE 或 FALSE 的布尔表达式。如果布尔表达式中含有 SELECT 语句，则必须用圆括号将 SELECT 语句括起来。
- {sql_statement|statement_block}：Transact-SQL 语句或用语句块定义的语句分组。除非使用语句块，否则 IF 或 ELSE 条件只能影响一条 Transact-SQL 语句的性能。如果在 IF...ELSE 块的 IF 区和 ELSE 区都使用了 CREATE TABLE 语句或 SELECT INTO 语句，那么 CREATE TABLE 语句或 SELECT INTO 语句必须指向相同的表名。

【例 7.40】 利用 IF…ELSE 语句查看 Product 表中产品类别为 "1" 的所有产品的平均价格，并判断平均价格偏高还是偏低。

```
USE sales
IF (SELECT AVG(price) FROM Product WHERE CategoryID = 1) < $4
 BEGIN
   PRINT '饮料类价格较低!'
   PRINT ''
   SELECT AVG(price) AS '饮料平均价为:'
   FROM Product
   WHERE  CategoryID= 1
 END
ELSE
  BEGIN
   SELECT ProductName AS '价格较贵的产品为:'
     FROM Product
     WHERE CategoryID = 1 AND price>4
 END
```

注意 IF...ELSE 结构可以用在批处理、存储过程（经常使用这种结构测试是否存在某个参数）以及特殊查询中。可以在其他 IF 之后或 ELSE 下面嵌套另一个 IF 测试，嵌套层数没有限制。

3. CASE 语句

CASE 语句是用于多重选择的条件判断语句，结果返回单个值。在 CASE 中可根据表达式的值选择相应的结果。CASE 语句通常使用可读性更强的值替换代码或缩写。例如，在查询中使用 CASE 语句重命名书籍的分类，使之更易理解。CASE 语句根据使用的格式不同可分为简单 CASE 语句和搜索 CASE 语句，两种格式都支持可选的 ELSE 参数。

（1）简单 CASE 语句

简单 CASE 语句先计算 CASE 后面表达式的值，然后将其与 WHEN 后面的表达式逐个进行比较：若相等则返回 THEN 后面的表达式，否则返回 ELSE 后面的表达式。

其语法形式如下：

```
CASE input_expression
WHEN when_expression THEN result_expression
[ ...n ]
[ ELSE else_result_expression]
END
```

其中：

- input_expression：使用简单 CASE 格式时计算的表达式。

- when_expression：使用简单 CASE 格式时与 input_expression 比较的简单表达式。二者的数据类型必须相同，或者是隐式转换。
- n：表明可以使用多个 WHEN when_expression THEN result_expression 子句。
- result_expression：当 input_expression=when_expression 取值为 TRUE 时返回的表达式。
- else_result_expression：当比较运算取值不为 TRUE 时返回的表达式。如果省略此参数并且比较运算取值不为 TRUE，则 CASE 将返回 NULL 值。

（2）搜索 CASE 语句

在搜索 CASE 语句中，CASE 关键字后面没有表达式，而是直接按指定顺序对每个 WHEN 子句后面的逻辑表达式进行计算，返回第一个计算结果为 TRUE 的 THEN 后面的表达式，并结束 CASE 语句。如果所有的逻辑表达式都为假，则返回 ELSE 后面表达式的值；若没有指定 ELSE 子句，则返回 NULL 值。

其语法形式如下：

```
CASE
WHEN Boolean_expression THEN result_expression
[ ...n ]
[ ELSE else_result_expression]
END
```

其中，Boolean_expression 是使用 CASE 搜索格式时计算的布尔表达式。其他各项的说明参见简单的 CASE 语句。

【例 7.41】　应用简单 CASE 语句查询订单的详细情况。

```
USE sales
GO
SELECT OrderID AS 订单编号 ,ProductID AS 产品编号 ,
  产品类型 =CASE substring(ProductID,1,3)
          WHEN 'p01' THEN '饮料类产品 '
          WHEN 'p02' THEN '调味品类产品 '
          WHEN 'p03' THEN '点心类产品 '
          WHEN 'p04' THEN '蔬菜类产品 '
          ELSE '其他 '
          END
FROM OrderDetail
ORDER BY ProductID
```

以上命令的执行结果如图 7-5 所示。

【例 7.42】　应用搜索 CASE 语句查询产品的销售情况。

```
USE sales
GO
SELECT OrderID AS 订单编号 ,ProductID AS 产品编号 ,
  销售情况 =CASE
          WHEN Quantity>=100 THEN '销售情况优秀 '
          WHEN Quantity>=70 THEN '销售情况良好 '
          WHEN Quantity>=50 THEN '销售情况一般 '
          WHEN Quantity<50 THEN '销售情况较差 '
          END
FROM OrderDetail
ORDER BY OrderID
```

以上命令的执行结果如图 7-6 所示。

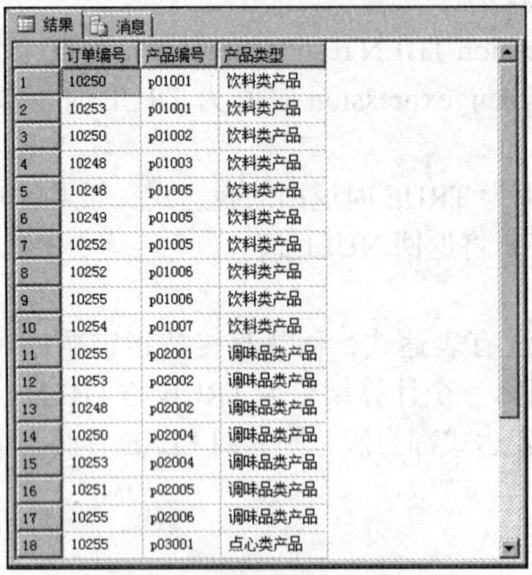

	订单编号	产品编号	产品类型
1	10250	p01001	饮料类产品
2	10253	p01001	饮料类产品
3	10250	p01002	饮料类产品
4	10248	p01003	饮料类产品
5	10248	p01005	饮料类产品
6	10249	p01005	饮料类产品
7	10252	p01005	饮料类产品
8	10252	p01006	饮料类产品
9	10255	p01006	饮料类产品
10	10254	p01007	饮料类产品
11	10255	p02001	调味品类产品
12	10253	p02002	调味品类产品
13	10248	p02002	调味品类产品
14	10250	p02004	调味品类产品
15	10253	p02004	调味品类产品
16	10251	p02005	调味品类产品
17	10255	p02006	调味品类产品
18	10255	p03001	点心类产品

图 7-5　例 7.41 的执行结果

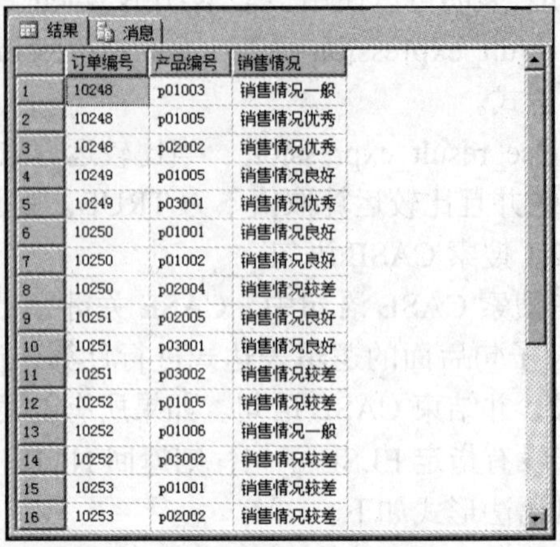

	订单编号	产品编号	销售情况
1	10248	p01003	销售情况一般
2	10248	p01005	销售情况优秀
3	10248	p02002	销售情况优秀
4	10249	p01005	销售情况良好
5	10249	p03001	销售情况优秀
6	10250	p01001	销售情况良好
7	10250	p01002	销售情况良好
8	10250	p02004	销售情况较差
9	10251	p02005	销售情况良好
10	10251	p03001	销售情况良好
11	10251	p03002	销售情况较差
12	10252	p01005	销售情况较差
13	10252	p01006	销售情况一般
14	10252	p03002	销售情况较差
15	10253	p01001	销售情况较差
16	10253	p02002	销售情况较差

图 7-6　例 7.42 的执行结果

4. WHILE...CONTINUE...BREAK 语句

WHILE…CONTINUE…BREAK 语句是 SQL 中的循环语句，用来重复执行 SQL 语句或语句块。如果 WHILE 后面的逻辑表达式为真，则重复执行循环内部的语句。其中，CONTINUE 语句可以使程序跳过 CONTINUE 后面的语句，重新回到 WHILE 循环的条件判断语句；BREAK 语句可以使程序完全跳出 WHILE 循环，而执行 WHILE 循环后面的语句行。CONTINUE 语句和 BREAK 语句都是可选的。

其语法形式如下：

```
WHILE Boolean_expression
{ sql_statement | statement_block }
[ BREAK ]
{ sql_statement | statement_block }
[ CONTINUE ]
```

【例 7.43】 用 WHILE 循环语句计算 1 ~ 100 整数的和。

```
DECLARE @sum_num int,@i int
SELECT @sum_num=0,@i=1
WHILE @i<=100
   BEGIN
     SET @sum_num=@sum_num+@i
     SET @i=@i+1
   END
PRINT '1 到 100 的整数和为：'
PRINT @sum_num
```

【例 7.44】 从 sales 数据库的 Product 表中查询产品的价格。如果平均价格少于 $30，WHILE 循环就将价格加倍，然后选择最高价。如果最高价小于或等于 $50，WHILE 循环就重新启动并再次将价格加倍。该循环不断地将价格加倍，直到最高价格超过 $50，然后退出 WHILE 循环并打印一条消息。

```
USE Sales
GO
WHILE (SELECT AVG(price) FROM Product) < $30
BEGIN
    UPDATE Product
        SET price = price * 2
    SELECT MAX(price) FROM Product
    IF (SELECT MAX(price) FROM Product) > $50
        BREAK
    ELSE
        CONTINUE
END
PRINT 'Too much for the market to bear'
```

注意　如果嵌套了两个或多个 WHILE 循环，内层的 BREAK 将导致退出到下一个外层循环，即 BREAK 语句只退出它所在的层。首先运行内层循环结束之后的所有语句，然后下一个外层循环重新开始执行。

5. GOTO 语句

GOTO 语句是 SQL 程序中的无条件跳转语句，可以使程序直接跳到指定的标识符位置处继续执行。而在 GOTO 语句和指定标签之间的语句块将不再执行。GOTO 语句和标识符可以用在语句块、批处理和存储过程中。标识符可以是数字或字符的组合，但必须以 "：" 结尾。但在用 GOTO 语句调用标识符时，只写标识符名称，不必加 "："。
其语法形式如下：

```
定义标签：
Label:
改变执行：
GOTO Label
```

【**例 7.45**】 利用 GOTO 语句和 IF 语句实现循环，计算 1 ~ 100 的整数和。

```
DECLARE @sum_num int,@i int
SELECT @sum_num=0,@i=1
Label1:
    SET @sum_num=@sum_num+@i
    SET @i=@i+1
    IF @i<=100
        GOTO Label1
    ELSE
        PRINT '1 到 100 的整数和为: '
    PRINT @sum_num
```

6. WAITFOR 语句

WAITFOR 语句在 SQL 中起暂停正在执行的语句、语句块和存储过程的作用，直到某时间、时间间隔到达后才继续执行。
其语法形式如下：

```
WAITFOR { DELAY 'time' | TIME 'time' }
```

DELAY 关键字后为 amount_of_time_to_pass，是在完成 WAITFOR 语句之前等待的时间间隔。完成 WAITFOR 语句之前等待的时间最多为 24 小时。

TIME 关键字后为 time_to_execute，用于指定某一时刻，其数据类型是有效的 datetime，格式为：'hh:mm:ss'，不允许有日期部分。

【例 7.46】 使用 TIME 关键字指定在 10 P.M. 以后对指定数据库 sales 进行检查，以确保所有页的分配和使用正确。

```
USE sales
BEGIN
    WAITFOR TIME '22:00'
    DBCC CHECKALLOC
END
```

【例 7.47】 在 WAITFOR 语句中使用 DELAY 参数设置查询语句执行前需要等待的时间间隔。

```
Use sales
WAITFOR DELAY '00:00:02'
SELECT * FROM Product
```

注意 执行 WAITFOR 语句后，在到达指定的时间之前或指定的事件出现之前，将无法使用与 SQL Server 的连接。若要查看活动的进程和正在等待的进程，请使用 sp_who。

7. RETURN 语句

RETURN 语句用于无条件终止查询、存储过程和批处理。存储过程或批处理中，RETURN 语句后面的语句都不执行。当在存储过程中使用 RETURN 语句时，此语句可以指定返回给调用应用程序、批处理和过程的整数值。如果 RETURN 未指定值，则存储过程返回 0。对于大多数存储过程，按常规，使用返回代码表示存储过程的成功或失败。没有发生错误时，存储过程返回值 0。任何非零值均表示有错误发生。

其语法形式如下：

```
RETURN [ integer_expression ]
```

其中，参数 integer_expression 为返回的整数值。

【例 7.48】 创建一个函数 fun_findstock，利用该函数定义某类产品的临界库存量，若查询产品的库存量低于所属类产品规定的临界量，函数值为 0，否则为 1。

```
USE sales
GO
CREATE FUNCTION fun_findstock (@proid AS char(6))
RETURNS int
BEGIN
    DECLARE @mystocks int
    SELECT @mystocks=CASE
            WHEN CategoryID=1 AND stocks<100 THEN 0
            WHEN CategoryID=1 AND stocks>=100 THEN 1
            WHEN CategoryID=2 AND stocks<200 THEN 0
            WHEN CategoryID=2 AND stocks>=200 THEN 1
            WHEN CategoryID=3 AND stocks<150 THEN 0
            WHEN CategoryID=3 AND stocks>=150 THEN 1
            WHEN CategoryID=4 AND stocks<50 THEN 0
            WHEN CategoryID=4 AND stocks>=50 THEN 1
            END
```

```
        FROM Product
        WHERE ProductID=@proid
RETURN @mystocks
END
GO
```

调用函数 fun_findstock，查询产品编号为 "p03003" 的库存情况，程序如下。

```
DECLARE @proid char(6),@stock int
SET @proid='p03003'
SET @stock=dbo.fun_findstock(@proid)
BEGIN
  IF @stock=0
    PRINT'该产品的库存较少，需要重新进货。'
  ELSE
    PRINT'该产品的库存较多，不需要重新进货。'
END
```

以上命令的执行结果如图 7-7 所示。

图 7-7 例 7.48 的执行结果

7.7 异常处理

在执行编译成功的 SQL 命令或程序块时，可能会由于不合适的数据引起执行期间的错误，这样的错误被称为异常。例如，新插入的数据或更新后的数据违反了约束条件、给出的数据不符合运算符的要求等，在这些情况下都会产生异常。一旦异常发生，就应该合理地处理异常。本节将介绍异常捕获、异常处理和用户自定义异常的抛出。

• 使用 TRY-CATCH 结构捕获异常和处理异常。

• 使用 RAISEERROR 语句抛出用户自定义异常。

7.7.1 TRY-CATCH 结构

TRY-CATCH 结构的语法形式如下：

```
BEGIN TRY
       { sql_statement | statement_block }
END TRY
BEGIN CATCH
       [ { sql_statement | statement_block } ]
END CATCH
```

其中，sql_statement 表示任意一条 T-SQL 语句，statement_block 表示包含在一个批处理或程序块中的 T-SQL 语句组。

BEGIN TRY…END TRY 之间包含需要执行的并且有可能产生异常的语句或语句组，BEGIN CATCH…END CATCH 之间包含处理上述的错误所需的语句或语句组。

在使用该结构时，需要注意以下几点：

- 一个 TRY-CATCH 结构将捕获所有严重级别高于 10 的执行错误，不关闭数据库连接。
- 一个 TRY 块的后边必须紧跟着 CATCH 块，也就是说在 END TRY 和 BEGIN CATCH 之间包含任何语句时都会产生语法错误。
- 一个 TRY-CATCH 结构不能跨越多个批处理，即该结构中的所有命令都属于一个批处理。
- 如果在 TRY 块中不包含错误，则程序将直接执行 END CATCH 之后的命令。
- TRY-CATCH 结构可以嵌套。

在 CATCH 块部分还可以使用下面的系统函数来确定错误的详细信息。

- ERROR_NUMBER ()：返回错误编号。
- ERROR_SEVERITY ()：返回错误的严重级别。
- ERROR_STATE ()：返回错误的状态。
- ERROR_PROCEDURE ()：返回产生错误的存储过程或触发器的名称。
- ERROR_LINE ()：返回错误发生的行号。
- ERROR_MESSAGE ()：返回错误发生的提示信息。

下面将以 sales 数据库中的 Customer 表为例，介绍 TRY-CATCH 结构的使用方法。在该表中，CustomerID 字段为表的主键，在 TYR 块中向该表添加两行具有相同 CustomerID 值的数据，代码如下：

```
BEGIN TRY
INSERT INTO Customer VALUES(10,'东大日化','张小姐','南大街号','456213','(0312)5772
689',null)
INSERT INTO Customer VALUES(10,'便利商店','李先生','北大街路西','700101','(0311)356
7891',null)
END TRY
BEGIN CATCH
SELECT '捕获到异常,其详细的错误信息如下:'
SELECT ERROR_LINE() AS 错误发生的行号,ERROR_NUMBER() AS 错误号,
ERROR_SEVERITY() AS 错误严重性,ERROR_STATE AS 错误的状态
END CATCH
GO
```

7.7.2 RAISERROR 语句

在 TRY-CATCH 结构中，用户可以自己定义异常发生后的处理方式。7.7.1 节中捕获并处理的异常都是系统自动抛出的异常。有些时候，根据业务的需要，用户也可以强制抛出异常，并被 CATCH 块捕获并处理。例如，输入的数据违反了约束，用户就可以使用 RAISERROR 语句抛出错误。

RAISERROR 语句的作用是返回用户定义的错误信息并设系统标志，记录发生错误。使用 RAISERROR 语句，客户端可以从 sys.messages 表中检索条目，或者使用用户指定的严重度和状态信息动态地生成一条消息。这条消息在定义后作为服务器错误信息返回给客户端。RAISERROR 语句的语法形式如下：

```
RAISERROR ({ msg_id | msg_str | @local_variable}{, severity, state})
```

其中：

- msg_id：表示存储在 sys.messages 中的用户已定义消息的消息编号。sp_addmessage

可以增加新的用户自定义消息，消息编号必须大于 50 000。

- msg_str：用户临时使用的动态消息，该字符串最多包括 2047 个字符。
- @local_variable：可用的字符型变量，包括一个字符串。该变量必须是 char 型或 varchar 型，或者是可以隐式转换成这两种类型的变量。
- severity：用户定义的与该消息关联的严重级别。任何用户都可以指定 0 ~ 18 的严重级别。只有 sysadmin 固定服务器角色成员或具有 ALTER TRACE 权限的用户才能指定 19 ~ 25 的严重级别。
- state：1 ~ 127 的任意整数。state 的默认值为 1。值为 0 或大于 127 会生成错误。

【例 7.49】　插入一条新的客户信息，如果要插入的 CustomerID 已经存在，则使用 RAISERROR 语句返回一条错误信息，并被 CATCH 语句捕获进行相应的错误处理。

```
BEGIN TRY
DECLARE @id char(3)
SELECT @id='c09'
IF EXISTS(SELECT * FROM Customer WHERE CustomerID=@id)
RAISERROR(' 该编号已被占用 ',16,1)
ELSE
INSERT INTO Customer(CustomerID,CompanyName) values(@id,' 北方计算机公司 ')
END TRY
BEGIN CATCH
PRINT ERROR_MESSAGE()+', 换一个客户编号重试! '
END CATCH
GO
```

注意　本例中设置错误级别为 16，可以被 catch 捕获并做相应的处理，如果错误级别设置为小于 11，如设置为 10，则输出 RAISERROR 定义的错误信息，不会转到 CATCH 块中处理。因此，在 TRY 块中，只有 11 ~ 19 的 RAISERROR 的严重性错误，才被转移到相应的 CATCH 块中处理。

7.8　本章小结

本章主要介绍 Transact_SQL 语句中常用的变量、运算符、函数、批处理、流程控制语句和 SQL 中的异常处理命令。运算符部分重点掌握在其表达式中操作数的数据类型以及各类运算符的优先级；函数部分重点掌握几类常用函数的意义以及语法格式；批处理和流程控制语句部分重点掌握其语法形式并且能够在程序中灵活运用；异常处理部分重点掌握能够创建简单且实用的异常处理。

7.9　实训项目

实训目的

1）掌握批处理语句的创建方法。

2）练习局部变量、用户自定义函数与流程控制语句在程序中的应用。

实训内容

1）批处理语句练习。

要求：打开 SQL Server 管理工具，创建新的查询，然后输入以下命令。

```
USE sales
```

```
SELECT * FROM Product
CREATE VIEW product_id AS
SELECT * FROM Product
```

以上命令是否正确？应该如何使用批处理进行修改？

2）在 sales 数据库中完成以下自定义函数练习。

①利用 Orders 表，创建一个用户自定义函数，要求根据指定的销售员编号，统计他所经手的订单总数，并返回订单总数。

②利用 Customer 表，创建一个用户自定义函数，要求该函数返回一个表，包括客户姓名、工作单位、居住地址和联系电话。

7.10　习题

1. 数据库对象的命名格式是什么？

2. 变量的两种类型分别是什么？如何创建与赋值局部变量？

3. 用户自定函数包括哪几种类型？如何创建、调用自定义函数？当调用有返回值的用户自定义函数时需要注意什么？

4. 批处理语句是什么？如何创建一个批处理语句？

5. 流程控制语句包括哪些语句？它们各自的作用是什么？

6. 在 CATCH 块中哪个系统函数返回错误消息的文本？用什么语句返回用户定义的错误信息？

第8章 游标、事务和锁

游标是一种数据结构。通过这种结构，程序可以将查询结果保存其中，并可对结果集的某行（或某些行）数据进行操作。游标中的数据保存在内存中，从其中提取数据的速度要比从数据表中直接提取数据的速度快得多。事务是指一个单元的工作，这些工作要么全部正确执行，要么全部不执行，通过事务来保证数据的完整性。在多用户环境中，有可能多个事务同时访问同一资源。为了防止因为事务访问同一资源发生错误，可以使用锁。

本章学习要点：
- 游标的定义和使用方法
- 事务的定义、操作以及具体应用
- 锁的作用和使用、死锁的处理

8.1 游标

8.1.1 游标概述

在前面章节，我们把 SELECT 语句返回的所有行的集合均作为一个整体处理，而无法单独处理其中的一行或部分行。在实际开发中，尤其是在交互应用程序设计中，人们常常需要对 SELECT 语句返回的结果集中的不同行做不同处理。游标能够部分读取返回结果集合中的数据行，并允许应用程序通过游标来定位修改表中的数据。

交互式联机应用程序中，通过游标能逐行处理由 SELECT 产生的结果集。游标通过以下方式来扩展结果处理：
- 允许定位在结果集的特定行。
- 从结果集的当前位置检索一行或一部分行。
- 支持修改结果集中当前位置行的数据。
- 为由其他用户对显示在结果集中的数据库数据所做的更改提供不同级别的可见性支持。
- 提供脚本、存储过程和触发器中用于访问结果集中数据的 Transact-SQL 语句。

8.1.2 游标的用法

在 SQL Server 2014 中使用游标的一般步骤如下：
1）声明游标（DECLARE CURSOR）。
2）打开游标（OPEN CURSOR）。
3）提取游标（FETCH CURSOR）。
4）根据需要，对游标中当前位置的行执行修改操作（更新或删除）。
5）关闭游标（CLOSE CURSOR）。
6）释放游标（DEALLOCATE CURSOR）。
游标主要用于存储过程、触发器和 T-SQL 脚本中，下面介绍使用游标的基本语法。

1. 声明游标 (DECLARE CURSOR)

可以使用 DECLARE 语句声明或创建一个游标。其语法格式如下：

```
DECLARE cursor_name CURSOR
[ LOCAL | GLOBAL ]
[ FORWARD_ONLY | SCROLL ]
[ STATIC | KEYSET | DYNAMIC | FAST_FORWARD ]
[ READ_ONLY | SCROLL_LOCKS | OPTIMISTIC ]
FOR select_statement
[ FOR UPDATE [ OF column_name [ ,...n ] ] ][;]
```

其中：

- cursor_name：所定义的游标的名称。cursor_name 必须符合标识符命名规则。
- LOCAL | GLOBAL：指定游标的作用域。局部 LOCAL 是指该游标仅在这个作用域内有效。全局 GLOBAL 是指该游标的作用域对连接来说是全局的。在由连接执行的任何存储过程或批处理中，都可以引用该游标。该游标仅在断开连接时隐式释放。
- FORWARD_ONLY：指定游标只能从第一行滚动到最后一行，即只进游标。FETCH NEXT 是唯一受支持的提取选项。
- SCROLL：滚动游标，指定所有的提取选项（FIRST、LAST、PRIOR、NEXT、RELATIVE、ABSOLUTE）均可用。
- STATIC | KEYSET | DYNAMIC | FAST_FORWARD：这 4 个选项指定游标的类型分别为：静态游标、由键集驱动的游标、动态游标、快进游标。
- READ_ONLY | SCROLL_LOCKS | OPTIMISTIC：这三个选项指定游标的并发性问题如何处理（并发问题在 8.3 节介绍）。
- select_statement：定义游标结果集的标准 SELECT 语句。在游标声明的 select_statement 内不允许使用关键字 COMPUTE、COMPUTE BY、FOR BROWSE 和 INTO。如果 select_statement 中的子句与所请求的游标类型的功能有冲突，则 SQL Server 会将游标隐式转换为其他类型。
- FOR UPDATE [OF column_name [, ...n]]：定义游标中可更新的列。如果提供了 OF column_name [, ...n]，则只允许修改列出的列。如果指定了 UPDATE，但未指定列的列表，则除非指定了 READ_ONLY 并发选项，否则可以更新所有的列。

【例 8.1】 定义一个游标，其数据为表 Seller 中的全部数据。

```
DECLARE myCursor CURSOR
FOR SELECT * FROM Seller
```

2. 打开游标 (OPEN CURSOR)

可以使用 OPEN 语句打开声明过的游标。其语法格式如下：

```
OPEN cursor_name
```

其中，cursor_name 是已声明过的并且没有打开的游标。

3. 从打开的游标中提取数据 (FETCH CURSOR)

可以使用 FETCH 语句来提取打开游标中的数据。其语法格式如下：

```
FETCH [ [ NEXT | PRIOR | FIRST | LAST | ABSOLUTE n | RELATIVE n ]
```

```
FROM ] cursor_name [ INTO @variable_name [ ,...n ] ]
```

其中：

- **NEXT**：提取上次提取行之后的行，即向下移动。如果 FETCH NEXT 为对游标的第一次提取操作，则返回结果集中的第一行。NEXT 为默认的游标提取选项。
- **PRIOR**：提取上次提取行之前的行。如果 FETCH PRIOR 为对游标的第一次提取操作，则没有行返回并且游标置于第一行之前。
- **FIRST**：提取游标中的第一行并将其作为当前行。
- **LAST**：提取游标中的最后一行并将其作为当前行。
- **ABSOLUTE n**：如果 n 为正数，则提取游标中从第 1 行开始的第 n 行。如果 n 为负整数，则提取游标中的倒数第 n 行。
- **RELATIVE n**：如果 n 为正数，则提取上次提取行之后的第 n 行。如果 n 为负数，则提取上次提取行之前的第 n 行。如果 n 为 0，则同一行被再次提取。
- **cursor_name**：要从中提取的游标的名称。
- **INTO @variable_name[, ...n]**：允许将提取操作的列数据放到局部变量中。变量的数量和相应的数据类型必须和声明游标时使用的 SELECT 语句中引用到的数据列的数目、排列顺序和数据类型保持一致，否则服务器会提示错误。

注意：

- FETCH 语句每次只能提取一行数据。因为 Transact-SQL 游标不支持块（多行）提取操作。
- FETCH 语句的执行状态保存在全局变量 @@FETCH_STATUS 中，该变量有 3 种取值：当取值为 0 时，说明 FETCH 语句执行成功；当取值为 -1 时，说明 FETCH 语句失败或此行不在结果集中；当取值为 -2 时，说明被提取的行不存在。

4. 关闭游标（CLOSE CURSOR）

当不再使用游标时，应及时调用 CLOSE 语句关闭游标，以便释放游标占用的系统资源。因为在关闭游标时，SQL Server 删除游标中的所有数据，并释放游标对数据库的所有锁定。所以，在游标关闭后，禁止提取游标数据，或通过游标进行定位修改和删除操作。但是，关闭游标并不改变游标的定义，应用程序可以再次执行 OPEN 语句打开游标。

使用 CLOSE 关闭游标的语法格式如下：

```
CLOSE cursor_name
```

其中，cursor_name 是要被关闭的游标名。

5. 释放（删除）游标（DEALLOCATE CURSOR）

由于关闭游标时并没有删除游标，因此，游标仍然占用一定的系统资源。如果一个游标确定不再使用，将其关闭后，还需要使用 DEALLOCATE 语句来删除游标。其语法格式如下：

```
DEALLOCATE cursor_name
```

其中，cursor_name 是已声明的游标名称。

下面通过一个综合性的例题，说明游标的使用过程。

【例 8.2】 游标综合性实例。

```
-- 创建游标
DECLARE myCursor CURSOR FOR
SELECT TOP 5 SaleID,SaleName,Address FROM Seller
-- 打开游标
OPEN myCursor
-- 提取第一行的数据
FETCH NEXT FROM myCursor
-- 提取剩余行的数据
WHILE @@FETCH_STATUS = 0
BEGIN
FETCH NEXT FROM myCursor
END
-- 释放游标
CLOSE myCursor
DEALLOCATE myCursor
```

执行结果如图 8-1 所示。

图 8-1　游标的综合性实例执行结果

8.1.3　使用游标修改数据

在 SQL Server 中，UPDATE 语句和 DELETE 语句也支持游标操作，它们可以通过游标修改或删除游标基表中的当前数据行。这样，就可以通过游标更新和删除数据表中的数据。用于游标操作时，UPDATE 语句的语法格式如下：

```
UPDATE table_name
SET column_name=expression
WHERE CURRENT OF cursor_name
```

其中，CURRENT OF cursor_name 表示当前游标的当前数据行。CURRENT OF 子句只能用在 UPDATE 和 DELETE 操作的语句中。

例如，将游标"myCursor"当前行中的"sex"列的值修改为"女"。

```
UPDATE Seller SET sex='女'
WHERE CURRENT OF myCursor
```

用于游标操作时，DELETE 语句的语法格式如下：

```
DELETE FROM table_name
WHERE CURRENT OF cursor_name
```

例如，将游标"myCursor"中的当前行删除。

```
DELETE FROM Seller
WHERE CURRENT OF myCursor
```

当游标基于多个数据表时，UPDATE 语句和 DELETE 语句一次只能修改或删除一个基表中的数据，而其他基表中的数据不受影响。

8.2 事务

8.2.1 什么是事务

事务（transaction）是 SQL Server 中的单个逻辑工作单元，也是一个操作序列，它包含了一组数据库操作命令。一个事务内的所有语句被作为一个整体执行。在事务执行过程中，如果遇到错误，可以回滚事务，取消该事务所做的全部改变，从而保证数据库的一致性和完整性。因此，事务是一个不可分割的工作逻辑单元，一个事务中的语句要么全部正确执行，要么全部不起作用。

事务作为一个逻辑工作单元必须具有 4 个属性：原子性（atomicity）、一致性（consistency）、隔离性（isolation）和持久性（durability）。这 4 个属性简称 ACID 属性。

- 原子性：事务必须是原子工作单元；对于其数据的修改，要么全都执行，要么全都不执行。
- 一致性：事务必须完成全部的操作，事务开始时系统为一个确定的状态，完成后则成为另一个确定的状态；未完成则回到事务开始的确定状态；不允许出现未知的、不一致的"中间"状态。由此可见，一致性和原子性是密切相关的。
- 隔离性：当许多人试图同时修改数据库内的数据时，必须执行控制，以使某个人所做的修改不会对他人产生负面影响，这就是并发控制。一个事务的执行不能被其他事务干扰。即一个事务内部的操作及使用的数据对其他并发事务是隔离的，并发执行的各个事务之间不能相互干扰。
- 持久性：事务完成之后，它对系统的影响是永久性的。该修改即使出现系统故障，也将一直保持。

例如，银行中的一笔转账业务，需要从一个账户 A 中转出资金 10 000 元转入账户 B 中，就需要作为一个事务来处理。这个过程清晰地体现了事务的 ACID 属性。

原子性：从账户 A 转出 10 000 元，同时账户 B 中转入 10 000 元。不能出现账户 A 转出了，但账户 B 没有转入的情况。转出和转入的操作是一体的。

一致性：转账操作完成后，账户 A 减少的金额应该和账户 B 增加的金额是一致的。

隔离性：在账户 A 完成转出操作的瞬间，往账户 A 中存入资金等操作是不允许的，必须将账户 A 转出资金的操作和往账户 A 存入资金的操作分开。

持久性：账户 A 转出资金的操作和账户 B 转入资金的操作一旦作为一个整体完成了，就会对账户 A 和账户 B 的资金余额产生永久的影响。

在 SQL Server 中，系统将事务模式分为显式事务、隐式事务、自动事务和批处理级事务 4 种。

1. 显式事务

显式事务就是可以显式地定义事务的开始和结束的事务，这类事务又称为用户定义事务。

```
BEGIN TRAN [SACTION] [ transaction_name | @tran_name_variable ]
```

说明　标记一个显式本地事务的起始点。

```
COMMIT TRAN[SACTION] [ transaction_name | @tran_name_variable ]
```

或

```
COMMIT WORK
```

说明　标志一个成功的显式事务或隐式事务的结束。如果没有遇到错误，可使用该语句成功地结束事务。该事务中的所有数据修改在数据库中都将永久有效。事务占用的资源将被释放。

```
ROLLBACK TRAN [SACTION]
[ transaction_name | @tran_name_variable | savepoint_name | @savepoint_variable ]
```

或

```
ROLLBACK WORK
```

说明　将显式事务或隐式事务回滚到事务的起点或事务内的某个保存点，用来清除遇到错误的事务。该事务修改的所有数据都返回到事务开始时的状态。事务占用的资源将被释放。

```
SAVE TRAN[SACTION]
```

说明　在事务内设置保存点或标记。保存点可以定义在按条件取消某个事务的一部分后，该事务可以返回的一个位置。如果将事务回滚到保存点，则根据需要必须完成其他剩余的 Transact-SQL 语句和 COMMIT TRANSACTION 语句，或者必须将事务回滚到起始点来完全取消事务。若要取消整个事务，则使用 ROLLBACK TRANSACTION transaction_name 语句。这将撤销事务的所有语句和过程。

在事务中允许有重复的保存点名称，但指定保存点名称的 ROLLBACK TRANSACTION 语句只将事务回滚到使用该名称的最近的 SAVE TRANSACTION。

【例 8.3】　通过转账案例演示提交事务。

在 sales 数据库中创建一个名称为 Account 的表，插入账户 A、账户 B 两条数据，然后开启一个事务，通过 UPDATE 语句将账户 A 的 100 元转入账户 B，最后提交事务。

1）创建表 Account 并插入数据。

```
USE sales
GO
CREATE TABLE Account
(id INT IDENTITY(1,1) CONSTRAINT PK_ID PRIMARY KEY,
 name VARCHAR(40),
 money FLOAT
)
GO
INSERT INTO Account(name,money) VALUES ('A',1000)
INSERT INTO Account(name,money) VALUES ('B',1000)
GO
```

使用 SELECT 语句查询 Account 表，验证数据是否添加成功。

```
SELECT * FROM Account
```

图 8-2 为余额查询结果。

2）开启一个事务，名称为 tran1，通过 UPDATE 语句将账户 A 的 100 元转入账户 B，最后提交事务。

```
BEGIN TRANSACTION tran1
UPDATE Account SET money = money-100 WHERE name='A'
UPDATE Account SET money = money+100 WHERE name='B'
COMMIT TRANSACTION tran1
```

上述语句执行成功后，使用 SELECT 语句查询 Account 表中的余额，查询结果如图 8-3 所示。

图 8-2　Account 表中余额查询结果　　　图 8-3　Account 表中余额查询结果

从查询结果可以看出，通过事务成功地完成了转账功能。需要注意的是，上述两条 UPDATE 语句中，如果任意一条语句出现错误，就会导致事务不会提交，这样一来，如果在提交事务之前出现异常，事务中未提交的操作就会被取消，因此可以保证事务的 ACID 属性。

【例 8.4】通过转账案例演示回滚事务。

开启一个事务，通过 UPDATE 语句将账户 A 的 100 元转入账户 B，最后回滚事务。

1）使用 SELECT 语句查询 Account 表中账户 A 和账户 B 的余额。

```
SELECT * FROM Account
```

账户 A 的余额为 900，账户 B 的余额为 1100。

2）开始事务 tran2 后，UPDATE 语句将账户 A 的 100 元转入账户 B。

```
BEGIN TRANSACTION tran2
UPDATE Account SET money = money-100 WHERE name='A'
UPDATE Account SET money = money+100 WHERE name='B'
(1 行受影响)
(1 行受影响)
系统提示说明插入数据成功。
```

3）执行回滚语句。

```
ROLLBACK TRANSACTION tran2
```

4）使用 SELECT 语句再次查询 Account 表中账户 A 和账户 B 的余额。

```
SELECT * FROM Account
```

账户 A 和账户 B 的余额没有变化。

2. 隐式事务

隐式事务是指在当前事务提交或回滚后，SQL Server 自动开始的事务。因此，隐式事务不需要使用 BEGIN TRANSACTION 语句标识事务的开始，而只需要使用 ROLLBACK TRANSACTION、COMMTT TRANSACTION 等语句回滚事务或结束事务。在回滚时，SQL Server 又自动开始一个新的事务。

3. 自动事务

自动事务是一种能够自动执行和自动回滚的事务。在自动事务模式下，当一个语句成功执行后，它被自动提交，而当它执行过程中产生错误时，自动回滚。自动事务模式是 SQL Server 的默认事务管理模式，当与 SQL Server 建立连接后，直接进入自动事务模式，直到使用 BEGIN TRANSCTION 语句开始一个显式事务，或者执行 SET IMPLICIT_ TRANSACTIONS ON 语句进入隐式事务模式为止。但显式事务被提交或回滚，或者执行 SET IMPLICIT_TRANSACTIONS OFF 语句后，SQL Server 又进入自动事务管理模式。

例如，DELETE FROM Student 的作用是删除 Student 表中的所有记录，它本身就构成了一个事务。删除 Student 表中的所有记录，要么全部删除成功，要么全部删除失败。

4. 批处理级事务

批处理级事务只能应用于多个活动结果集（MARS），在 MARS 会话中启动的 Transact-SQL 显式或隐式事务变为批处理级事务。当批处理完成时，没有提交或回滚的批处理级事务自动由 SQL Server 回滚。

8.2.2　事务的操作举例

【例 8.5】 定义一个简单的事务，将 Product 表中的产品价格全部提高 10%，只有全部产品的价格都更新成功，才提交整个事务。

```
USE sales
BEGIN TRANSACTION MyTransaction
UPDATE Product
SET Price = Price * 1.1
COMMIT TRANSACTION MyTransaction
```

【例 8.6】 在事务中使用保存点，用于回滚部分事务。

在 Product 表中，插入一条记录，设置一个保存点，然后将产品价格全部提高 10%，如果更新成功，则提交整个事务，否则回滚到保存点。

```
DECLARE @ErrorVar int
BEGIN TRANSACTION myAllTran
USE sales
INSERT INTO Product(ProductID, ProductName, CategoryID,Price, stocks)
VALUES('p03007', 'QQ糖果', 3,6,100)
SAVE TRANSACTION myTranPoint
UPDATE Product
SET Price = Price * 1.1
SELECT @ErrorVar = @@error
IF (@ErrorVar <> 0)
BEGIN
    ROLLBACK TRANSACTION myTranPoint
    PRINT '更新产品价格失败！'
END
ELSE
```

```
BEGIN
    PRINT '更新产品价格成功。'
    COMMIT TRANSACTION myAllTran
END
GO
```

【例 8.7】　事务综合实例。

在 sales 数据库中，增加一笔用户订单，需要分别在 Orders 和 OrderDetail 表中增加相应的记录，以保持数据的一致，因此必须将它们分组为用户定义的事务。

```
BEGIN TRANSACTION t_addOrder
/* 增加一笔用户订单 10260 后，设置了一个保存点 t_addRecord1。*/
INSERT INTO Orders (OrderID,CustomerID,SaleID,OrderDate) VALUES (10260,'c04','s09',
'2009-1-12')
INSERT INTO OrderDetail (OrderID, ProductID, Quantity) VALUES (10260,'p01003',50)
INSERT INTO OrderDetail (OrderID, ProductID, Quantity) VALUES (10260,'p01005',80)
SAVE TRANSACTION t_addRecord1
/* 增加一笔用户订单 10261 后，设置了一个保存点 t_addRecord2。*/
INSERT INTO Orders (OrderID,CustomerID,SaleID,OrderDate) VALUES (10261,'c04','s09',
'2009-1-12')
INSERT INTO OrderDetail (OrderID, ProductID, Quantity) VALUES (10261,'p01003',50)
SAVE TRANSACTION t_addRecord2
/* 使用 ROLLBACK TRANSACTION 语句将事务回滚到保存点 t_addRecord1 */
ROLLBACK TRANSACTION t_addRecord1
COMMIT TRANSACTION
/* 提交整个事务 t_addOrder */
```

8.3　锁

当多个用户同时访问数据时，SQL Server 2014 数据库引擎使用锁来保证事务完整性。在多用户环境中，锁可以防止多用户同时修改同一数据。在 SQL Server 中，锁是自动实现的，但也可以显式使用。每个事务对所依赖的资源（如行、页或表）请求不同类型的锁，当事务不再依赖锁定的资源时，它将释放锁。应用程序可以选择事务隔离级别，为事务定义保护级别，以防被其他事务修改。

8.3.1　并发问题

当多个用户同时访问一个数据库而没有锁定时，修改数据的用户会影响同时读取或修改相同数据的其他用户，即这些用户可以并发访问数据。如果数据存储系统没有并发控制，则用户可能会看到以下负面影响：

- 丢失更新。
- 未提交的读（脏读）。
- 不可重复读。
- 幻读。

1. 丢失更新

丢失更新发生在两个或多个事务修改同一行时。在这种情况下，每个事务都不知道其他事务的存在，最后的更新将覆盖由其他事务所做的更新，这将导致前面事务完成的数据丢失。

2. 未提交读（脏读）

未提交读也称为脏读。脏读是指当一个事务修改数据时，另一个事务读取了修改的数据，由于某种原因第一个事务取消了对数据的修改，数据回到原来的状态，这时第二个事务读取的数据与数据库中的数据不相符，即读到了未提交的数据。

3. 不可重复读

不可重复读是指当一个事务读取数据库中的数据后，另一个事务更新了数据，当第一个事务再次读取其中的数据时，就会发现数据已经发生变化，即多次访问同一行，但每次读取到的数据不相同，因此被称为"不可重复读"。

4. 幻读

幻读是指一个事务内两次查询的数据记录数不一致，幻读和不可重复读有些类似，同样是在两次查询中。不同的是，幻读是由于其他事务做了插入或者删除记录的操作，导致记录数有所增加。

8.3.2　锁的类型

如果并发问题不加以控制，就可能会读取和写入不正确的数据，而破坏事务的一致性。SQL Server 使用锁机制来同步多个用户同时对同一个数据的访问。使用不同的锁模式锁定资源，这些锁模式确定了并发事务访问资源的方式。SQL Server 的锁模式有多种，下面主要介绍共享锁、排他锁和更新锁。

1. 共享锁

共享锁（S 锁）允许并发事务读取（SELECT）一个资源。资源上存在共享锁（S 锁）时，任何其他事务都不能修改数据。读取操作一完成，就立即释放资源上的共享锁（S 锁），除非将事务隔离级别设置为可重复读或更高级别，或者在事务持续时间内用锁定提示保留共享锁（S 锁）。

2. 排他锁

排他锁（X 锁）可以防止并发事务对资源进行访问。使用排他锁（X 锁）时，任何其他事务都无法读取或修改排他锁锁定的数据。

3. 更新锁

更新锁（U 锁）可以防止常见的死锁。一个事务读取数据，对数据加上共享锁，然后修改此数据，这时要求共享锁转换为排他锁。如果有两个事务都获得了此资源上的共享锁，然后试图同时更新数据，则两事务尝试将共享锁转换为排他锁。从共享锁到排他锁的转换必须等待一段时间，因为一个事务的排他锁与其他事务的共享锁不兼容，发生锁等待。由于两个事务都要转换为排他锁，并且每个事务都等待另一个事务释放共享锁，因此发生死锁。

若要避免这种潜在的死锁问题，在共享锁和排他锁的间隙，使用更新锁（U 锁）。更新锁被应用到带有共享锁的资源，一次只有一个事务可以获得资源的更新锁。如果事务修改资源，则更新锁转换为排他锁。

8.3.3　查看锁

在 SQL Server 2014 中可以通过查询 sys.dm_tran_locks 动态管理视图来获得有关数据库引擎实例中当前活动的锁管理器资源信息，也可以使用系统存储过程 sp_lock 查看锁的信息。

使用系统存储过程 sp_lock 可以查看 SQL Server 系统或指定进程对资源的锁定情况，其语法格式如下：

```
sp_lock [[@spid1 = ] 'spid1'] [,[@spid2 = ] 'spid2'][ ; ]
```

其中，spid1 和 spid2 为进程标识号。指定 spid1 和 spid2 参数时，SQL Server 显示这些进程的锁定情况，否则显示整个系统的锁使用情况。进程标识号为一个整数，可以使用系统存储过程 sp_who 检索当前启动的进程及各进程对应的标识号。

8.3.4　设置事务隔离级别

隔离级别是指一个事务和其他事务的隔离程度，即指定数据库如何保护当前正在被其他用户或服务器请求使用的数据。对于同时运行的多个事务，可以通过设置隔离级别来平衡并发性和数据完整性。选择正确的隔离级别可以提高 SQL Server 的性能。

隔离级需要使用 set 命令来设定，基本语法格式如下：

```
SET TRANSACTION ISOLATION LEVEL
  { READ UNCOMMITTED
  | READ COMMITTED
  | REPEATABLE READ
  | SNAPSHOT
  | SERIALIZABLE
  }[ ; ]
```

SQL Server 2014 提供了以下几种隔离级。

（1）READ UNCOMMITTED（未提交读）

此隔离级别的事务不在数据库对象上放置共享锁和排他锁，因此它允许读取已经被其他用户修改但尚未提交确定的数据。

（2）READ COMMITTED（提交读）

在此隔离级别下，SELECT 命令不能读取尚未提交的数据，也不能返回脏数据，它是 SQL Server 默认的隔离级别。

（3）REPEATABLE READ（可重复读）

在此隔离级别下，用 SELECT 命令读取的数据在整个命令执行过程中不会被更改。但其他事物可以插入新行，导致幻读。

对事务中的每个语句所读取的全部数据都设置了共享锁，并且该共享锁一直保持到事务完成为止。这样可以防止其他事务修改当前事务读取的任何行。其他事务可以插入与当前事务所发出语句的搜索条件相匹配的新行。如果当前事务随后重试执行该语句，它会检索新行，从而产生幻读。由于共享锁一直保持到事务结束，而不是在每个语句结束时释放，所以并发级别低于默认的 READ COMMITTED 隔离级别。此选项只在必要时使用。

（4）SERIALIZABLE（串行读）

在此隔离级别下，当一个事务读取或更新数据时，没有其他事务可以读取、修改和插入新数据。在这个隔离级别中，并发性非常低。

事务隔离级别定义了可为读取操作获取的锁类型。针对 READ COMMITTED 或 REPEATABLE READ 获取的共享锁通常为行锁，尽管读取引用了页或表中大量的行时，行锁可以升级为页锁或表锁。如果某行在被读取之后由事务进行了修改，则该事务会获取一个用于保护该行的排他锁，并且该排他锁在事务完成之前将一直保持。例如，如果 REPEATABLE READ 事务具有用于某行的共享锁，并且该事务随后修改了该行，则共享行锁便会转换为排他行锁。可串行化（SERIALIZABLE）是事务的最高隔离级别，它在每个读的数据行上加上锁，使之不可能相互冲突，因此会导致大量的超时现象。

下面举例演示并发问题的出现与设置事务隔离级别。

【例 8.8】 脏读示例，账户 A 给账户 B 转账 100 元购买商品。

SQL Server 默认的隔离级别是 READ COMMITTED（提交读），该级别可以避免脏读。为了演示脏读，开启两个查询窗口，分别演示账户 A 和账户 B 的操作。

1）在账户 B 的查询窗口中将事务隔离级别设置为 READ UNCOMMITTED(未提交读)。

```
SET TRANSACTION ISOLATION LEVEL READ UNCOMMITTED
```

使用 SELECT 语句查询 Account 表中账户 A 和账户 B 的余额。

```
SELECT * FROM Account
```

账户 A 的余额为 900，账户 B 的余额为 1100。

2）在账户 A 的查询窗口中，开启事务 tran3，执行更新语句。

```
BEGIN TRANSACTION tran3
UPDATE Account SET money = money-100 WHERE name='A'
UPDATE Account SET money = money+100 WHERE name='B'
```

3）如果账户 A 不提交事务，通知账户 B 查询，由于账户 B 的隔离级别较低，此时会读到账户 A 的事务中未提交的数据，发现账户 A 确实给自己转入了 100 元，然后给账户 A 发货。在账户 B 的查询窗口中使用 SELECT 语句查询 Account 表中账户 A 和账户 B 的余额。

```
SELECT * FROM Account
```

账户 A 的余额为 800，账户 B 的余额为 1200。

4）等账户 B 发货成功后，账户 A 将事务 tran3 回滚，命令如下所示。此时，账户 B 会受到损失，这是脏读造成的。

```
ROLLBACK TRANSACTION tran3
```

5）在账户 B 的查询窗口中使用 SELECT 语句查询 Account 表中账户 A 和账户 B 的余额，又恢复成原来的金额。

```
SELECT * FROM Account
```

账户 A 的余额为 900，账户 B 的余额为 1100。

6）为了防止脏读发生，可以将账户 B 中的事务隔离级别设置为 READ COMMITTED，该级别可以避免脏读。具体语句如下：

```
SET TRANSACTION ISOLATION LEVEL READ COMMITTED
```

重新演示上面的例子，如果账户 A 不提交事务，通知账户 B 查询，账户 B 会等待账户 A 提交事务或者回滚事务，不会读到账户 A 未提交的数据。

【例 8.9】　不可重复读示例。

例如，银行在做统计报表时，第一次查询账户 A 有 1000 元，第二次查询有 900 元，原因是统计期间，账户 A 取出了 100 元，这就导致多次统计报表的结果不一致。

不可重复读和脏读有些类似，但是脏读是读取前一个事务未提交的脏数据，不可重复读是在事务内重复读取了其他线程已提交的数据。下面通过示例演示不可重复读的情况。具体步骤如下：

1）演示不可重复读。

在账户 B 的查询窗口中，开启一个事务 tran4，然后在当前事务中查询各账户的余额信息，结果为：账户 A 的余额为 1000，账户 B 的余额为 1000。

在账户 A 的查询窗口中，直接使用 UPDATE 语句执行更新操作即可，具体语句如下：

```
UPDATE Account SET money = money-100 WHERE name='A'
```

由于账户 A 只需要执行修改操作，不需要保证同步性，因此直接执行 SQL 语句就可以，执行成功，账户 A 的余额为 900。

在账户 B 的查询窗口中，再次查询各账户的余额：账户 A 的余额为 900，账户 B 的余额为 1000。

对比账户 B 两次查询结果可以发现，两次查询结果不一致，实际上这种操作没错，但是在银行统计报表时，这种情况是不符合需求的，因为我们不希望在一个事务中看到的查询结果不一致，这就是不可重复读。上述情况演示成功后，还是要将账户 B 的事务 tran4 提交 COMMIT TRANSACTION tran4，以完成本次操作。

2）设置账户 B 中事务的隔离级别。

为了防止重复读的情况出现，可以将账户 B 查询窗口中的事务隔离级别设置为 REPEATABLE READ（可重复读）。

```
SET TRANSACTION ISOLATION LEVEL REPEATABLE READ
```

开启事务，使用 SELECT 语句查询 Account 表中账户 A 和账户 B 的余额。

```
BEGIN TRANSACTION tran4
SELECT * FROM Account
```

执行后，SELECT 语句读取的全部数据都设置了共享锁，并且该共享锁一直保持到事务完成为止，这样账户 A 查询窗口将不能再更新账户 A 的数据，最后账户 B 中不会读取到不一致的数据，可以避免重复读的情况。上述情况演示成功后，还是要将账户 B 的事务提交 COMMIT TRANSACTION tran4，以完成本次操作。

【例 8.10】　幻读示例。

当一个事务对一个区域的数据执行插入或删除操作，而该区域的数据属于另一个事务正在读取的范围时，会发生幻读问题。由于其他事务的删除操作，事务第一次读取的范围显示有一行不再存在于第二次或后续读取内容中。同样，由于其他事务的插入操作，事务第二次或后续读取的内容显示有一行不存在于原始读取内容中。

例如，银行在做统计报表时，统计 Account 表中所有账户的总金额时，总共有账户 A 和 B 两个账户、总金额为 2000 元，这时增加一个账户 C 并且存入 1000 元。银行再统计时发现共有 3 个账户，总金额变为 3000 元，这就造成了幻读的情况。下面通过示例演示幻读的情况。具体步骤如下：

1）设置账户 B 中事务的隔离级别。

由于前面将事务的隔离级别设置为 REPEATABLE READ（可重复读），这种隔离级别可以避免幻读的出现，因此需要将事务的隔离级别设置得更低，下面将事务的隔离级别设置为 READ COMMITTED，具体语句如下：

```
SET TRANSACTION ISOLATION LEVEL READ COMMITTED
```

2）演示幻读。

在账户 B 的查询窗口中，开启事务，查询账户的余额情况：账户 A 的余额为 1000，账户 B 的余额为 1000。

```
BEGIN TRANSACTION tran5
SELECT * FROM Account
```

在账户 A 的查询窗口中，不用开启显式事务，直接执行添加操作即可，具体语句如下：

```
INSERT INTO Account(name,money) VALUES ('C',1000)
```

在账户 A 添加记录成功后，在账户 B 的查询窗口中，再次查询账户的余额情况：账户 A 的余额为 1000，账户 B 的余额为 1000，账户 C 的余额为 1000。

通过对比账户 B 设置 READ COMMITTED 隔离级别前后，发现第二次查询比第一次查询多了一条记录，这种情况并不是错误的，但可能不符合实际需求。上述情况演示成功后，还是要将账户 B 的事务提交 COMMIT TRANSACTION tran5，以完成本次操作。

【例 8.11】 可串行化示例。

1）设置账户 B 中事务的隔离级别。

将事务的隔离级别设置为 SERIALIZABLE，具体语句如下：

```
SET TRANSACTION ISOLATION LEVEL SERIALIZABLE
```

2）演示可串行化。

在账户 B 的查询窗口中，开启事务 tran5，查询账户的余额情况：账户 A 的余额为 1000，账户 B 的余额为 1000，账户 C 的余额为 1000。

```
BEGIN TRANSACTION tran5
SELECT * FROM Account
```

在账户 A 的查询窗口中，开启事务 tran6，插入数据：

```
BEGIN TRANSACTION tran6
INSERT INTO Account(name,money) VALUES ('D',1000)
```

当账户 B 正在事务中查询余额信息时，账户 A 中的操作不能立即执行。

所以在账户 B 的查询窗口中，提交事务：

```
COMMIT TRANSACTION tran5
```

账户 B 中的事务提交成功后，在账户 A 的查询窗口中的添加操作才能执行成功。最后提交事务 tran6。

(1 行受影响)
COMMIT TRANSACTION tran6

8.3.5　死锁的处理

1. 死锁概述

在两个或多个任务中，如果每个任务锁定了其他任务试图锁定的资源，会造成这些任务永久阻塞，从而出现死锁。例如：

事务 A 获取了行 1 的共享锁。

事务 B 获取了行 2 的共享锁。

事务 A 请求行 2 的排他锁，但在事务 B 完成并释放其对行 2 持有的共享锁之前被阻塞。

事务 B 请求行 1 的排他锁，但在事务 A 完成并释放其对行 1 持有的共享锁之前被阻塞。

事务 A 必须在事务 B 完成之后才能完成，但事务 B 被事务 A 阻塞。这种情况也称为循环依赖关系：事务 A 依赖于事务 B，而事务 B 又依赖于事务 A，从而形成了一个循环。

除非某个外部进程断开死锁，否则死锁中的两个事务都将无限期等待下去。SQL Server 的死锁监视器定期检查陷入死锁的任务。如果监视器检测到循环依赖关系，将选择其中一个任务作为牺牲品，然后终止其事务并提示错误。这样，其他任务就可以完成其事务。对于事务以错误终止的应用程序，它还可以重试该事务，但通常要等到与它一起陷入死锁的其他事务完成后执行。

2. 死锁检测

死锁检测由锁监视器线程执行，该线程定期搜索数据库引擎实例的所有任务。因为系统中遇到的死锁数通常很少，定期死锁检测有助于减少系统中死锁检测的开销。

锁监视器对特定线程启动死锁搜索时，会标识线程正在等待的资源，然后锁监视器查找特定资源的所有者，并递归地继续搜索那些线程的死锁，直到找到一个循环。用这种方式标识的循环形成一个死锁。

检测到死锁后，数据库引擎选择其中一个线程作为死锁牺牲品来结束死锁。数据库引擎终止正为线程执行的当前批处理，回滚死锁牺牲品的事务并将 1205 错误返回到应用程序。回滚死锁牺牲品的事务会释放事务持有的所有锁。这将使其他线程的事务解锁，并继续运行。1205 死锁牺牲品错误将有关死锁涉及的线程和资源的信息记录在错误日志中。

3. 死锁处理

【例 8.12】 使用 Try-Catch 进行死锁处理。

1）设计产生死锁的事务。在连接会话 1 执行 SQL 语句 1，在连接会话 2 执行 SQL 语句 2，将会发生死锁。

连接会话 1 的 SQL 语句 1：

```
USE sales
BEGIN TRAN
    UPDATE SELLER SET HireDate = DATEADD(day,1,Hiredate) WHERE SaleID='s08'
    WAITFOR DELAY '00:00:10'
    UPDATE SELLER SET HireDate = DATEADD(day,1,Hiredate) WHERE SaleID='s09'
COMMIT TRAN
```

连接会话 2 的 SQL 语句 2：

```
USE sales
BEGIN TRAN
    UPDATE SELLER SET HireDate = DATEADD(day,1,Hiredate) WHERE SaleID='s09'
    WAITFOR DELAY '00:00:10'
    UPDATE SELLER SET HireDate = DATEADD(day,1,Hiredate) WHERE SaleID='s08'
COMMIT TRAN
```

2）SQL Server 对死锁的自动处理。SQL Server 对付死锁的办法是牺牲掉其中的一个，抛出异常，并且回滚事务。上面两个连接的语句执行时，其中先执行查询的连接中能够成功执行，后执行的查询连接被选作牺牲品并抛出 1205 错误，运行结果如图 8-4 所示。

图 8-4　死锁的自动处理结果

3）使用 Try-Catch 进行死锁处理。在 SQL Server 2014 中发生死锁的某个会话将被选择为死锁牺牲品。死锁牺牲品错误将使执行跳至 CATCH 块，事务将进入无法提交状态。在 CATCH 块中，死锁牺牲品会回滚事务并重试更新此表，直到更新成功或达到了重试限制。

连接会话 1 的 SQL 语句 1：

```
DECLARE @count int --声明循环次数变量
SET @count = 1        --初始化循环次数
WHILE @count <= 3
BEGIN
    BEGIN TRY
        BEGIN TRAN        -- 开始事务
        UPDATESELLERSET HireDate = DATEADD(day,1,Hiredate) WHERE SaleID='s08'
        WAITFOR DELAY '00:00:10'
        UPDATE SELLER SET HireDate = DATEADD(day,1,Hiredate) WHERE SaleID='s09'
        COMMIT  TRAN              -- 提交事务
        SET @count = 4;          -- 更新成功则跳出 WHILE 循环
    END TRY
    BEGIN CATCH
        SELECT ERROR_NUMBER() AS ErrorNumber
        ROLLBACK
        SET @count = @count +1 -- 循环次数加 1
        CONTINUE
        -- 检测错误编号，如果是死锁牺牲品，则减少重新尝试计数。
        -- 如果是其他错误，则跳出 WHILE 循环
        IF (ERROR_NUMBER() = 1205)
            SET @count = @count +1 -- 循环次数加
        ELSE
            SET @count = 4;
        -- 会话中包含无法提交的事务,XACT_STATE 将返回 -1
        IF XACT_STATE() <> 0
            ROLLBACK TRAN;
    END CATCH
END
```

连接会话 2 的 SQL 语句 2：交换一下更新语句的顺序。

该事务中由于使用 TRY-CATCH 进行了错误捕获，因此在两个连接会话中执行该事务

时，后执行的事务在遇到死锁时，不会被选作牺牲品，而是在指定的次数内进行重试，等到另一进程释放资源后执行事务。

　　注意：

- 使用 WAITFOR 语句，保证在死锁发生后等待一段时间。
- @count 为重新尝试的次数，可以根据实际情况进行调整。

　　因此，为了减少出现死锁的次数，在设计应用程序时，需要遵循以下原则：

　　1）尽量避免并发地执行涉及修改数据的语句。

　　2）要求每个事务一次性将所有要使用的数据全部加锁，否则就不予以执行。

　　3）预先规定一个锁定顺序，所有的事务都必须按这个顺序对数据进行锁定，例如，不同的过程在事务内部对对象的更新执行顺序应尽量保持一致。

　　4）每个事务的执行时间不应太长，对于较长的事务可以将其分为几个事务。

8.4　本章小结

　　本章介绍了游标的定义、关闭游标、删除游标及应用游标进行数据的更新和删除操作；事务的定义、操作以及具体应用；并发问题、锁的类型、设置事务隔离级别以及死锁的处理。

8.5　实训项目

　　实训目的

　　1）掌握游标的定义和使用方法。

　　2）掌握事务的定义、操作以及具体应用。

　　3）事务的隔离级别。

　　实训内容

　　1）使用游标取出并显示 sales 数据库中 Customer 表中客户的信息。

　　2）编写一个事务控制程序，要求在事务中包含 3 个操作：第一个操作是在 sales 数据库的 Seller 表中插入一条数据，并检索插入是否成功，然后设置一个保存点；接着执行第二个操作，删除刚才插入的数据，并检索删除是否成功，然后回滚事务；最后执行检索操作，看插入的数据是否存在。

8.6　习题

1. 游标的优点是什么？

2. 怎样使用游标？

3. 什么是事务？

4. 事务有哪些属性？

5. 什么是并发问题？

6. 简述什么是死锁。

第9章 存储过程

存储过程（stored procedure）是 SQL Server 服务器上一组预先定义并编译好的 Transact-SQL 语句。使用存储过程可以提高 Transact-SQL 语句的运行性能和执行效率。存储过程还可以作为一种安全机制，使用户通过它访问未授权的表或视图。

本章学习要点：
- 存储过程的基本概念
- 创建存储过程
- 管理存储过程

9.1 概述

1. 存储过程的基本概念

SQL Server 的存储过程类似于编程语言中的过程。在使用 Transact-SQL 编程的过程中，可以将某些多次调用以实现某个特定任务的代码段编写成一个过程，将其保存在数据库中，并由 SQL Server 服务器通过过程名调用它们，这些过程就叫作存储过程。

存储过程可以实现：
- 接受输入参数并以输出参数的格式向调用过程或批处理返回多个值。
- 包含用于在数据库中执行操作（包括调用其他过程）的编程语句。
- 向调用过程或批处理返回状态值，以指明成功或失败（以及失败的原因）。

2. 存储过程的分类

在 SQL Server 2014 中，存储过程主要分为：系统存储过程和用户定义的存储过程。

（1）系统存储过程

系统存储过程由 SQL Server 2014 提供，用户可以直接使用。SQL Server 2014 中的许多管理活动都是通过一些系统存储过程完成的。例如 sp_help（帮助）、sp_who（谁在使用系统）、sp_adduser（添加用户）等都是系统存储过程。系统存储过程存放在 "master" 数据库中。它们主要用于系统管理、用户登录管理、权限设置、数据库对象管理、数据复制等操作。系统存储过程带有 sp_ 前缀。为了避免混淆，用户自定义存储过程一般不要使用 "sp_" 作为前缀。

（2）用户定义的存储过程

用户自定义的存储过程用于实现用户自己需要实现的操作。在 SQL Server 2014 中，用户定义的存储过程可以调用数据定义语言（DDL）和数据操作语言（DML）语句并且返回值，或者引用 .NET Framework 公共语言运行时（CLR）方法。因此存储过程可分为 Transact-SQL 存储过程和 CLR 存储过程。当通过 Transact-SQL 语句能完成所要求的功能时，使用 Transact-SQL 语句编写存储过程。但 Transact-SQL 不支持对象、数组、集合、类的使用。为了实现数据库中复杂的编程逻辑，或访问外部资源，可以以任何 .NET 支持的语言 VB.NET 或 C# 等语言来创建 CLR 存储过程。例如，从数据库表中检索数据并以 XML 格式存储到一个文件中，这时 Transact-SQL 不能实现此功能，相反，可以使用 .NET 语言创建 CLR 存储过程来完成此任务。

3. 存储过程的优点

一个设计良好的数据库应用程序通常都会用到存储过程。使用存储过程，具有以下优点：

- 实现模块化程序设计。
- 存储过程内可引用其他存储过程，可以简化一系列复杂语句。
- 可以减少网络通信流量。
- 因为存储过程在创建时即在服务器上进行编译，所以执行起来比单个 SQL 语句快。
- 可以作为一种安全机制。

9.2　创建存储过程

在 SQL Server 2014 中，可以使用"SQL Server Management Studio"界面操作和 Transact_SQL 语句创建存储过程。默认情况下，创建存储过程的许可权归属数据库的所有者，数据库的所有者可以授权给其他用户。

9.2.1　使用 SQL Server Management Studio 创建存储过程

1）启动 SQL Server Management Studio，在"对象资源管理器"中展开"数据库"→"sales"→"可编程性"节点。

2）右键单击"存储过程"节点，选择"新建"→"存储过程"，如图 9-1 所示。

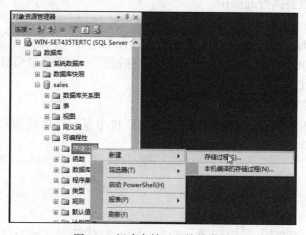

图 9-1　新建存储过程快捷菜单

3）在右边查询窗口中，显示存储过程的模板，用户可以根据模板输入存储过程包含的文本，单击"执行"按钮，语句成功执行后，存储过程创建成功。

9.2.2　使用 Transact-SQL 语句创建存储过程

使用 CREATE PROCEDURE 命令创建存储过程的语法格式如下：

```
CREATE PROC [ EDURE ] procedure_name
```

```
[ { @parameter data_type } [ = default ] [ OUTPUT ]] [ ,...n ]
[ WITH { RECOMPILE | ENCRYPTION | RECOMPILE , ENCRYPTION } ]
AS
sql_statement
```

其中：

- procedure_name：新存储过程的名称。过程名必须符合标识符规则，且对于数据库及其所有者必须唯一。
- @parameter：过程中的参数。在 CREATE PROCEDURE 语句中可以声明一个或多个参数。用户必须在执行存储过程时提供每个声明参数的值（除非定义了该参数的默认值）。存储过程最多可以有 2100 个参数。使用 @ 符号作为第一个字符来指定参数名称。参数名称必须符合标识符的命名规则。每个过程的参数仅用于该过程本身；相同的参数名称可以用在其他过程中。
- data_type：参数的数据类型。除 table 之外的所有数据类型均可以用作 Tranact-SQL 存储过程的参数。
- Default：参数的默认值。如果定义了默认值，不必指定该参数的值即可执行过程。默认值必须是常量或 NULL。如果过程将对该参数使用 LIKE 关键字，那么默认值中可以包含通配符（%、_、[] 和 [^]）。
- OUTPUT：表明参数是输出参数。该选项的值可以返回给 EXEC[UTE]。使用 OUTPUT 参数可将信息返回给调用过程。
- RECOMPILE：指示数据库引擎不缓存该过程的计划，该过程在运行时编译。
- ENCRYPTION：指对存储过程的定义进行加密。
- AS：指定过程要执行的操作。
- sql_statement：存储过程中包含的 Transact-SQL 语句。

编写存储过程时，一般情况下先编好存储过程的内容（一条或多条 SQL 语句），然后进行调试，这些 SQL 语句正确无误后再创建存储过程。如果是带参数的存储过程一般可以先用一个实参来代替进行调试。

【例 9.1】 不带有参数的存储过程。

下面的存储过程从 sales 数据库的 3 个表的联接中返回订单的编号、客户名称、销售员和订单日期。该存储过程不使用任何参数。

```
USE sales
GO
CREATE PROCEDURE UP_OrderInfo
AS
SELECT Orders.OrderID, Customer.CompanyName, Seller.Salename, orders.OrderDate
FROM Orders INNER JOIN Seller
ON Orders.SaleID = Seller.SaleID INNER JOIN Customer
ON Orders.CustomerID = Customer.CustomerID
GO
```

【例 9.2】 带有输入参数的存储过程。

下面的存储过程从 sales 数据库的 3 个表的联接中返回订单的编号、客户名称、销售员和订单日期。该存储过程接受日期区间参数：开始日期和结束日期。

```
USE sales
```

```
GO
CREATE PROCEDURE UP_OrderInfoWithParam
  @StartDate datetime,
  @EndDate datetime
AS
SELECT Orders.OrderID, Customer.CompanyName, Seller.Salename,Orders.OrderDate
FROM Orders INNER JOIN Seller
ON Orders.SaleID = Seller.SaleID INNER JOIN
Customer ON Orders.CustomerID = Customer.CustomerID
WHERE (Orders.OrderDate BETWEEN @StartDate AND @EndDate)
GO
```

【例 9.3】 带有输出参数的存储过程。

该存储过程从 sales 数据库的 Customer 表查询客户的基本信息，输入参数为客户编号，输出参数为客户所在公司的名称和公司地址。

```
USE sales
GO
CREATE PROCEDURE UP_CusteromInfo
  @CustId nvarchar(3),
  @ComName nvarchar(60) output,
  @ComAddress nvarchar(60) output
AS
SELECT @ComName=CompanyName,@ComAddress=Address
FROM Customer
WHERE CustomerId=@CustId
GO
```

【例 9.4】 带有返回值的存储过程。

该存储过程向 Category 表中插入数据，如果插入成功返回 1，插入失败返回 0，输入参数为商品种类编号、种类名称和种类表述信息。

```
USE sales
GO
CREATE PROCEDURE UP_InsertCate
@CategoryID int,
@CategoryName nvarchar(15),
@Description nvarchar(200)
AS
  SET nocount on
  IF ( NOT EXISTS (SELECT * FROM Category WHERE CategoryID=@CategoryID))
  BEGIN
    INSERT INTO Category(CategoryID, CategoryName, Description)
      VALUES(@CategoryID, @CategoryName,@Description)
    RETURN 1                              -- 添加数据成功返回 1
  END
  ELSE
    RETURN 0                              -- 添加数据失败返回 0
GO
```

【例 9.5】 在存储过程中使用游标。

该存储过程通过输入订单编号参数，计算出订单明细中每个产品的总价格。

```
USE sales
GO
```

```
CREATE PROCEDURE UP_UpdateTotalPrice
@OrderID int
AS
    -- 声明变量产品编号 @ProductID, 产品数量 @Quantity, 产品价格 @Price
    DECLARE @ProductID char(6)
    DECLARE @Quantity  int
    DECLARE @Price money

    -- 声明游标变量 curOrderDetail, 从 OrderDetail 表中查询产品编号和产品数量
    DECLARE curOrderDetail CURSOR FOR
        SELECT ProductID, Quantity FROM OrderDetail WHERE OrderID =@OrderID

    -- 打开游标
    OPEN curOrderDetail
    -- 提取第一行的数据到变量 @ProductID, @Quantity
    FETCH NEXT FROM curOrderDetail INTO @ProductID, @Quantity
    WHILE ( @@FETCH_STATUS =0)
    BEGIN
        select  @Price=Price from Product where ProductID=@ProductID
        Update OrderDetail
        Set TotalPrice =@Price*@Quantity
        Where OrderID =@OrderID and ProductID=@ProductID
        -- 提取剩余行的数据
        FETCH NEXT FROM curOrderDetail INTO @ProductID, @Quantity  -- (4) 在 WHILE
逻辑中得到更多的行数据
    END
    -- 关闭并释放游标
    CLOSE curOrderDetail
    DEALLOCATE curOrderDetail
```

9.3 执行存储过程

存储过程可以通过 EXECUTE 语句来执行，其语法格式如下：

```
[ [ EXEC [ UTE ] ]
   { [ @return_status = ] { procedure_name] | @procedure_name_var }
   [ [ @parameter = ] { value | [ OUTPUT ] | [ DEFAULT ] ] [ ,...n ]
[ WITH RECOMPILE ]
```

其中：

- EXEC [UTE]：为执行存储过程的关键字。如果所执行存储过程语句为批中的第一个语句，则可以省略 EXECUTE 关键字。
- @return_status：是一个可选的整型变量，保存存储过程的返回状态。这个变量在使用前，必须在批处理、存储过程或函数中声明过。
- procedure_name：是调用的存储过程的名称。
- @parameter：是存储过程参数，在 CREATE PROCEDURE 语句中定义。参数名称前必须加上符号（@）。在以 @parameter_name = value 格式使用时，参数名称和常量不一定按照 CREATE PROCEDUR 语句中定义的顺序出现。但是，如果有一个参数使用 @parameter_name = value 格式，则其他所有参数都必须使用这种格式。
- Value：是存储过程参数的值。如果参数名称没有指定，参数值必须以 CREATE PROCEDURE 语句中定义的顺序给出。如果参数值是一个对象名称、字符串或通过

数据库名称或所有者名称进行限制，则整个名称必须用单引号括起来。如果参数值是一个关键字，则该关键字必须用双引号括起来。

- OUTPUT：指定存储过程必须返回一个参数。
- DEFAULT：根据过程的定义，提供参数的默认值。

1. 调用不带参数的存储过程

调用例 9.1 中的存储过程。

```
USE sales
EXECUTE UP_OrderInfo
```

2. 调用带输入参数的存储过程

调用例 9.2 中的存储过程。

```
USE sales
EXECUTE UP_OrderInfoWithParam '2008-7-1', '2008-7-9'
-- Or
EXECUTE UP_OrderInfoWithParam @StartDate = '2008-7-1', @EndDate = '2008-7-9'
-- Or
EXECUTE UP_OrderInfoWithParam @EndDate = '2008-7-9', @StartDate = '2008-7-1'
```

如果执行存储过程的命名是批处理中的第一条语句，则可省略 EXECUTE。

3. 调用带输出参数的存储过程

调用例 9.3 中的存储过程。

```
USE sales
GO
DECLARE @Name nvarchar(60),@Address nvarchar(60)
EXEC UP_CusteromInfo 'c01',@Name OUTPUT,@Address OUTPUT
-- 显示输出值
SELECT @Name,@Address
```

4. 调用带有返回值的存储过程

调用例 9.4 中的存储过程。

```
USE sales
GO
DECLARE @return_value int
EXEC @return_value = UP_InsertCate
        @CategoryID = 5,
        @CategoryName = '香烟',
        @Description = '中华、熊猫和玉溪'
SELECT 'Return Value' = @return_value
GO
```

5. 一个存储过程调用另一存储过程

```
Create Procedure UP_CallInsertCate
AS
    DECLARE @return_value int
```

```
       EXEC @return_value = UP_InsertCate 5,'香烟','中华、熊猫和玉溪'
       SELECT '返回值' = @return_value
```

6. 自动执行的存储过程

前面曾经说过，存储过程只有直接调用，才能执行。但在 SQL Server 中，可以通过调用 sp_procoption 系统存储过程来设置一个存储过程为自动执行方式。这样的存储过程可以在 SQL Server 启动时自动执行。其语法格式为：

```
sp_procoption [ @ProcName = ] 'procedure'
     , [ @OptionName = ] 'option'
     , [ @OptionValue = ] 'value'
```

其中：

- [@ProcName =] 'procedure'：是要为其设置或查看选项的过程名。
- [@OptionName =] 'option'：要设置的选项的名称。option 的唯一值是 startup，该值设置存储过程的自动执行状态。设置为自动执行的存储过程会在每次 Microsoft SQL Server 启动时运行。
- [[@OptionValue =] 'value']：表示选项是设置为开（true 或 on）还是关（false 或 off）。

SQL Server 对自动执行的存储过程的数量没有限制。但是，因为每个自动执行的存储过程都要占用一个连接，所以为了减少 SQL Server 的资源开销，对于没有必要并行执行的存储过程，应使用过程嵌套方式执行，通过一个过程调用其他过程，这样只占用一个连接。自动执行存储过程要放在"Master"数据库中。

【例 9.6】 设置一个存储过程为自动执行存储过程。

首先创建一个存储过程 UP_AutoExec。

```
USE MASTER
GO
CREATE PROCEDURE UP_AutoExec
AS
    PRINT '自动执行存储过程的测试'
GO
```

执行下面的语句，将存储过程 UP_AutoExec 设置为自动执行存储过程。

```
sp_procoption  'UP_AutoExec', 'startup', 'true'
```

可以取消一个存储过程的自动执行。执行下面的语句，即取消"UP_AutoExec"的自动执行方式。

```
sp_procoption 'UP_AutoExec', 'startup', 'false'
```

9.4　管理存储过程

9.4.1　使用 SQL Server Management Studio 管理存储过程

1）启动 SQL Server Management Studio，在"对象资源管理器"中展开"数据库"→"sales"→"可编程性"→"存储过程"节点。

2）右键单击要操作的存储过程名，选择"属性"选项，如图 9-2 所示。

图 9-2　选择"属性"选项

3）打开"存储过程属性"窗口，查看指定的存储过程的详细内容，如图 9-5 所示。可以查看该存储过程属于哪个数据库、创建日期和属于哪个数据库用户等信息；可以为存储过程添加用户并授予其权限。

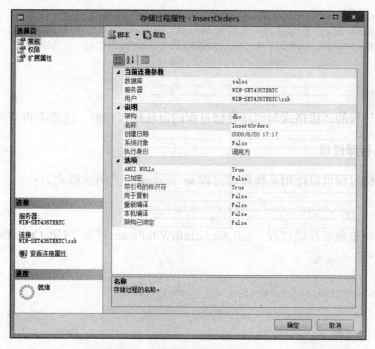

图 9-3　存储过程属性对话框

在如图 9-2 所示的快捷菜单中选择相应的菜单，可以完成存储过程修改、重命名和删除操作。

9.4.2　查看存储过程

创建存储过程之后，它的名称就存储在系统表 sysobjects 中，它的源代码存放在系统表 syscomments 中。可以使用系统存储过程 sp_help、sp_helptext、sp_depends 来查看用户自定义存储过程。

例如：

使用 sp_help 显示存储过程 UP_OrderInfo 的基本信息。

```
exec sp_help 'UP_OrderInfo'
```

使用 sp_ helptext 显示存储过程 UP_OrderInfo 的定义文本信息。

```
exec sp_helptext 'UP_OrderInfo'
```

使用 sp_depends 显示存储过程 UP_OrderInfo 的依赖关系的信息。若一个对象引用另一个对象，则认为前者依赖后者。sp_depends 通过查看 sys.sql_dependencies 目录视图确定依赖关系。

```
exec sp_depends 'UP_OrderInfo'
```

9.4.3　修改存储过程

使用 Transact-SQL 中的 ALTER PROCEDURE 语句可以修改已经存在的存储过程，其语法格式如下：

```
ALTER PROC [ EDURE ] procedure_name
    [ { @parameter data_type } [ = default ] [ OUTPUT ] ] [ ,...n ]
[ WITH { RECOMPILE | ENCRYPTION | RECOMPILE , ENCRYPTION
    } ]
AS
sql_statement
```

修改存储过程的语法格式与创建存储过程的语法格式相似，这里不再赘述。

9.4.4　重命名存储过程

重命名存储过程可以使用系统存储过程 sp_rename，其语法格式为：

```
sp_rename 'procedure_name','new_procedure_name'
```

下面的语句重命名存储过程"UP_OrderInfoWithParam"为"UP_OrderInfoDate"。

```
USE sales
GO
sp_rename  UP_OrderInfoWithParam, UP_OrderInfoDate
GO
```

9.4.5　删除存储过程

删除存储过程的语法格式为：

```
DROP PROCEDURE { procedure } [ ,...n ]
```

其中，procedure 是要删除的存储过程的名称。

下面的语句删除存储过程"UP_OrderInfoWithParam"。

```
USE sales
GO
DROP PRODEURE UP_OrderInfoWithParam
GO
```

9.5 本章小结

本章主要介绍了存储过程的基本概念，创建存储过程的方法，执行存储过程以及对存储过程的查看、修改、重命名和删除操作。

9.6 实训项目

实训目的

1）掌握存储过程的概念和类型。

2）掌握存储过程的创建、执行、修改和删除操作。

实训内容

1）创建对表 Customer 进行插入、修改和删除操作的 3 个存储过程：insertCustomer、updateCustomer、deleteCustomer。

2）创建一个存储过程，要求设置参数 @ CustomerID 表示供应商编号，@ SaleID 表示销售商编号，从 Orders、Customer、Seller 表中查询所有商品的名称，供应商名称和销售商名称信息。要求输入供应商编号和销售商编号，如果存在则返回查询结果，否则给出相应的提示信息。

9.7 习题

1. 简述存储过程的概念。

2. 存储过程的优点是什么？

3. 创建一个无参数的存储过程，返回销售员的所有信息。

4. 创建一个带输入参数的存储过程，输入参数为销售员编号，返回该销售员的所有信息。

5. 创建一个带输出参数的存储过程，输入参数为订单编号，输出参数为该订单中所含商品总数。

第10章 触 发 器

SQL Server 2014 提供了两种主要机制来强制执行业务规则和保证数据完整性：约束和触发器。触发器是一种特殊的存储过程，触发器可以在数据表中插入数据、修改数据或删除数据时进行检查，以保证数据的完整性和一致性。它在执行语言事件时自动生效。

本章学习要点：
- 触发器的概念与分类
- DML 触发器的创建
- DDL 触发器的创建
- 触发器的应用

10.1 触发器概述

触发器（trigger）是一种特殊的存储过程，它不同于一般的存储过程。一般的存储过程通过过程名被直接调用，而触发器主要是通过事件触发而被执行。触发器是一个功能强大的工具，与表紧密连接，可以看作是表格定义的一部分。当用户修改（INSERT、UPDATE 或 DELETE）指定表或视图中的数据时，该表中相应的触发器会自动执行。触发器基于一个表创建，但可以操作多个表。触发器常用来实现复杂的商业规则。但是，不管触发器所进行的操作有多复杂，触发器都只作为一个独立的单元被执行，被看作一个事务。如果在执行触发器的过程中发生了错误，则整个事务将会自动回滚。

10.2 触发器的分类

SQL Server 包括两大类触发器：数据操纵语言（DML）触发器和数据定义语言（DDL）触发器。

10.2.1 DML 触发器

当数据库中发生数据操纵语言事件时，调用 DML 触发器。DML 事件包括在指定表或视图中修改数据的 INSERT 语句、UPDATE 语句和 DELETE 语句。DML 触发器可以查询其他表，还可以包含复杂的 Transact-SQL 语句。

DML 触发器主要应用于以下方面：
- DML 触发器可通过数据库中的相关表实现级联更改。不过，通过级联引用完整性约束可以更有效地进行这些更改。
- DML 触发器可以防止恶意或错误的 INSERT、UPDATE 以及 DELETE 操作，并强制执行比 CHECK 约束定义的限制更为复杂的其他限制。
- 与 CHECK 约束不同，DML 触发器可以引用其他表中的列。例如，触发器可以使用另一个表中的 SELECT 比较插入或更新的数据，以及执行其他操作，如修改数据或显示用户定义错误信息。

- DML 触发器可以评估数据修改前后表的状态，并根据该差异采取措施。
- 一个表中的多个同类 DML 触发器（INSERT、UPDATE 或 DELETE）允许采取多个不同的操作来响应同一个修改语句。

DML 触发器又可分为：FOR|AFTER 触发器和 INSTEAD OF 触发器。

（1）FOR|AFTER 触发器

FOR|AFTER 触发器又称后触发器（after trigger），这种类型的触发器在执行相应的 DML 语句操作之后才被触发。可以对变动的数据进行检查，如果发现错误，将拒绝接受或回滚变动的数据。指定 AFTER 与指定 FOR 相同，FOR|AFTER 触发器只能在表上定义。在同一个数据表中可以创建多个 FOR|AFTER 触发器。

（2）INSTEAD OF 触发器

INSTEAD OF 触发器又称前触发器（inserted of trigger），这种类型的触发器在数据变动以前被触发，并取代变动数据的操作（UPDATE、INSERT 和 DELETE 操作），而执行触发器定义的操作。INSTEAD OF 触发器可以在表或视图上定义。在表或视图上，每个 UPDATE、INSERT 和 DELETE 语句最多可以定义一个 INSTEAD OF 触发器。

AFTER 触发器和 INSTEAD OF 触发器的功能比较如表 10-1 所示。

表 10-1　AFTER　触发器和 INSTEAD OF 触发器的功能比较

功　　能	AFTER 触发器	INSTEAD OF 触发器
适用范围	表	表和视图
每个表或视图包含触发器的数量	每个触发操作（UPDATE、DELETE 和 INSERT）包含多个触发器	每个触发操作（UPDATE、DELETE 和 INSERT）包含一个触发器
级联引用	无任何限制条件	不允许在作为级联引用完整性约束目标的表上使用 INSTEAD OF UPDATE 和 DELETE 触发器。
执行	晚于： 约束处理 声明性引用操作 创建插入的和删除的表 触发操作	早于： 约束处理 替代： 触发操作 晚于： 创建插入的和删除的表
执行顺序	可指定第一个和最后一个执行	不适用
在 inserted 和 deleted 表中引用 text、ntext 和 image 列	不允许	允许

DML 触发器语句使用两种特殊的表：删除的表（deleted 表）和插入的表（inserted 表）。SQL Server 会自动创建和管理这两种表。可以使用这两种驻留内存的临时表来测试特定数据修改的影响以及设置 DML 触发器操作条件。但不能直接修改表中的数据或对表执行 DDL 操作，如 CREATE INDEX 等。

在 DML 触发器中，inserted 表和 deleted 表主要用于执行以下操作：

- 扩展表之间引用的完整性。
- 在以视图为基础的基表中插入或更新数据。
- 检查错误并基于错误采取相应的操作。
- 找到数据修改前后表状态的差异，并基于此差异采取相应的操作。

deleted 表用于存储 DELETE 和 UPDATE 语句所影响的行的副本。在执行 DELETE 或 UPDATE 语句的过程中，行从触发器的基表中删除，并传输到 deleted 表中。deleted 表和触发器的基表通常没有相同的行。

Inserted 表用于存储 INSERT 和 UPDATE 语句所影响的行的副本。在插入或更新事务期间，新行将同时被添加到 inserted 表和触发器基表。inserted 表中的行是触发器基表中新行的副本。

更新操作类似于在删除操作之后执行插入操作。首先，旧行被复制到 deleted 表中，然后，新行被复制到触发器表和 inserted 表中。

例如，若要检索 deleted 表中的所有值，使用：

```
SELECT * FROM deleted
```

10.2.2 DDL 触发器

DDL 触发器是一种特殊的触发器，当服务器或数据库中发生 DDL 事件时，调用此类触发器。DDL 事件主要包括 CREATE、ALTER 和 DROP 语句。它们可以用于数据库中执行管理任务，如审核以及规范数据库操作。

执行以下操作时，可以使用 DDL 触发器：

- 要防止对数据库架构进行某些更改。
- 希望数据库中发生某种情况以响应数据库架构中的更改。
- 要记录数据库架构中的更改或事件。

仅在运行触发 DDL 触发器的 DDL 语句后，DDL 触发器才会激发。DDL 触发器无法作为 INSTEAD OF 触发器使用。

10.3 创建触发器

10.3.1 使用 SQL Server Management Studio 创建触发器

具体操作步骤如下：

1）启动 SQL Server Management Studio，在"对象资源管理器"中展开"数据库"→"sales"→"可编程性"→"数据库触发器"节点。

2）右键单击"数据库触发器"，选择"新建数据库触发器"选项，如图 10-1 所示。

3）在右边弹出的查询窗口中显示"触发器"模板，如图 10-2 所示。用户可以根据模板输入触发器的文本，单击"执行"按钮，当语句成功执行后，触发器创建成功。

注意 这里创建的是 DML 触发器。

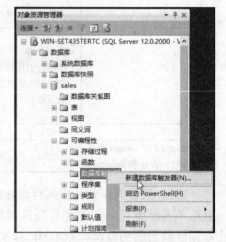

图 10-1 选择"新建触发器"

10.3.2 使用 Transact-SQL 语句创建触发器

1. 创建 DML 触发器

创建触发器时，需指定以下内容：

- 触发器名称。
- 在其上定义触发器的表或视图。
- 触发器将何时被触发。
- 激活触发器的数据修改语句。有效选项为 INSERT、UPDATE 或 DELETE。多个数据修改语句可激活同一个触发器。例如，触发器可由 INSERT 和 UPDATE 语句激活。
- 触发操作主体。

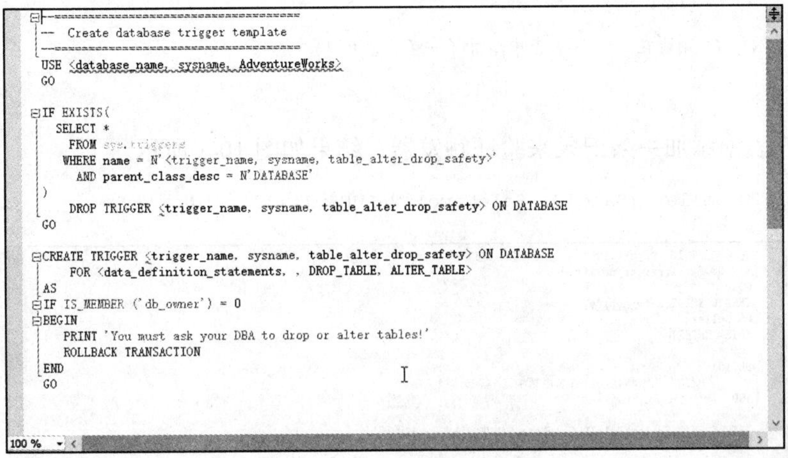

```
--=====================================
-- Create database trigger template
--=====================================
USE <database_name, sysname, AdventureWorks>
GO

IF EXISTS(
  SELECT *
    FROM sys.triggers
   WHERE name = N'<trigger_name, sysname, table_alter_drop_safety>'
     AND parent_class_desc = N'DATABASE'
)
    DROP TRIGGER <trigger_name, sysname, table_alter_drop_safety> ON DATABASE
GO

CREATE TRIGGER <trigger_name, sysname, table_alter_drop_safety> ON DATABASE
    FOR <data_definition_statements, , DROP_TABLE, ALTER_TABLE>
AS
IF IS_MEMBER ('db_owner') = 0
BEGIN
   PRINT 'You must ask your DBA to drop or alter tables!'
   ROLLBACK TRANSACTION
END
GO
```

图 10-2 “触发器”模板

创建 DML 触发器的语法格式如下：

```
CREATE TRIGGER [schema_name.]trigger_name
ON { table | view }
[ WITH ENCRYPTION ]
FOR | AFTER | INSTEAD OF
[ INSERT ] [ , ] [ UPDATE ] [ , ] [ DELETE ]
AS  dml_sql_statement
```

其中：

- schema_name：DML 触发器所属架构的名称。
- trigger_name：触发器的名称。每个 trigger_name 必须遵循标识符命名规则，但 trigger_name 不能以 # 或 ## 开头。
- table | view：对其执行 DML 触发器的表或视图。可以根据需要指定表或视图的完全限定名称。视图只能被 INSTEAD OF 触发器引用。
- WITH ENCRYPTION：对触发器定义的文本进行加密。
- FOR|AFTER：指定 DML 触发器仅在触发 SQL 语句中指定的所有操作都已成功执行时才被激发。所有的引用级联操作和约束检查也必须在激发此触发器之前成功完成。不能对视图定义 AFTER 触发器。
- INSTEAD OF：指定 DML 触发器是“代替”SQL 语句执行的，因此其优先级高于触发语句的操作。
- [DELETE] [,] [INSERT] [,] [UPDATE]：指定触发器激活的数据修改语句。必须至少指定一个选项。在触发器定义中，允许使用上述选项的任意顺序组合。
- sql_statement：指定触发执行的 Transact-SQL 语句。

【例 10.1】 创建一个后触发器，在 Seller 表中插入数据后，显示友好的提示信息。

```
IF OBJECT_ID('tr_notify','TR') IS NOT NULL
    DROP trigger tr_notify
GO
CREATE TRIGGER tr_notify
ON Seller
AFTER INSERT
AS
```

```
BEGIN
      PRINT (' 刚刚在 Seller 表中增加了一条记录！ ')
END
GO
```

向 Seller 表中添加一条记录来验证触发器，结果如图 10-3 所示。

```
INSERT INTO Seller (SaleID, SaleName) VALUES ('s23', '赵明明 ')
```

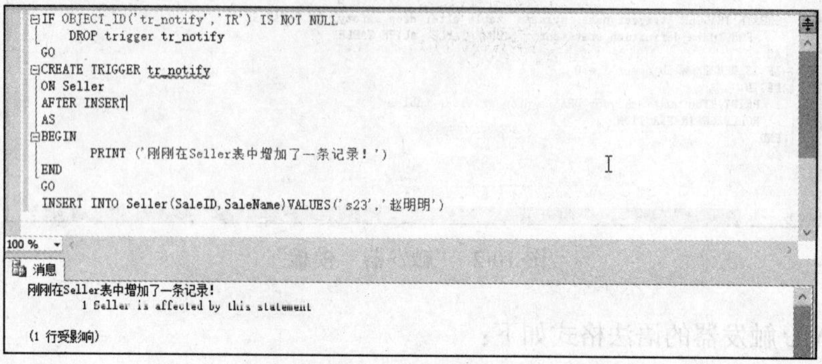

图 10-3　验证触发器

【例 10.2】　创建 Customer 表的删除触发器 tr_CustoemrDelete。

```
CREATE TRIGGER tr_CustomerDelete
ON Customer
FOR DELETE
AS
BEGIN
DECLARE @com varchar(60)
    SELECT @com=CompanyName FROM DELETED
    PRINT rtrim(@com) +' 客户信息已经被删除！'
END
GO
```

删除 Customer 表中的一条记录来验证触发器，结果如图 10-4 所示。

```
DELETE FROM Customer WHERE CustomerID='c08'
```

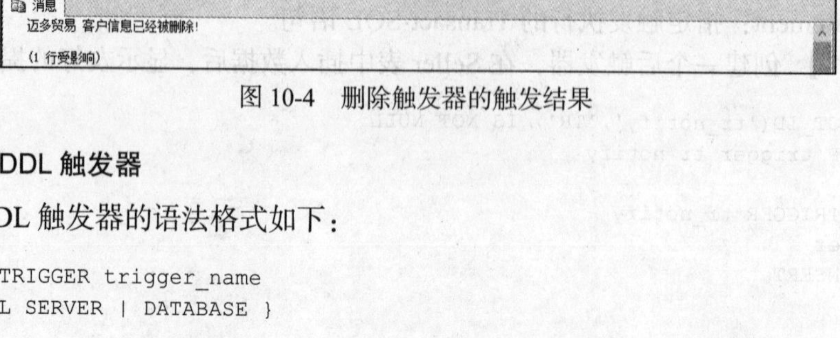

图 10-4　删除触发器的触发结果

2. 创建 DDL 触发器

创建 DDL 触发器的语法格式如下：

```
CREATE TRIGGER trigger_name
ON { ALL SERVER | DATABASE }
```

```
FOR | AFTER
AS
ddl_sql_statement
```

其中：

- trigger_name：触发器的名称。
- DATABASE：将 DDL 触发器的作用域应用于当前数据库。
- ALL SERVER：将 DDL 触发器的作用域应用于当前服务器。

【例 10.3】 创建 DDL 触发器，当修改表结构时，弹出提示信息"数据表结构已经被修改！"。

```
CREATE TRIGGER tr_alterTable
ON DATABASE
FOR ALTER_TABLE
AS
BEGIN
        PRINT '数据表结构已经被修改！'
END
GO
```

为了验证 DDL 类型的触发器，在 Customer 表中增加一个字段，代码如下：

```
ALTER TABLE Customer ADD MobilePhone char(11)
```

执行此修改表结构命令后，结果如图 10-5 所示。

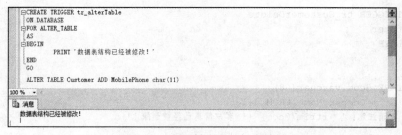

图 10-5 DDL 触发器的触发结果

注意 DDL 类型的触发器创建成功后，打开数据库"Sales"→"可编程性"→"数据库触发器"节点，即可看到创建的 tr_alterTable 触发器，如图 10-6 所示。

图 10-6 创建 DDL 类型触发器

10.4 管理触发器

10.4.1 修改触发器

使用 ALTER TRIGGER 命令修改触发器，修改触发器与创建触发器的语法基本相同，只是将创建触发器的 CREATE 关键字换成 ALTER 关键字。

修改 DML 触发器的语法格式如下：

```
ALTER TRIGGER [schema_name.]trigger_name
ON { table | view }
FOR | AFTER | INSTEAD OF
 [ INSERT ] [ , ] [ UPDATE ] [ , ] [ DELETE ]
AS
 dml_sql_statement
```

修改 DDL 触发器的语法格式如下：

```
ALTER TRIGGER   [schema_name.]trigger_name
ON { ALL SERVER | DATABASE }
FOR | AFTER
AS
ddl_sql_statement
```

【例 10.4】 修改例 10.2 创建的触发器，提示信息前加上"请注意："字样。

```
ALTER TRIGGER tr_CustomerDelete
ON Customer
FOR DELETE
AS
BEGIN
    DECLARE @com varchar(60)
SELECT @com=CompanyName FROM deleted
PRINT  '请注意：' +rtrim(@com) +' 客户信息已经被删除！'
END
```

10.4.2 查看触发器

可以使用系统存储过程 sp_help、sp_helptext、sp_depends 和 sp_helptrigger 分别查看触发器的不同信息。其中，系统存储过程 sp_helptrigger，返回对当前数据库指定表上定义的 DML 触发器的类型，其语法格式如下：

```
sp_helptrigger  table_name
```

【例 10.5】 执行 sp_helptrigger 以生成有关对 Customer 表的触发器的信息。

```
sp_helptrigger 'Customer '
```

【例 10.6】 查看例 10.2 创建的触发器 tr_CustomerDelete 的定义语句。

```
sp_helptext  ' tr_CustomerDelete '
```

10.4.3 禁用 / 启用触发器

当用户想暂停触发器的使用，但又不想删除它时，可以禁用触发器，使其无效。当需要时可以再次启用。

1. 禁用 / 启用 DML 触发器

1）使用 DISABLE TRIGGER 命令禁用触发器，其语法格式如下：

```
DISABLE TRIGGER {[ schema_name] trigger_name [ ,...n ] | ALL }
ON object_name
```

其中：

- schema_name：触发器所属架构的名称。
- trigger_name：要禁用的触发器的名称。
- ALL：禁用在 ON 子句作用域中定义的所有触发器。
- object_name：在其上创建触发器的表或视图的名称。

【例 10.7】 禁用 Customer 表上的 tr_CustomerDelete 触发器。

```
DISABLE TRIGGER tr_CustomerDelete ON Customer
```

2）使用 ENABLE TRIGGER 命令启用触发器，其语法格式如下：

```
ENABLE TRIGGER {[ schema_name] trigger_name [ ,...n ] | ALL }
ON object_name
```

【例 10.8】 启用 Customer 表上的 tr_CustomerDelete 触发器。

```
ENABLE TRIGGER tr_CustomerDelete ON Customer
```

2. 禁用 / 启用 DDL 触发器

1）使用 DISABLE TRIGGER 命令禁用触发器，其语法格式如下：

```
DISABLE TRIGGER { trigger_name [ ,...n ] | ALL }
ON {DATABASE| ALL SERVER}
```

其中：

- DATABASE：指示所创建或修改的 trigger_name 将在数据库作用域内执行。
- ALL SERVER：指示所创建或修改的 trigger_name 将在服务器作用域内执行。

2）使用 ENABLE TRIGGER 命令启用触发器，其语法格式如下：

```
ENABLE TRIGGER {trigger_name [ ,...n ] | ALL }
ON {DATABASE| ALL SERVER}
```

10.4.4 删除触发器

使用 DROP TRIGGER 可以从当前数据库中删除一个或多个触发器。

1. 删除 DML 触发器

删除 DML 触发器的语法格式如下：

```
DROP TRIGGER { trigger } [ ,...n ]
```

其中，trigger 是要删除的触发器的名称。

【例 10.9】 删除 DML 触发器 tr_CustomerDelete。

```
USE sales
IF EXISTS (SELECT name FROM sysobjects
      WHERE name = 'tr_CustomerDelete' AND type = 'TR')
   DROP TRIGGER tr_CustomerDelete
GO
```

2. 删除 DDL 触发器

删除 DDL 触发器的语法格式如下：

```
DROP TRIGGER { trigger } [ ,...n ]
ON { DATABASE | ALL SERVER }
```

10.5　触发器的应用

1. 实施级联更新操作

【例 10.10】 创建一个 AFTER 触发器，要求实现以下功能：在 OrderDetail 表上创建一个插入类型的触发器 TR_insertOrderDetail，当在 OrderDetail 表中插入记录时，自动计算产品的总价格，更新 TotalPrice 列，并将销售员信息和总价格更新到销售员业绩表 TotalSale 表中。

程序清单如下：

```
CREATE TRIGGER TR_insertOrderDetail ON [dbo].[OrderDetail]
FOR INSERT
AS
BEGIN
    DECLARE @OrderID int, @ProductID char(6),@Quantity int
    DECLARE @price money
    DECLARE @sid char(3)
-- 从 inserted 表中查询订单编号，产品编号和产品数量信息
    SELECT @OrderID=Orderid, @ProductID =productid,@Quantity=quantity FROM inserted
    -- 从产品表 Product 中查询指定产品编号的价格 Price
    SELECT @price=Price FROM Product WHERE productid=@ProductID
    -- 从订单表 Order 中查询指定订单编号的销售员编号 saleid
    SELECT @sid=saleid FROM Orders WHERE orderid=@OrderID
    -- 自动计算产品的总价格，更新 TotalPrice 列
    Update OrderDetail
    Set TotalPrice =@Price*@Quantity
    Where OrderID =@OrderID and ProductID=@ProductID
    -- 将销售员信息和总价格更新到销售员业绩表 TotalSale 表中
    IF EXISTS (SELECT * FROM TotalSale WHERE saleid=@sid)
        UPDATE TotalSale SET total=total+@Quantity*@price WHERE saleid=@sid
    ELSE
        INSERT INTO TotalSale VALUES (@sid, @Quantity*@price)
END
```

2. 实施级联删除操作

【例 10.11】 创建一个 AFTER 触发器，要求实现以下功能：在 Order 表上创建一个删除类型的触发器 TR_deleteOrder，当在 Order 表中删除某个订单的记录时，自动删除 OrderDetail 表中与此订单编号对应的记录。

程序清单如下：

```
CREATE TRIGGER TR_deleteOrder ON [dbo].[Orders]
FOR DELETE
AS
BEGIN
    DECLARE @OrderID int
    SELECT @OrderID=OrderID FROM Deleted
    PRINT ' 开始查找并删除表 OrderDetail 中的相关记录 ...'
    DELETE FROM OrderDetail WHERE OrderID=@OrderID
```

```
    PRINT '删除表 OrderDetail 中的相关记录条数为 '+str(@@rowcount)+' 条 '
END
```

为了验证触发器的效果，可执行如下的 SQL 语句。

```
DELETE FROM [sales].[dbo].[Orders]
WHERE OrderID=10248
```

注意　因为表 Orders 和 OrderDetail 的主键－外键联系是通过约束来建立的，所以不能实现主键表和外键表的级联修改和级联删除。实际上，触发器通常都应用在实施企业复杂规则的场合下，一般来说这些规则难以用普通的约束来实现。例如，监督某一列数据的变化范围，并在超出规定范围以后，对两个以上的表进行修改等。

在本例中为了测试这个触发器的执行情况，需要先删除表 OrderDetail 的外键约束 FK_OrderDetail_Orders。

3. 用 INSTEAD OF INSERT 触发器代替 INSERT 语句

【例 10.12】　在视图上定义 INSTEAD OF INSERT 触发器来代替 INSERT 语句的标准操作。通过在视图上定义 INSTEAD OF INSERT 触发器可以在一个或多个基表中插入数据。下面的语句创建表、视图和触发器，向基表 BaseTable 中插入数据（同时向多个基表中插入数据的操作，不推荐通过视图上的触发器完成，最好单独操作）。

```
-- 创建一个基表
CREATE TABLE BaseTable
(PrimaryKey      int IDENTITY(1,1),      -- 标志列，不需要手工输入数值
 Color           nvarchar(10) NOT NULL,  -- 颜色
 Material        nvarchar(10) NOT NULL,  -- 材料
 ComputedCol AS (Color + Material)       -- 计算列，值为颜色＋材料
 )
GO

-- 创建一个视图包含表 BaseTable 中的所有列
CREATE VIEW InsteadView
AS
SELECT PrimaryKey, Color, Material, ComputedCol
FROM BaseTable
GO

-- 在视图上创建一个 INSTEAD OF INSERT 触发器
CREATE TRIGGER InsteadTrigger on InsteadView
INSTEAD OF INSERT
AS
BEGIN
    INSERT INTO BaseTable
    SELECT Color, Material
    FROM inserted
END
GO
```

如果直接使用 INSERT 语句向 BaseTable 表插入记录，则不能为 PrimaryKey 和 ComputedCol 列提供值。例如：

```
INSERT INTO BaseTable (Color, Material) VALUES ('Red', 'Cloth')
-- 查看结果
SELECT PrimaryKey, Color, Material, ComputedCol
```

```
FROM BaseTable
PrimaryKey   Color       Material    ComputedCol
-----------  ----------  ----------  --------------------
1            Red         Cloth       RedCloth
(所影响的行数为 1 行)

-- 如果为 PrimaryKey 和 ComputedCol 列提供值，将发生错误
INSERT INTO BaseTable VALUES (2, 'Green', 'Wood', 'GreenWood')
服务器：消息 8101，级别 16，状态 1，行 1
```

仅当 IDENTITY_INSERT 设置为 ON 时，才能在表 BaseTable 中为标识列指定显式值。然而，引用 InsteadView 的 INSERT 语句必须为 PrimaryKey 和 ComputedCol 列提供值。

```
-- 通过视图为 PrimaryKey 和 ComputedCol 列提供值，能够得到正确结果
INSERT INTO InsteadView (PrimaryKey, Color, Material, ComputedCol)
VALUES (999, 'Blue', 'Plastic', 'XXXXXX')
-- 查看结果
SELECT PrimaryKey, Color, Material, ComputedCol
FROM InsteadView
PrimaryKey   Color       Material    ComputedCol
-----------  ----------  ----------  --------------------
1            Red         Cloth       RedCloth
2            Blue        Plastic     BluePlastic
(所影响的行数为 2 行)
```

10.6　本章小结

本章主要介绍触发器的基本概念、分类，以及如何创建、查看、修改、禁用、启用和删除触发器，并举例说明触发器的应用。

10.7　实训项目

实训目的

1）掌握触发器的概念和分类。

2）掌握触发器的创建、查看、修改和删除操作。

实训内容

1）在 Customer 表中创建插入触发器，实现显示 Customer 表、deleted 表和 inserted 表中记录的功能。

2）基于 Seller 表创建一个触发器，针对 INSERT、DELETE、UPDATE 操作。当执行 INSERT、UPDATE 语句时，将 inserted 表中的数据打印出来；当执行 DELETE、UPDATE 语句时，将 deleted 表中的数据打印出来。

3）创建一个 DELETE 触发器，完成的功能是在 Category 表中删除记录时，检测 Product 表中是否存在相关的记录，如果存在，则给出提示信息"不能删除该条记录!"，如果不存在则删除该条记录。

10.8　习题

1. 存储过程和触发器的主要区别是什么?

2. 触发器主要分为哪几种类型?

3. 一个触发器应由哪些部分组成?

4. 简述替代触发器的作用。

第 11 章　SQL Server 2014 的安全性管理

数据库中保存了大量的数据，有些数据对企业是极其重要的，必须保证这些数据操作的安全。因此，数据库系统必须具备完善、方便的安全管理机制。本章主要讲述 SQL Server 2014 是如何维护数据的安全性的。

本章学习要点：

- 身份验证模式
- 登录账户管理
- 用户的管理
- 角色和权限管理
- 架构管理

11.1　安全简介

SQL Server 中的安全性决定哪些用户可以登录到服务器，登录到服务器的用户可以对哪些数据库对象执行操作或管理等。用户必须了解 SQL Server 的安全层次，SQL Server 安全检查分为 3 个层次。假设用户想操作 SQL Server 中某一数据库中的数据，则必须满足以下 3 个条件：首先，登录 SQL Server 服务器时必须通过身份验证；其次，必须是该数据库的用户或者是某一数据库角色的成员；最后，必须有执行该操作的权限。

从上面 3 个条件可以看出，SQL Server 数据库的安全性检查是通过登录名、用户、权限来完成的。有了登录名，用户就能访问 SQL Server 了，即能登录到 SQL Server 服务器。登录名本身并不能让用户访问服务器中的数据库资源。要访问特定的数据库，还必须有用户名。用户名在特定的数据库内创建，并关联一个登录名（当创建一个用户时，必须指定一个登录名同它相关联）。有了用户名后，通过授予用户权限来控制用户在 SQL Server 数据库中允许进行的活动。

SQL Server 中采用一组专门的术语来描述安全功能，先介绍 3 个概念：主体、安全对象和权限。主体是指可以授予权限访问特定数据库对象的对象（如登录名、数据库用户、角色）。安全对象是指 SQL Server 数据库引擎授权系统控制对其进行访问的资源（如表、视图等），安全对象范围有服务器、数据库和架构。权限是指主体被授予（或阻止）访问安全对象的权力（如用户是否有执行某操作的许可）。

SQL Server 数据库引擎可以对通过权限进行保护的实体分层集合进行管理，这些实体就是"安全对象"。SQL Server 通过验证主体是否已被授予适当权限来控制主体对安全对象的操作。对安全对象的访问可通过授予或拒绝权限进行控制，或者通过将登录名和用户添加到有权访问的角色进行控制。数据库引擎权限层次结构之间的关系如图 11-1 所示。

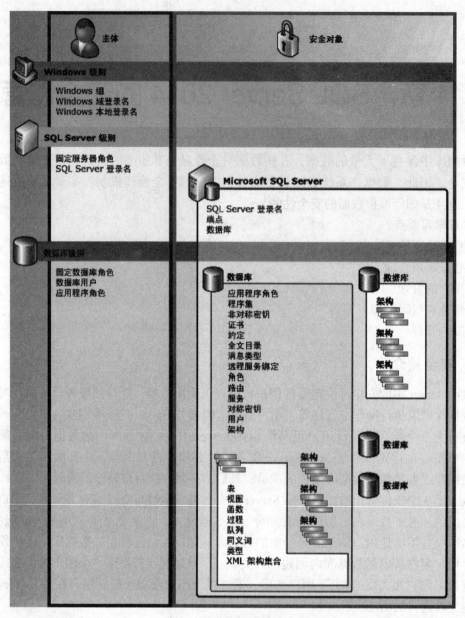

图 11-1   权限层次结构图

11.2   SQL Server 的身份验证模式

SQL Server 可以在两种安全验证（身份验证）模式之一下工作：Windows 身份验证模式（Windows 身份验证）和混合验证模式（SQL Server 和 Windows 身份验证）。

11.2.1   Windows 身份验证模式

Windows 身份验证模式使用户能够通过 Windows 用户账户进行连接。当用户通过 Windows 用户账户进行连接时，SQL Server 通过回叫 Windows 以获得信息，重新验证账户名和密码，以确定该账户是否有权限登录。在这种方式下，用户不必提供登录名和密码让 SQL Server 验证。通过 Windows 用户账户建立的连接可称为"受信任连接"。Windows 身份验证是默认的身份验证模式，与 SQL Server 身份验证相比，Windows 身份验证更安全，主要是由于它与 Windows 安全系统的集成。Windows 安全系统提供更多的功能，如安全验证和密码加密、审核、密码过期、最短密码长度，以及在多次登录请求无效后锁定账户等。因此最好使用 Windows 身份验证。

11.2.2　混合验证模式

混合验证模式使用户能够通过 Windows 身份验证或 SQL Server 身份验证与 SQL Server 实例连接。在 SQL Server 验证模式下，SQL Server 在 sys.syslogins 系统视图中检测输入的登录名和密码。如果在 sys.syslogins 视图中存在该登录名，并且密码也是匹配的，那么该登录名可以登录到 SQL Server；否则，登录失败。在这种方式下，用户必须提供登录名和密码，让 SQL Server 验证。如果安装 SQL Server 时选择了混合验证模式，则 sa 账户是系统默认的全局超级管理员。

11.2.3　设置验证模式

可以使用 SQL Server Management Studio 来设置或改变验证模式。具体操作步骤如下：

1）打开 SQL Server Management Studio，在"对象资源管理器"中，右击需要修改验证模式的服务器，单击快捷菜单中的"属性"选项，出现"服务器属性"窗口，在该窗口中单击"安全性"选择页，如图 11-2 所示。

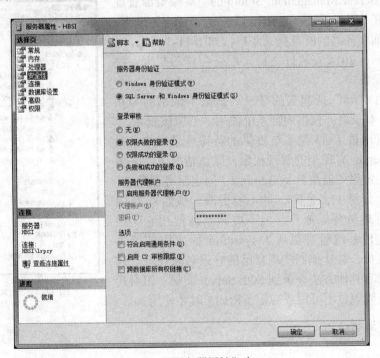

图 11-2　"服务器属性"窗口

2）如果想仅使用 Windows 身份验证，选择"Windows 身份验证模式"；如果想使用混合验证模式，选择"SQL Server 和 Windows 身份验证模式"。

SQL Server 2014 默认的身份验证是 Windows 身份验证。如果要从"Windows 身份验证模式"切换到"SQL Server 和 Windows 身份验证模式",系统不会自动启用 sa 账户;如果要使用 sa 账户,则需要启用此账户(具体步骤详见 11.3.3 中的修改登录账户属性)。在身份验证模式修改后,需要重新启动 SQL Server 服务器才能生效。

3)在"登录审核"中设置是否对用户登录 SQL Server 2014 服务器的情况进行审核,即是否将登录成功和失败的信息写入 SQL Server 错误日志中。

- "无"表示不执行审核(不将登录信息记录在日志中)。
- "仅限失败的登录"表示只审核失败的登录尝试(将登录失败信息记录在日志中)。
- "仅限成功的登录"表示只审核成功的登录尝试(将登录成功信息记录在日志中)。
- "失败和成功的登录"表示审核成功的和失败的登录尝试(将登录成功和失败的信息记录到日志中)。

4)单击"确定"按钮,完成验证模式的设置。

11.3 登录账户管理

若要登录到 SQL Server 数据库服务器,必须有一个有效的登录账户,即在身份验证过程中使用到的登录名。登录名是 SQL Server 服务器级主体,一个合法的登录账户表明该账户通过了 Windows 身份验证或 SQL Server 身份验证。

11.3.1 系统安装时创建的登录账户

在 SQL Server Management Studio 的"对象资源管理器"中,展开"服务器"→"安全性"→"登录名"节点,可以查看当前服务器的所有登录账户,如图 11-3 所示。

SQL Server 2014 安装好之后,系统会自动产生一些系统内置登录账户。

- 名称由"##"括起来的登录名是基于证书的 SQL Server 登录名,仅供内部系统使用,不应该删除。
- 系统管理员(sa)是系统提供的特殊登录账户,对 SQL Server 有完全的管理权限。默认情况下,它指派给固定服务器角色 sysadmin("固定服务器角色"的概念详见 11.5.2 节),并不能更改。虽然 sa 是内置的管理员登录账户,但不应频繁地使用它。相反,应使系统管理员成为 sysadmin 固定服务器角色的成员,并让他们使用自己的登录名来登录。只有当没有其他方法登录到 SQL Server 实例(如当其他系统管理员不可用或忘记了密码)时才使用 sa。

图 11-3 登录账户信息

11.3.2 创建登录账户

1. 使用 SQL Server Management Studio 添加 Windows 登录账户

在 Windows 的用户或组可以访问数据库之前,必须授予其连接到 SQL Server 实例的权限。下面介绍授权 Windows 用户或组登录访问 SQL Server 的方法。

1）打开 SQL Server Management Studio 中的"对象资源管理器"，展开"服务器"节点。

2）展开"安全性"节点，右击"登录名"，单击快捷菜单中的"新建登录名"选项，弹出"登录名 – 新建"窗口，如图 11-4 所示。

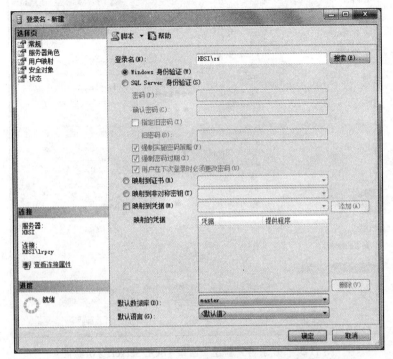

图 11-4　"登录名 – 新建"窗口（Windows 身份验证）

3）在"常规"选择页中，选择"Windows 身份验证"。

4）在"登录名"文本框中，输入要被授权访问 SQL Server 的 Windows 账户（以计算机名（域名）\用户名（组名）的形式）。也可以单击"登录名"框旁的"搜索"按钮，在弹出的对话框中选择用户。

5）在"默认数据库"下拉列表框中，选择用户在登录到 SQL Server 实例后连接的默认数据库。如果不修改，默认数据库为 master。在"默认语言"中，选择显示给用户的信息所用的默认语言。

6）单击"确定"按钮，完成登录名的创建。

注意　授权一个 Windows 用户或组访问 SQL Server，只有在这个用户登录到 Windows 后，才能验证这个用户能否连接到 SQL Server。授权用户或组访问 SQL Server 时，此 Windows 用户和组必须事先存在。

2. 使用 SQL Server Management Studio 添加 SQL Server 登录账户

如果用户没有 Windows 账号，而 SQL Server 配置为在混合模式下运行，则可以创建 SQL Server 登录账户。

1）打开 SQL Server Management Studio 中的"对象资源管理器"，展开"服务器"节点。

2）展开"安全性"节点，右击"登录名"，单击快捷菜单中的"新建登录名"选项，弹出"登录名 – 新建"窗口。

3）在"常规"选择页中，选择"SQL Server 身份验证"。

4）在"登录名"文本框中，输入 SQL Server 登录的名称，在"密码"和"确认密码"文本框中输入密码，两次输入的密码必须一致，如图 11-5 所示。

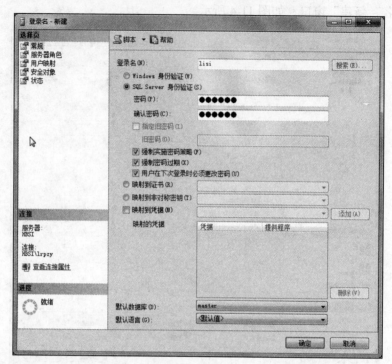

图 11-5　"登录名 – 新建"窗口（SQL Server 身份验证）

5）若要实施密码策略，则选中"强制实施密码策略"复选框。如果没有选中"强制密码过期"复选框，则无法选中"用户在下次登录时必须更改密码"复选框。

6）在"默认数据库"下拉列表框中，选择用户在登录到 SQL Server 实例后连接的默认数据库。在"默认语言"中，选择显示给用户的信息所用的默认语言。

7）单击"确定"按钮，完成登录名的创建。

3. 使用 CREATE LOGIN 语句创建登录账户。

除了使用图形化的工具之外，还可以通过 CREATE LOGIN 语句来创建登录账户，其语法格式如下：

```
CREATE LOGIN login_name { WITH <option_list1> | FROM <sources> }
<option_list1> ::= PASSWORD = 'password'[ , <option_list2> [ ,... ] ]
<option_list2> ::=
    SID = sid
    | DEFAULT_DATABASE = database
    | DEFAULT_LANGUAGE = language
<sources> ::=WINDOWS [ WITH <windows_options> [ ,... ] ]
 <windows_options> ::=
    DEFAULT_DATABASE = database
    | DEFAULT_LANGUAGE = language
```

其中：

● login_name：创建的登录名，包括 SQL Server 登录名或 Windows 登录名。如果从

Windows 域账户映射 login_name，则 login_name 必须用方括号 ([ ]) 括起来。

- PASSWORD = 'password'：仅适用于 SQL Server 登录名。指定正在创建的登录名的密码，密码区分大小写。
- SID = sid：仅适用于 SQL Server 登录名，指定新 SQL Server 登录名的 GUID。如果未选择此选项，则 SQL Server 自动指派 GUID。
- DEFAULT_DATABASE = database：指定登录名的默认数据库。如果未包括此选项，则默认数据库将设置为 master。
- DEFAULT_LANGUAGE = language：指定登录名的默认语言。如果未包括此选项，则默认语言将设置为服务器的当前默认语言。即使将来服务器的默认语言发生更改，登录名的默认语言也仍保持不变。
- WINDOWS：指定将登录名映射到 Windows 登录名。

【例 11.1】　创建一个 SQL Server 登录，登录名为 lisi 并指定密码 abcd。

```
CREATE LOGIN lisi WITH PASSWORD = 'abcd'
```

【例 11.2】　创建一个使 Windows 用户 HBSI\ZhangSan 得以连接到 SQL Server 的登录账户。

```
CREATE LOGIN [HBSI\ZhangSan] FROM WINDOWS
```

除了 CREATE LOGIN 命令外，SQL Server 还提供了使用系统存储过程 sp_addlogin 添加登录账户，不过不推荐使用这种方式，SQL Server 可能在以后的版本中删除该存储过程。sp_addlogin 实质还是通过调用 CREATE LOGIN 命令来创建登录账户。具体使用可查看 SQL Server 联机丛书。

11.3.3　修改登录账户

1. 使用 SQL Server Management Studio 修改登录账户的属性

创建好登录账户后，可以根据实际情况修改其属性。在 SQL Server Management Studio 的"对象资源管理器"中，展开"服务器"→"安全性"→"登录名"节点，右击需要修改的登录名，在快捷菜单中选择"属性"，弹出"登录属性"窗口。在此窗口中修改相应的属性，如默认数据库、默认语言、密码等，还可以对账户的状态属性进行修改。打开"状态"选择页，如图 11-6 所示。可以"授予"或"拒绝"此登录账户连接到数据库引擎的权限；也可以"启用"或"禁用"此登录账户。

2. 使用 ALTER LOGIN 语句修改登录账户属性

其语法格式如下：

```
ALTER LOGIN login_name
   {<status_option> | WITH <set_option> [ ,... ]}
<status_option> ::=ENABLE| DISABLE
<set_option> ::=
   PASSWORD ='password' [OLD_PASSWORD = 'oldpassword']
   | DEFAULT_DATABASE = database
   | DEFAULT_LANGUAGE = language
| NAME = login_name
```

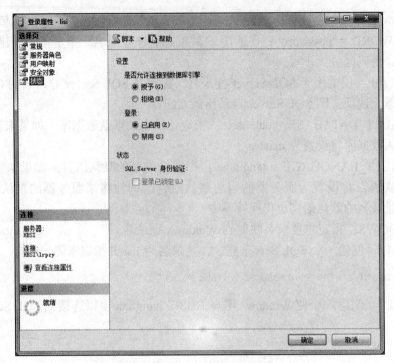

图 11-6 "登录属性"窗口

其中：

- login_name：指定正在更改的登录账户的名称。
- ENABLE | DISABLE：启用或禁用此登录账户。
- PASSWORD = 'password'：仅适用于 SQL Server 登录账户，指定正在更改的登录账户的密码，密码区分大小写。
- OLD_PASSWORD = 'oldpassword'：仅适用于 SQL Server 登录账户，是要修改的登录账户的旧密码，密码区分大小写。
- DEFAULT_DATABASE = database：指定登录后的默认数据库。
- DEFAULT_LANGUAGE = language：指定登录后的默认语言。
- NAME = login_name：正在重命名的登录账户的新名称。

注意　使用 ALTER LOGIN 需要具有 ALTER ANY LOGIN 的权限。

【例 11.3】　使用具有 ALTER ANY LOGIN 权限的账户登录（如 sa）将 lisi 登录账户名称更改为 lisi_new。

```
ALTER LOGIN lisi WITH NAME=lisi_new
```

【例 11.4】　将 lisi_new 登录账户的密码修改为"abcdef"。

```
ALTER LOGIN lisi_new WITH PASSWORD='abcdef'
```

在没有 ALTER ANY LOGIN 权限的情况下，用户必须使用 OLD_PASSWORD 指定原密码，在原密码正确的情况下，才能修改当前用户的密码。

【例 11.5】　使用 lisi_new 登录，将该用户的密码修改为"123456"。

```
ALTER LOGIN lisi_new
```

```
WITH PASSWORD='123456'
OLD_PASSWORD='abcdef'
```

11.3.4　删除登录账户

1. 使用 SQL Server Management Studio 删除登录账户

在 SQL Server Management Studio 的"对象资源管理器"中，展开"服务器"→"安全性"→"登录名"节点，右击需要删除的登录账户，在快捷菜单中选择"删除"命令，出现如图 11-7 所示的"删除对象"对话框。单击"确定"按钮，将出现如图 11-8 所示的信息提示对话框，提示用户删除登录账户并不会删除与此登录账户关联的数据库用户，这会创建孤立用户，单击"确定"按钮，成功删除此登录账户。

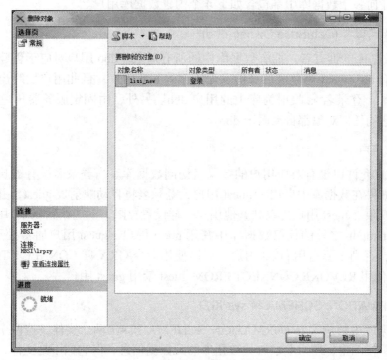

图 11-7　"删除对象"窗口

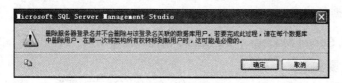

图 11-8　信息提示对话框

2. 使用 DROP LOGIN 语句删除登录账户

其语法格式如下：

```
DROP LOGIN login_name
```

其中，login_name 指定要删除的登录账户。要删除登录名需要具有 ALTER ANY LOGIN 权限。注意：不能删除正在使用的登录账户。

【例 11.6】 删除登录账户 lisi_new。

```
DROP LOGIN lisi_new
```

11.4　数据库用户管理

有了登录名后，可以登录到 SQL Server 服务器上，但还不能访问数据库。要让登录名能够访问某数据库，还需要将该登录名映射到被访问的数据库中，成为该数据库的用户，数据库用户是数据库级的主体。

11.4.1　默认数据库用户

创建的任何一个数据库中都包含如下 4 个内置数据库用户。

1. 数据库拥有者 (DataBase Owner ,dbo)

dbo 是数据库的拥有者，拥有数据库中的所有对象。dbo 用户对应于创建该数据库的登录名，拥有 db_owner 角色成员身份。无法删除 dbo 用户，且此用户始终出现在每个数据库中。通常，登录名 sa 映射为库中的用户 dbo。另外，由固定服务器角色 sysadmin 的任何成员创建的任何对象都自动属于 dbo。

2. guest 用户

guest 用户允许以没有对应用户的登录名访问数据库。当登录名没有被映射到一个用户名上时，如果在数据库中启用了 guest 用户，登录名将自动映射成 guest，并获得相应的数据库访问权限。guest 用户可以和其他用户一样设置权限，不能删除 guest 用户，但可在除 master 和 tempdb 之外的任何数据库中禁用 guest 用户。guest 用户通常处于禁用状态，除非有必要，否则不要启用 guest 用户。可以使用命令 GRANT CONNECT TO guest 启用 guest 用户；使用 REVOKE CONNECT FROM guest 禁用 guest 用户。

3. INFORMATION_SCHEMA 和 sys 用户

每个数据库中都包含 INFORMATION_SCHEMA 和 sys 两个实体，这两个实体作为用户显示在目录视图中，用来获取有关数据库的元数据信息，但它们不是主体，不能修改和删除。

11.4.2　创建数据库用户

1. 使用 SQL Server Management Studio 创建数据库用户

具体操作步骤如下：

1）在 SQL Server Management Studio 的"对象资源管理器"中，展开"服务器"下的"数据库"节点。

2）展开要在其中创建新数据库用户的数据库。

3）右击"安全性"节点，从弹出的快捷菜单中选择"新建"→"用户"选项，弹出"数据库用户 – 新建"窗口，如图 11-9 所示。

4）在"常规"选择页的"用户类型"列表中选择以下用户类型之一："带登录名的 SQL 用户"、"不带登录名的 SQL 用户"、"映射到证书的用户"、"映射到非对称密钥的用户"或"Windows 用户"。

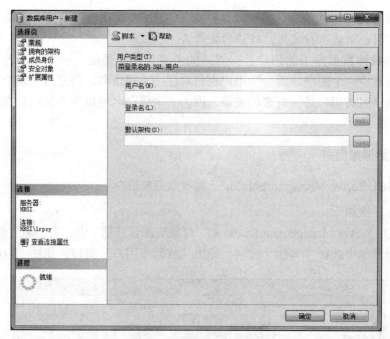

图 11-9　新建数据库用户窗口

5）在"用户名"文本框中输入新用户的名称。在"登录名"框中输入或选择要映射
到数据库用户的 Windows 或 SQL Server 登录名的名称。

6）"默认架构"如果不设置，系统会自动设置 dbo 为此数据库用户的默认架构。

7）单击"确定"按钮，完成数据库用户的创建。

2. 使用 CREATE USER 语句创建数据库用户

其语法格式如下：

```
CREATE USER user_name
[{ FOR | FROM } LOGIN login_name ]
[ WITH DEFAULT_SCHEMA = schema_name ]
```

其中：

- user_name：指定在此数据库中创建的新用户名称。它的长度最多为 128 个字符。
- LOGIN login_name：指定要创建的数据库用户的登录名。login_name 必须是服务器
  中有效的登录名。如果已忽略 FOR LOGIN，则新的数据库用户将被映射到同名的
  SQL Server 登录名。
- WITH DEFAULT_SCHEMA = schema_name：指定服务器为此数据库用户解析对象
  名时将搜索的第一个架构。如果未定义 DEFAULT_SCHEMA，则数据库用户将使用
  dbo 作为默认架构。

【例 11.7】　在 sales 数据库中创建数据库用户 zhangsan，其登录名为 zhangsan。

```
USE sales
GO
CREATE USER zhangsan FOR LOGIN zhangsan
GO
```

注意 因创建的用户和登录名一致，FOR LOGIN 部分也可以省略。若要创建的用户与登录名不相同，则必须指定用户对应的登录名。

登录名和具体数据库中的用户是一对一的关系，也就是说，一个登录名在一个数据库中最多只能对应一个用户，而一个用户也只对应一个登录名。但是对应整个 SQL Server 实例来说，登录名与用户是一对多的关系，因为一个登录名可以在不同的数据库中创建不同的用户。

11.4.3 修改数据库用户

1. 使用 SQL Server Management Studio 修改数据库用户

具体操作步骤如下：

1）在 SQL Server Management Studio 的"对象资源管理器"中，右击需要修改的用户，从弹出的快捷菜单中选择"属性"选项，弹出"数据库用户"窗口，如图 11-10 所示。

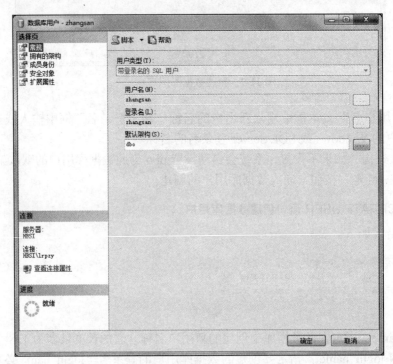

图 11-10 "数据库用户"窗口

2）在该窗口中可以修改用户的默认架构，不能修改用户名。注意：要修改用户名只能通过 T-SQL 进行。

2. 使用 ALTER USER 语句修改数据库用户

其语法格式如下：

```
ALTER USER <user_name>
WITH <NAME = new_user_name | DEFAULT_SCHEMA = schema_name>
```

其中，NAME = new_user_name 用于指明重命名数据库用户；DEFAULT_SCHEMA =

schema_name 用于指明更改它的默认架构。

【例 11.8】 将 sales 数据库中的用户 zhangsan，改名为 zs。

```
ALTER USER zhangsan WITH NAME=zs
```

11.4.4　删除数据库用户

使用 SQL Server Management Studio 删除数据库用户的操作与删除登录名相同，在"对象资源管理器"中右击需要删除的用户，在快捷菜单中选择"删除"命令，弹出确认对话框，单击"确定"按钮即可完成对用户的删除。

使用 DROP USER 语句删除数据库用户的语法格式如下：

```
DROP USER <user_name>
```

其中，user_name 指明要删除的数据库用户。

【例 11.9】 将 sales 数据库中的用户 zs 删除。

```
DROP USER zs
```

11.5　角色管理

角色是为了易于管理而按相似的工作属性对用户进行分组的一种方式，在 SQL Server 中，组是通过角色来实现的，角色的出现极大地简化了权限管理。

11.5.1　角色分类

角色分为 3 类：服务器角色、数据库角色和应用程序角色。

服务器角色是 SQL Server 服务器级主体，即服务器级别的一个对象，只能包含登录名。SQL Server 2012 之前版本的服务器角色只包括"固定服务器角色"，因为用户不能创建新的服务器角色。从 SQL Server 2012 开始，用户可以创建服务器角色，并将服务器级权限添加到用户定义的服务器角色中，因此，服务器角色可分为"固定服务器角色"和"用户定义服务器角色"。

数据库角色是数据库级别的主体，即数据库级别的一个对象，只能包含数据库用户名，数据库角色可分为"固定数据库角色"和"用户定义数据库角色"两种。通过将角色赋给登录名或者数据库用户，从而使登录名或数据库用户拥有相应的权限。一个用户可以同时属于具有不同权限的多个角色。

应用程序角色是一种特殊的角色，它是一个数据库级别的对象，它使应用程序能够用其自身的、类似用户的权限来运行。

11.5.2　固定服务器角色

固定服务器角色存在于服务器级别并处于数据库之外，当登录名作为成员添加到固定服务器角色中时，该登录名就继承了该固定服务器角色的权限。为便于管理服务器级别的权限，在安装完 SQL Server 后，系统自动创建 9 个固定的服务器角色，如表 11-1 所示。固定服务器角色的权限是固定不变的（public 角色除外），既不能删除，也不能增加。

表 11-1　固定服务器角色

固定服务器角色	描　述
sysadmin	可以在服务器中执行任何活动
serveradmin	可以更改服务器范围内的配置选项并关闭服务器
setupadmin	可以添加和删除链接服务器
securityadmin	管理登录名及属性
processadmin	可以终止管理在 SQL Server 实例中运行的进程
dbcreator	可以创建、更改、删除和还原任何数据库
diskadmin	用于管理磁盘文件
bulkadmin	可以执行 BULK INSERT（大容量插入）语句
public	每个登录名均属于 public 角色，没有预先设置的权限，用户可以向该角色授权

1. 使用 SQL Server Management Studio 将登录名添加到固定服务器角色

1）在 SQL Server Management Studio 的"对象资源管理器"中，展开"服务器"→"安全性"→"服务器角色"节点，可以看到 9 个固定的服务器角色，如图 11-11 所示。

2）双击需要添加登录账户的服务器角色或者右击该服务器角色，在快捷菜单中选择"属性"选项，弹出"服务器角色属性"窗口，如图 11-12 所示。

3）单击"添加"按钮，选择要添加的登录名。

4）单击"确定"按钮，完成操作。

也可以在登录账户的"属性"窗口中，选择"服务器角色"选择页，选中相应的服务器角色的复选框，将登录账户添加到该服务器角色中，如图 11-13 所示。

图 11-11　固定服务器角色

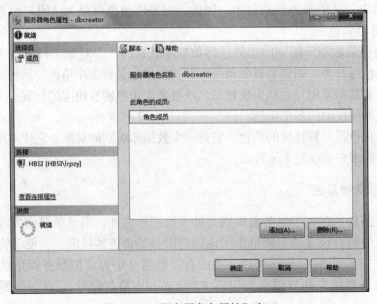

图 11-12　"服务器角色属性"窗口

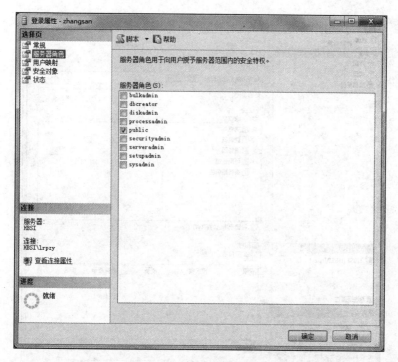

图 11-13 "登录属性"窗口

2. 使用存储过程 sp_addsrvrolemember 将登录名添加到固定服务器角色

存储过程 sp_addsrvrolemember 用来添加登录账户, 使其成为服务器角色的成员。其语法格式为:

```
sp_addsrvrolemember 'login','role'
```

其中:

- login: 添加到固定服务器角色中的登录名。
- role: 要添加登录名的固定服务器角色的名称, 必须为固定服务器角色中的一个。

【例 11.10】 将登录名 zhangsan 添加到 dbcreator 服务器角色。

```
EXEC sp_addsrvrolemember 'zhangsan', 'dbcreator'
```

另外, 可以使用存储过程 sp_dropsrvrolemember 删除固定服务器角色的成员。

11.5.3 用户自定义服务器角色

从 SQL Server 2012 开始, 可以创建用户自定义服务器角色, 并将服务器级权限添加到用户定义的服务器角色。

1. 使用 SQL Server Management Studio 创建用户自定义数据库角色

1) 在 SQL Server Management Studio 的 "对象资源管理器" 中, 展开 "服务器" → "安全性", 右击 "服务器角色" 节点, 从弹出的快捷菜单中选择 "新建服务器角色", 如图 11-14 所示。

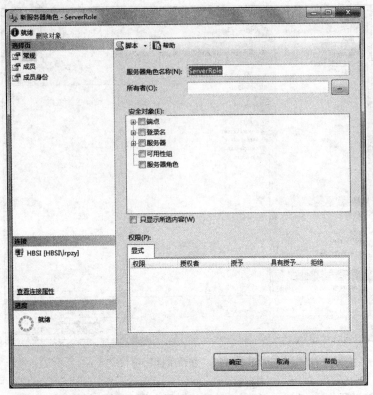

图 11-14 "新服务器角色"窗口

2）在"服务器角色名称"框中输入新服务器角色的名称。

3）在"所有者"框中，输入拥有新角色的登录名或固定服务器角色，或单击省略号按钮打开"选择服务器登录名或角色"对话框，选择所有者。

4）在"安全对象"列表框中，选择一个或多个服务器级别的安全对象。当选择安全对象时，可以向此服务器角色授予或拒绝针对该安全对象的权限。

5）在"权限：显式"框中，选中相应的复选框以针对选定的安全对象授予或拒绝此服务器角色的权限。

6）在"成员"选择页上，单击"添加"按钮，将代表个人或组的登录名添加到新的服务器角色。

7）在"成员身份"页上，选中一个复选框以使当前用户定义的服务器角色成为所选服务器角色的成员。用户定义的服务器角色可以是另一个服务器角色的成员。

8）单击"确定"按钮，完成操作。

2. 使用 CREATE SERVER ROLE 语句创建服务器角色

其语法格式如下：

```
CREATE SERVER ROLE role_name [ AUTHORIZATION server_principal ]
```

其中：

• role_name：要创建的服务器角色的名称。

• AUTHORIZATION server_principal：将拥有新服务器角色的登录名。如果未指定登录名，则执行 CREATE SERVER ROLE 的登录名将拥有该服务器角色。

【例 11.11】 创建一个由登录名 zhangsan 拥有的服务器角色 buyers。

```
USE master
GO
CREATE SERVER ROLE buyers AUTHORIZATION zhangsan
GO
```

11.5.4　固定数据库角色

每个数据库中都有数据库角色，数据库角色分为固定数据库角色和用户定义数据库角色。安装完 SQL Server 后，系统在每个数据库中自动创建了 10 个固定数据库角色，如表 11-2 所示。

表 11-2　固定数据库角色

固定数据库角色	描　　述
db_owner	数据库所有者，可以执行数据库的所有配置和维护活动，还可以删除数据库
db_accessadmin	可以为 Windows 登录名、Windows 组和 SQL Server 登录名添加和删除数据库访问权限
db_datareader	可以从所有用户表中读取所有数据
db_datawriter	可以在所有用户表中添加、删除或更新数据
db_ddladmin	可以在数据库中运行任何数据库定义命令（DDL）
db_securityadmin	可以修改角色成员身份和管理权限
db_backupoperator	可以备份数据库
db_denydatareader	不能读取数据库内用户表中的任何数据
db_denydatawriter	不能添加、修改和删除数据库内用户表中的任何数据
public	数据库中用户的所有默认权限

其中：

- db_owner 的成员为内置的数据库用户"dbo"，因此数据库用户"dbo"具有 db_owner 的权限。

- public 是一个特殊的数据库角色，每个数据库用户都属于 public 数据库角色。当尚未对某个用户授予或拒绝对某对象的特定权限时，该用户将继承授予该对象的

public 角色的权限。当需要提供一种权限给所有用户时，可以利用 public 角色。例如，想让数据库的所有用户在某个表上都能执行 SELECT 操作，可以将这个表的 SELECT 权限分配给 public 角色，这样所有的用户都拥有了这个权限。

1. 使用 SQL Server Management Studio 将用户添加到固定数据库角色

1）在 SQL Server Management Studio 的"对象资源管理器"中，展开"服务器"→"数据库"节点，然后展开需要添加用户的数据库角色所在的数据库。

2）展开该数据库下的"安全性"→"角色"→"数据库角色"节点，可以看到当前数据库的所有数据库角色，如图 11-15 所示。

图 11-15　固定数据库角色

3）双击需要添加用户的数据库角色，弹出"数据库角色属性"窗口，如图 11-16 所示。

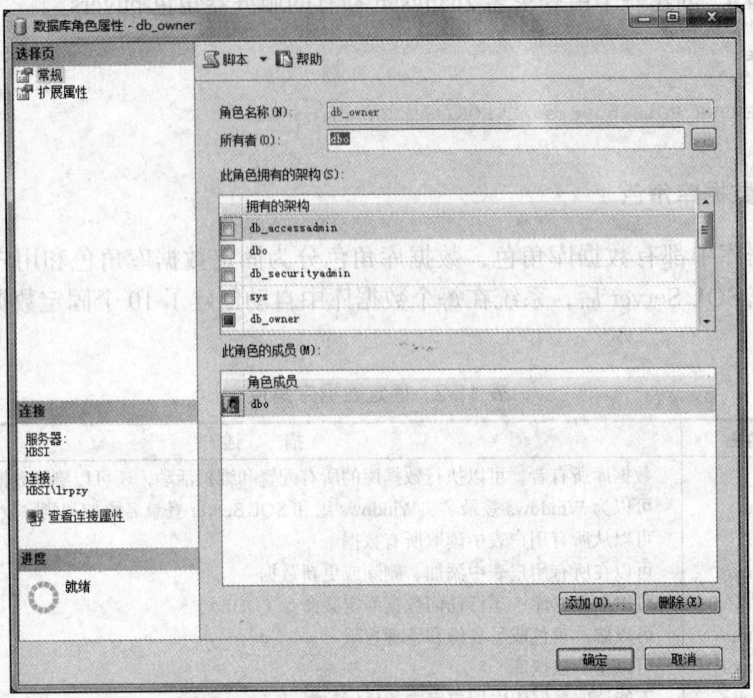

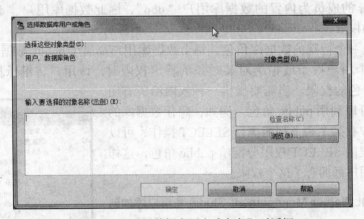

图 11-16 "数据库角色属性"窗口

4）单击"添加"按钮，打开"选择数据库用户或角色"对话框，如图 11-17 所示，选择要添加的用户。

图 11-17 "选择数据库用户或角色"对话框

5）单击"确定"按钮，完成操作。

也可以在用户的"属性"对话框中，选中相应的数据库角色的复选框，将用户添加到该数据库角色中。

2. 使用存储过程 sp_addrolemember 将用户添加到固定数据库角色

存储过程 sp_addrolemember 用来添加用户，使其成为数据库角色的成员。其语法格式为：

```
sp_addrolemember 'role', 'security_account'
```

其中：

- role：当前数据库中的数据库角色的名称。
- security_account：添加到该角色的用户。

另外，可以使用存储过程 sp_droprolemember 删除固定数据库角色的成员。

11.5.5　用户自定义数据库角色

当一组用户需要在 SQL Server 中执行一组指定的活动时，为了方便管理，可以创建用户自定义数据库角色。

1. 使用 SQL Server Management Studio 创建用户定义数据库角色

1）在 SQL Server Management Studio 的"对象资源管理器"中，展开"服务器"→"数据库"节点，然后展开需要创建新数据库角色的数据库。

2）展开该数据库下的"安全性"→"角色"、右击"数据库角色"，从快捷菜单中选择"新建数据库角色"，弹出"数据库角色 – 新建"窗口，如图 11-18 所示。

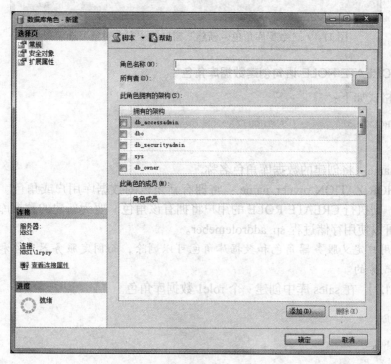

图 11-18　"数据库角色 – 新建"窗口

3）在"常规"选择页的"角色名称"框中输入新角色的名称。若不指定"所有者"，则创建此角色的用户是其所有者。

4）单击"添加"按钮，选择数据库用户或角色成为此角色的成员。

5）在"安全对象"选择页（见图 11-19）中，单击"搜索"按钮，添加"安全对象"，接下来的操作与用户权限配置的操作相同（具体步骤详见 11.6.2 中的权限管理操作）。

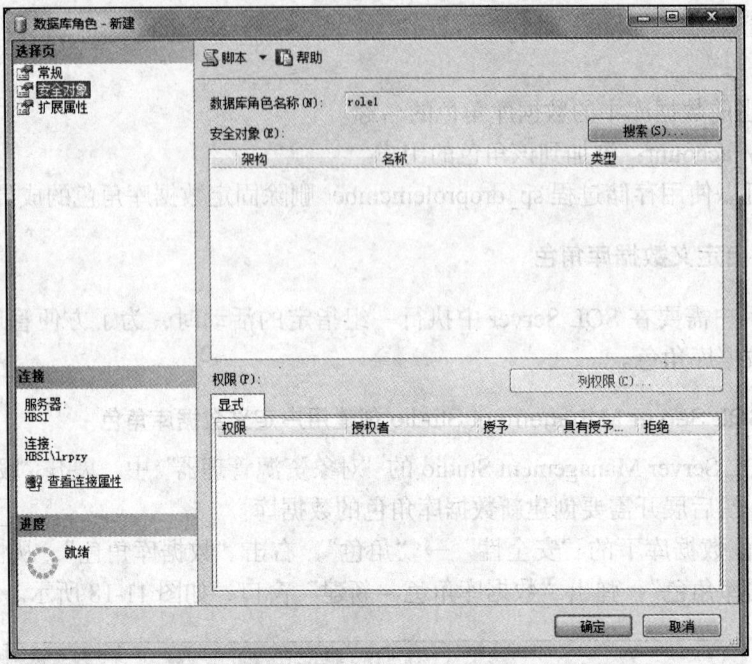

图 11-19 "数据库角色－新建"窗口的"安全对象"选项页

2. 使用 CREATE ROLE 语句创建数据库角色

其语法格式如下：

```
CREATE ROLE role_name [ AUTHORIZATION owner_name ]
```

其中：

- role_name：将创建的数据库角色名称。
- AUTHORIZATION owner_name：将拥有新角色的数据库用户或角色。如果未指定
  用户，则执行 CREATE ROLE 的用户将拥有该角色。要为新建的数据库角色添加成
  员，可以使用存储过程 sp_addrolemeber。

注意 用户定义服务器角色和数据库角色可以删除，而固定服务器角色和固定数据库
角色是不能删除的。

【例 11.12】 在 sales 库中创建一个 role1 数据库角色。

```
USE sales
GO
CREATE ROLE role1
GO
```

11.5.6 应用程序角色

应用程序角色也是一个数据库级主体。当要求对数据库的某些操作不允许用户用任何
工具来进行操作，而只能用特定的应用程序来处理时，就可以建立应用程序角色。应用程
序角色不包含成员；默认情况下，应用程序角色是非活动的，需要用密码激活。在激活应
用程序角色以后，当前用户原来的所有权限会自动消失，而获得了该应用程序角色的权限。

可以通过图形界面创建应用程序角色，也可以通过 CREATE APPLICATION ROLE 语句来创建。

11.6　权限管理

11.6.1　权限简介

权限是指允许主体在安全对象上执行相应操作，即指用户是否有执行某操作的许可，如用户是否可以查询某表，或运行某存储过程。一个用户可以直接分配到权限，也可以作为一个角色成员来间接得到权限。权限分为对象权限、语句权限、暗示性权限。

1. 对象权限

对象权限是指用户访问和操作数据库中表、视图、存储过程等对象的权限，如可以授予用户对表具有查询（SELECT）、插入（INSERT）、更新（UPDATE）、删除（DELETE）等权限。

2. 语句权限

语句权限是指用户创建数据库，或者在数据库中创建或修改对象、执行数据库或事务日志备份的权限。语句权限有：BACKUP DATABASE、BACKUP LOG、CREATE DATABASE、CREATE DEFAULT、CREATE FUNCTION、CREATE PROCEDURE、CREATE RULE、CREATE TABLE、CREATE VIEW 等。

3. 暗示性权限

暗示性权限是指系统预定义角色（固定服务器角色和固定数据库角色）的成员或数据库对象所有者（dbo）所拥有的权限。例如，sysadmin 固定服务器角色成员自动继承在 SQL Server 中进行操作或查看的全部权限。数据库对象所有者还有暗示性权限，可以对所拥有的对象执行一切活动。例如，拥有表的用户可以查看、添加和删除数据，更改表定义、控制允许其他用户对表进行操作的权限。

4. 常用的权限

- CONTROL：为对象及其下层所有对象提供类似所有权的权限。例如，如果给用户授予数据库的 CONTROL 权限，那么此用户在该数据库内的所有对象（表和视图）上都拥有了 CONTROL 权限。
- ALTER：允许用户更改（ALTER）、创建（CREATE）和删除（DROP）范围内包含的任何安全对象的权限。例如，对架构的 ALTER 权限包括在该架构中创建、更改和删除对象的权限。
- TAKE OWNERSHIP：允许用户获取安全对象的所有权。
- IMPERSONATE：允许被授权者模拟另一登录名或用户。
- CREATE< 服务器安全对象 >：允许用户创建安全对象的权限，包括服务器安全对象、数据库安全对象、架构中的安全对象。
- VIEW DEFINITION：允许用户访问元数据。
- REFERENCES：表的 REFERENCES 权限是创建引用该表的外键约束时所必需的。对象的 REFERENCES 权限是使用引用该对象的 WITH SCHEMABINDING 子句创建 FUNCTION 或 VIEW 时所必需的。

常用的安全对象及相应的权限如表 11-3 所示。

表 11-3 安全对象的常用权限

安全对象	常用权限
数据库	BACKUP DATABASE、BACKUP LOG、CREATE DATABASE、CREATE DEFAULT、CREATE FUNCTION、CREATE PROCEDURE、CREATE RULE、CREATE TABLE、CREATE VIEW
表	DELETE、INSERT、REFERENCES、SELECT、UPDATE
视图	DELETE、INSERT、REFERENCES、SELECT、UPDATE
存储过程	EXECUTE
表值函数	DELETE、INSERT、REFERENCES、SELECT、UPDATE
标量函数	EXECUTE、REFERENCES

11.6.2 对象权限管理

一个用户或角色的权限可以有 3 种形式：授予（GRANT）、拒绝（DENT）、撤销（REVOKE），即为主体授予安全对象的权限、拒绝为主体授予权限和撤销以前授予或拒绝的权限。

1. 使用 SQL Server Management Studio 管理权限

对象权限可以从用户 / 角色的角度管理，即管理一个用户能对哪些对象执行哪些操作；也可以从对象的角度管理，即设置一个数据库对象能被哪些用户执行哪些操作。

例如，为 sales 数据库用户 lisi 赋予查询 Seller 表记录的权限。

1）在 SQL Server Management Studio 的"对象资源管理器"中，展开" sales"数据库→"安全性"→"用户"节点，右击用户名 lisi，在快捷菜单中选择"属性"选项，或双击用户名 lisi，打开"数据库用户 -lisi"窗口。选择左侧的"安全对象"选择页，如图 11-20 所示。

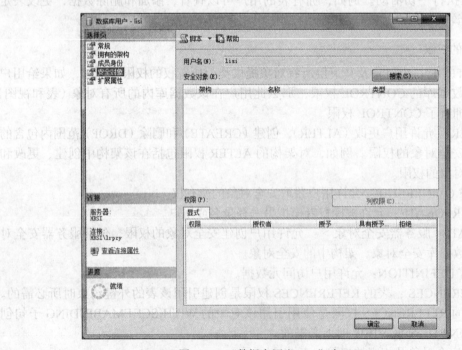

图 11-20 "数据库用户 -lisi"窗口

2）单击"搜索"按钮，弹出"添加对象"对话框，如图 11-21 所示。该对话框中
的"特定对象"单选按钮主要用于查找
选择一个架构、一个表和一个存储过程
等；"特定类型的所有对象"单选按钮就
是按照类型分类，将一种类型的所有对
象列出，主要用于多个同类型对象的权
限操作；"属于该架构的所有对象"单选
按钮用于更快速地选出架构对象。这里
选中"特定对象"，单击"确定"按钮，
弹出"选择对象"对话框，如图 11-22
所示。

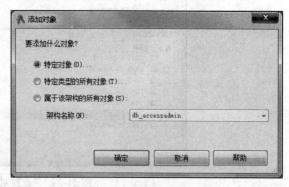

图 11-21　"添加对象"对话框

图 11-22　"选择对象"对话框

3）单击"对象类型"按钮，弹出"选择对象类型"对话框，如图 11-23 所示。选中
"表"复选框，单击"确定"按钮，返回图 11-22，单击"浏览"按钮，弹出"查找对象"
对话框，如图 11-24 所示。

图 11-23　"选择对象类型"对话框

4）选中 Seller 表的复选框，单击"确定"按钮，返回"选择对象"对话框，如
图 11-25 所示。

5）单击"确定"按钮，返回"数据库用户"属性窗口，选择权限"选择"的"授予"
复选框，如图 11-26 所示。

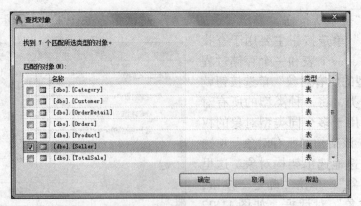

图 11-24   "查找对象"对话框

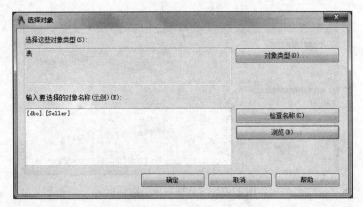

图 11-25   "选择对象"对话框

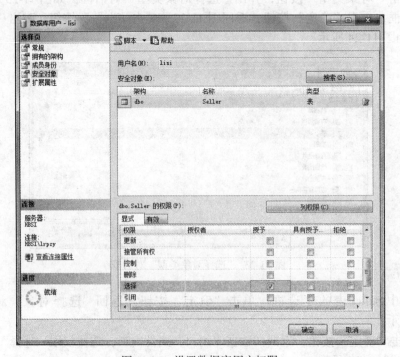

图 11-26   设置数据库用户权限

6）单击"确定"按钮，完成此操作。

也可以从对象的角度进行管理，具体操作步骤如下：

在 SQL Server Management Studio 的"对象资源管理器"中，展开 sales 数据库，选择"表"，在表的列表中右击 Seller 表，选择"属性"命令，弹出"表属性"窗口，选择"权限"选择页，在弹出的对话框中列出了该数据库的用户和角色，给用户 lisi 授予表 Selller 的"选择"权限，如图 11-27 所示。

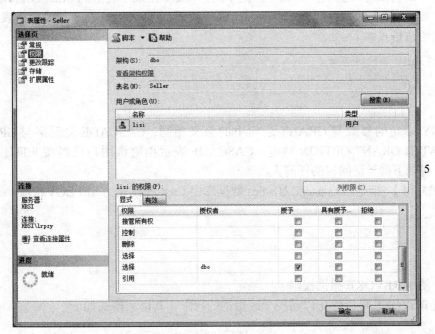

图 11-27 设置权限

2. 用 Transact_SQL 语句管理权限

（1）使用 GRANT 授予权限

GRANT 用于给特定用户或角色授予指定的访问权限，其语法格式如下：

```
GRANT { ALL [ PRIVILEGES ] }
    | permission [ ( column [ ,...n ] ) ] [ ,...n ]
    [ ON securable ] TO principal [ ,...n ]
    [ WITH GRANT OPTION ]
```

其中：

- ALL：表示授予所有可用的权限，如表 11-3 所示。
- permission：权限的名称。
- column：指定表中将授予权限的列的名称，需要使用括号"()"。
- securable：指定将授予权限的安全对象。
- principal：主体的名称，可为其授予安全对象权限的主体随安全对象而异。
- GRANT OPTION：指示被授权者在获得指定权限的同时，还可以将指定权限授予其他主体。

【例 11.13】 授予角色 role1 对 sales 数据库中 Customer 表的 INSERT、UPDATE 和 DELETE 权限。

```
USE sales
GO
GRANT INSERT, UPDATE, DELETE ON Customer TO role1
GO
```

（2）使用 DENY 拒绝权限

DENY 命令用于显示拒绝用户对指定对象的访问或操作。SQL Server 中采用"拒绝大于一切"的权限管理机制。例如，拒绝了用户 user1 在某个表上的 SELECT 权限，那么即使用户 user1 属于的角色拥有此表的 SELECT 权限，用户 user1 也不能读取该表的数据。DENY 的语法格式如下：

```
DENY{ ALL [ PRIVILEGES ] }
    | permission [ ( column [ ,...n ] ) ] [ ,...n ]
    [ ON securable ] TO principal [ ,...n ]
    [ CASCADE]
```

DENY 语句的参数与 GRANT 语句中的会义相同，CASCADE 关键字与 GRANT 语句中的 WITH GRANT OPTION 对应，CASCADE 表示拒绝该用户已经在 WITH GRANT OPTION 规则下授予访问权的任何人。

【例 11.14】　拒绝用户 user1 对 sales 数据库中 Customer 表的 SELECT 权限。

```
USE sales
GO
DENY SELECT ON Customer TO role1
GO
```

（3）使用 REVOKE 撤销权限

通过 REVOKE 可以停止以前授予或拒绝的权限，其语法格式如下：

```
REVOKE { [ ALL [ PRIVILEGES ] ] | permission [ ( column [ ,...n ] ) ] [ ,...n ] } ,
    [ ON securable ]
    { TO | FROM } principal [ ,...n ]
    [ CASCADE]
REVOKE 语句的参数与 GRANT 语句中的意义相同，这里不再赘述。
```

【例 11.15】　撤销角色 role1 对 sales 数据库中 Customer 表的 DELETE 权限。

```
USE sales
GO
REVOKE DELETE ON Customer TO role1
GO
```

11.6.3　语句权限管理

1. 使用 SQL Server Management Studio 管理权限

管理语句的权限时，可以打开需要修改权限的数据库的"属性"窗口，选择"权限"选项卡，可以单击其中的复选框设置权限，如图 11-28 所示。然后单击"确定"按钮，使设置生效。

2. 用 Transact_SQL 语句管理权限

语句权限其实和对象权限类似，都使用授予（GRANT）、拒绝（DENT）、撤销（REVOKE）语句进行管理。

```
GRANT/DENY/REVOKE { ALL | statement [ ,…n ] } TO security_account [ ,…n ]
```

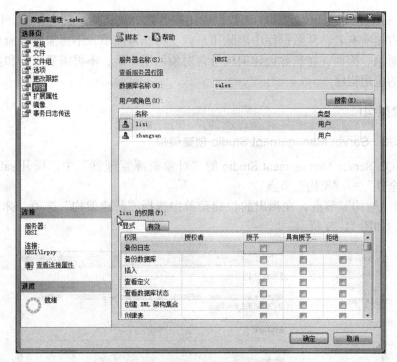

图 11-28　数据库权限设置

【例 11.16】 授予用户 user1 创建表的权限。

```
USE sales
GO
GRANT CREATE TABLE TO user1
GO
```

11.7　架构管理

11.7.1　架构概念

架构（schema）是指包含数据库表、视图、存储过程等的容器。数据库对象的引用由 4 部分组成：服务器名.数据库名.架构名.对象名。由此可以看出，数据库属于 SQL Server 服务器，架构属于数据库，这些实体就像嵌套框放置在一起，服务器是最外面的框，架构是最里面的框。

架构包含的安全对象有：类型、XML 架构集合、数据库表、视图、存储过程、函数、聚合函数、约束、同义词、队列、统计信息等。架构中每个对象的名称都必须是唯一的，而不同的架构下可以有相同的数据库对象名称。例如，为了避免名称冲突，同一架构中不能有两个同名的表。两个表只有在位于不同的架构中时才可以同名。

当创建数据库对象时，如果没有指定架构，那么系统默认该对象的默认架构是 dbo。如果访问的是默认架构中的对象，则可以省略架构名称，否则需要指定架构名称。例如，引用服务器"HBSI"上的数据库"sales"中的销售员表"Seller"时，完整的引用为"HBSI.sales.dbo.Seller"。实际引用时，在能够区分对象的前提下，前三个部分可以根据情况省略。

从 SQL Server 2005 开始，架构和数据库用户开始分离，用户拥有架构。因为用户不再是对象的直接所有者，从数据库中删除用户就变得非常简单，不再需要重命名该用户架构所包含的对象。因而，在删除创建架构所含对象的用户后，不再需要修改和测试显式引用这些对象的应用程序。

11.7.2 创建架构

1. 使用 SQL Server Management Studio 创建架构

1）在 SQL Server Management Studio 的"对象资源管理器"中，展开 sales 数据库，再展开"安全性"→"架构"节点。

2）右击"架构"节点，在弹出的快捷菜单中选择"新建架构"选项，弹出"架构 – 新建"窗口，如图 11-29 所示。

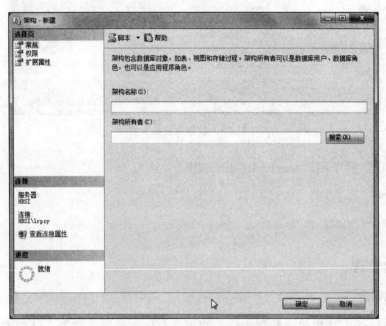

图 11-29 "架构 – 新建"窗口

3）在"架构名称"文本框中输入架构的名称。

4）在"架构所有者"文本框中输入架构的所有者，或者单击"搜索"按钮搜索角色和用户作为架构所有者。

5）单击"确定"按钮完成架构的创建。

2. 用 Transact_SQL 语句创建架构

可以使用 CREATE SCHEMA 创建架构，其语法格式如下：

```
CREATE SCHEMA schema_name  AUTHORIZATION owner_name
{
    table_definition | view_definition
}
```

其中：

- schema_name：指定架构的名称。
- AUTHORIZATION owner_name：指定架构的拥有者。
- table_definition：指定在架构内创建表的 CREATE TABLE 语句。
- view_definition：指定在架构内创建视图的 CREATE VIEW 语句。

【例 11.17】 在 sales 数据库中创建一个架构 t1，该架构的拥有者为用户 lisi，并在此架构下创建表 table1。

```
USE sales
GO
CREATE SCHEMA t1 AUTHORIZATION lisi
CREATE TABLE table1(id int,name char(8))
GO
```

注意　在一个数据库中用户和架构是一对多的关系，也就是说可以为一个用户创建多个架构，但是一个架构只能指定一个拥有者。如果在 CREATE SCHEMA 中未指定拥有者，则系统默认将 dbo 作为架构的拥有者。

11.8　本章小结

本章主要讲述了 SQL Server 在数据库安全上的相关知识，主要包括：身份验证的两种模式，服务器登录账户、数据库用户、角色、权限和架构管理。

11.9　实训项目

实训目的

1）掌握 SQL Server 身份验证模式。

2）掌握创建登录账户和数据库用户的方法。

3）掌握创建和管理角色。

4）掌握权限的分配。

实训内容

1）设置身份验证模式为混合验证模式。

2）为学生成绩管理系统的系统管理员和普通用户创建 2 个 Windows 用户，再为他们创建在 SQL Server 实例中关联的登录名，并访问 xsgl 数据库。

3）为能访问 xsgl 数据库的信息，创建相应的数据库用户。

4）让系统管理员能对 xsgl 数据库中的所有对象进行操作；普通用户仅能对 xsgl 数据库的表进行 SELECT 操作。

5）假设有 6 个登录账户：A1、A2、B1、B2、C1、C2。现要求登录账户 A1、A2 对 xsgl 数据库中的 Student 和 Course 两表有查询权限；登录账户 B1、B2 对表 Student 有查询权限；登录账户 C1、C2 对表 Course 有查询权限，使用角色完成。

11.10　习题

1. 简述 SQL Server 的两种身份验证模式。

2. 简述角色的作用，SQL Server 中分为哪几种角色？

3. 固定服务器角色和固定数据库角色有什么区别？

4. 什么是登录名和用户名？

5. SQL Server 权限有哪几类型？各有什么权限？

第 12 章　数据库的备份和恢复

备份和恢复是两个互相联系的概念，备份就是将数据库信息保存起来；恢复则是当意外事件发生或者出于某种需要时，将已备份的数据信息还原到数据库系统中。

本章学习要点：
- 备份的概念
- 备份的类型
- 数据库备份的方法
- 恢复数据库的方法
- 数据的导入和导出

12.1　备份概述

12.1.1　备份的原因及时间

备份是数据库管理员维护数据安全性的一项日常操作。备份是指数据库管理员定期或不定期地将数据库的部分或全部内容复制到磁带或磁盘上保存起来的过程。当数据库遭到破坏时，可以利用备份进行数据库的恢复。备份的目的就是当数据库发生意外时，尽可能减少数据的丢失。造成数据损失的因素很多：硬件故障、用户有意或无意的修改和删除数据、服务器的永久性毁坏等。另外，也可出于其他目的备份和还原数据库，如将数据库从一台服务器复制到另一台服务器。通过备份一台计算机上的数据库，再将该数据库还原到另一台计算机上，可以快速、容易地生成数据库的副本。

何时进行备份，取决于所能承受数据损失的大小。如果能承受一天的数据损失，那么一天进行一次备份；如果只能承受一小时的数据损失，那么每隔一小时进行一次备份。决定备份频率的另一个因素是数据变化的程度。如果数据库中的数据不是经常变化，那么只在变化之后备份就可以了；如果数据库每天都更新，那么就应该天天做备份。

执行备份操作必须拥有数据库备份的权限。SQL Server 只允许系统管理员、数据库所有者和数据库备份执行者备份数据库。注意，除了备份用户数据库之外，系统数据库中的master 和 msdb 也应该定期备份。

12.1.2　备份类型

SQL Server 2014 主要有 4 种数据库备份类型，分别为完整备份、差异备份、事务日志备份、文件和文件组备份。

1. 完整备份

完整备份是指备份数据库中当前所有的数据，包括事务日志。与差异备份和事务日志备份相比，完整备份使用的存储空间多，完成备份操作需要的时间长，所以完整备份的创建频率通常比差异备份或事务日志备份低。完整备份适用备份容量较小或数据库中数据的修改较少的数据库。完整备份是差异备份和事务日志备份的基准。

2. 差异备份

差异备份是指备份自上次完整备份以来更改的数据。例如，如果 8 点进行了完整备份，12 点进行差异备份，并且在 16 点又进行了一次差异备份，那么在 12 点的差异备份备份的是 8 点到 12 点的数据变化，16 点的差异备份备份的是 8 点到 16 点的数据变化，由此可见差异备份捕获的是最后一次完整备份之后数据的变化。因为只备份改变的内容，所以差异备份比完整备份小而且备份速度快，可以经常进行差异备份，以减少丢失数据的危险。差异备份适合于修改频繁的数据库。

3. 事务日志备份

事务日志备份是指备份自上次备份以来数据变化的过程，即事务日志文件的信息。其中的上次备份可以是完整备份、差异备份或事务日志备份。每个事务日志备份都包括创建备份时处于活动状态的部分事务日志，以及先前事务日志备份中未备份的所有日志记录。事务日志备份比完整备份和差异备份节省时间和空间，而且利用事务日志备份可将数据库恢复到特定的即时点（如输入多余数据前的那一点）或恢复到故障点，这是完整备份和差异备份所不能达到的。通常情况下，事务日志备份经常与完整备份和差异备份结合使用。例如，每周进行一次完整备份，每天进行一次差异备份，每小时进行一次事务日志备份。这样，最多只会丢失一个小时的数据。

4. 文件和文件组备份

文件和文件组备份适合于特大型数据库，因为一个很大的数据库要进行完全备份需要很长的时间，那么可以将数据库的文件和文件组分别进行备份。使用文件和文件组备份可以只还原损坏的文件，而不用还原数据库的其余部分，从而加快了恢复速度。文件和文件组的备份又可以分为完整文件和文件组备份以及差异文件和文件组备份。

备份后如果数据库发生了意外，一般应遵循如下的步骤进行恢复：

1）如果当前日志没有损坏，首先备份事务日志。

2）恢复最近的完整备份。

3）恢复最近的差异备份（如果进行过差异备份）。

4）依次恢复自差异备份以后的所有事务日志备份（按备份的先后顺序恢复）。

例如，某公司的备份计划是每周日进行一次完整备份，每天 24 点进行一次差异备份，上班时间从 8 点到 18 点每隔 2 小时进行一次事务日志备份。某周三 11 点发现 10:50 左右误删除了一张表，希望将数据库恢复到误操作之前的状态。可以采用如下步骤恢复：先做一次事务日志备份，备份 10 点到 11 点的事务日志（手工进行），然后开始恢复。先恢复上周日的完整备份，接着恢复周二 24 点的差异备份，最后按顺序恢复周三 8 点和 10 点的事务日志备份，这样就可以找到误删除的表在 10 点的数据状态。如果想尽量减少数据损失，可以先将数据库恢复到一个指定的时间点（误删除之前），接着恢复手工进行的事务日志备份，设置时间点，恢复到 10:45，就可以尽可能地减少数据的丢失。

12.1.3 恢复模式

恢复模式是数据库的一个属性，它用于控制数据库备份和还原的行为。SQL Server

2014 提供了 3 种恢复模式，以确定如何备份数据以及能承受何种程度的数据丢失。

1. 简单恢复模式

简单恢复模式可最大程度地减少事务日志的管理开销，事务日志自动截断，在此模式下不能进行事务日志备份。因此，使用简单恢复模式只能将数据库恢复到最后一次备份时的状态，无法将数据库还原到故障点或特定的即时点。在简单恢复模式下只能进行完整备份和差异备份。

2. 完整恢复模式

完整恢复模式完整记录所有事务，因此能将数据库恢复到故障点或特定即时点。在完整恢复模式下可以进行完整备份、差异备份和事务日志备份。

3. 大容量日志恢复模式

大容量日志恢复模式简单地记录大容量操作的日志（如索引创建和大容量加载），完整地记录其他日志。例如，一次在数据库中插入 10 万条记录，在完整恢复模式下，每个插入记录的动作都会记录在日志中，那么日志文件将变得非常大。而在大容量日志恢复模式下，只记录必要的操作，不记录所有日志，从而大大提高数据库性能。但由于日志不完整，所以不能将数据库恢复到特定的即时点。大容量日志恢复模式提高了大容量操作的能力，常作为完整恢复模式的补充。在此恢复模式下可以进行完整备份、差异备份和事务日志备份

在 SQL Server 中，打开 SQL Server Management Studio 的"对象资源管理器"，展开"服务器"下的"数据库"节点，右击需要更改恢复模式的数据库，在快捷菜单中选择"属性"，弹出"数据库属性"窗口，在此窗口中选择"选项"选择页，在"恢复模式"下拉列表框中选择所需的恢复模式，如图 12-1 所示。

图 12-1 数据库恢复模式

12.1.4 备份设备

创建备份时，必须选择存放备份数据的备份设备，即存放备份的存储介质。备份设备可以是磁盘或磁带。建立一个备份设备时要分配一个逻辑名称和一个物理名称。物理名称是操作系统用来标识备份设备的名称；逻辑名称是用户定义的，用来标识物理备份设备的别名。

1. 使用 SQL Server Management Studio 创建备份设备

1）打开 SQL Server Management Studio，展开"服务器"。

2）展开"服务器对象"节点，右击"备份设备"，从弹出的快捷菜单中单击"新建备份设备"，弹出"备份设备"窗口，如图 12-2 所示。

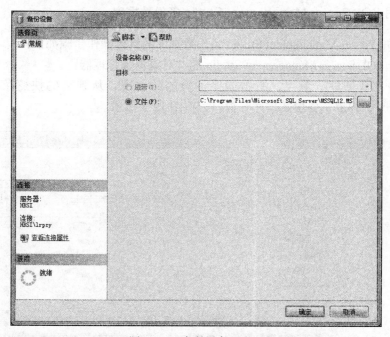

图 12-2 "备份设备"窗口

3）在"设备名称"文本框中输入该备份设备的名称。

4）选中"文件"，输入备份设备的物理文件名，或单击省略号按钮打开"定位数据库文件"对话框，选择备份设备使用的物理文件。

5）单击"确定"按钮，完成创建备份设备操作。

2. 使用系统存储过程 sp_addumpdevice 创建备份设备

其语法格式如下：

```
sp_addumpdevice 'device_type' , 'logical_name' , 'physical_name'
```

其中：

- device_type：备份设备类型，其中磁盘为 disk，磁带为 tape。
- logical_name：备份设备的逻辑名称。
- physical_name：备份设备的逻辑名称，包含完整路径。

【例 12.1】 创建一个名为 sales_backup 的磁盘备份设备，其物理名称为 d:\sales_

backup.bak。

```
EXEC sp_addumpdevice 'disk', 'sales_backup','d:\sales_backup.bak'
```

可以使用系统存储过程 sp_dropdevice 删除备份设备。

【例 12.2】 删除例 12.1 创建的备份设备。

```
EXEC sp_dropdevice 'sales_backup'
```

12.2 备份操作

在 SQL Server 中备份数据库，可以使用图形界面操作和 Transact_SQL 语句两种方法。

12.2.1 使用 SQL Server Management Studio 备份数据库

使用 SQL Server Management Studio 备份数据库的具体操作步骤如下：

1）打开 SQL Server Management Studio 的"对象资源管理器"。

2）展开"数据库"节点，右击需要备份的数据库，从弹出的快捷菜单选择"任务"→"备份"，弹出"备份数据库"窗口，如图 12-3 所示。

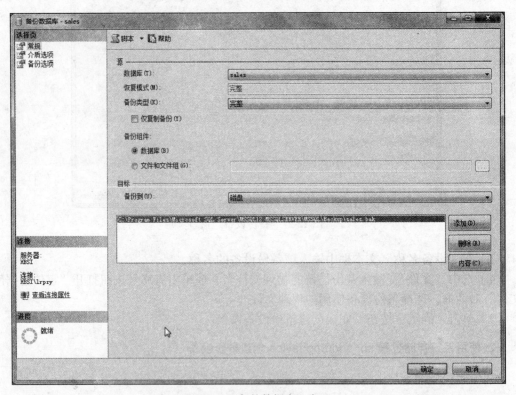

图 12-3 "备份数据库"窗口

3）在"数据库"列表框中，验证数据库名称，也可以从列表中选择其他数据库。

4）在"备份类型"列表框中可以选择"完整"、"差异"和"事务日志"3 种备份类型中的一种，在这里选择"完整"。对于"备份组件"，选中"数据库"。如果要进行文件和文件组备份，则选择"文件和文件组"单选按钮，在弹出的"选择文件和文件组"对话框中选择要备份的文件和文件组。

5）选择备份到"磁盘"。单击"添加"按钮，在打开的"选择备份目标"对话框中可以添加备份文件或备份设备来指定备份存放的位置，如图 12-4 所示。

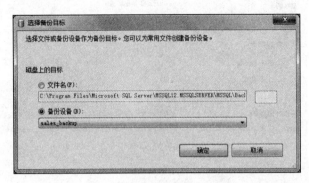

图 12-4 "选择备份目的"对话框

6）在图 12-3 中选择"介质选项"选择页，在该选择页中可以设置是将备份追加到当前备份设备的内容之后；还是重写备份设备中的备份内容，即原来的内容被覆盖，如图 12-5 所示。

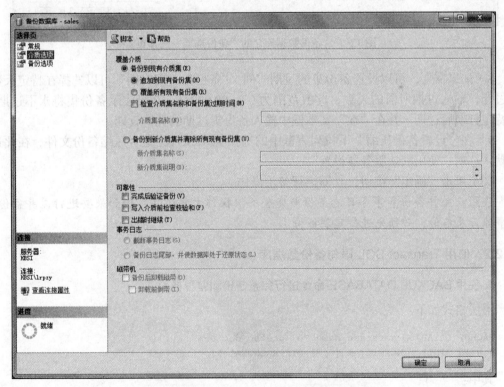

图 12-5 "备份数据库"的"介质选项"选择页

7）在图 12-3 中选择"备份选择"选择页，在备份集"名称"文本框中可接受默认备份集名称，也可为备份集输入其他名称。在"说明"文本框中，输入对备份集的说明，也可以不填写，如图 12-6 所示。

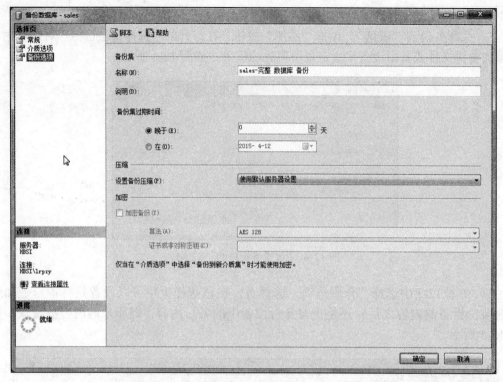

图 12-6 "备份数据库"的"备份选项"选择页

8）如果需要，可以设置备份集的过期时间。"备份集过期时间"可以选择在特定天数后过期，输入过期所需的天数，此值范围为 0 ～ 99 999 天，0 天表示备份集将永不过期；或特定日期后过期，并在"在"文本框中输入备份集过期的具体日期。

9）在"设置备份压缩"下拉列表框中的选择 SQL Server 是否压缩备份文件，在此选择默认选项"使用默认服务器设置"。

10）单击"确定"按钮，立即执行备份操作。

注意 差异备份和事务日志备份与完整备份操作大同小异，但如果要进行差异备份，或事务日志备份，必须先进行完整备份。

12.2.2 使用 Transact-SQL 语句备份数据库

1. 使用 BACKUP DATABASE 命令进行完整备份和差异备份

语法格式如下：

```
BACKUP DATABASE database_name TO <backup_device>
[ WITH [INIT | NOINIT] [ [ , ] DIFFERENTIAL ]]
```

其中：

- backup_device：指定用于备份操作的备份设备，可以是逻辑名称或物理名称。如果是物理名称，要输入完整的路径和文件名，如 DISK='d:\BACKUP\mybackup.bak'。
- INIT：表示重写备份集的数据。

- NOINIT：表示备份数据将追加在原有的内容之后，NOINIT 是默认设置。
- DIFFERENTIAL：该选项表示进行差异数据库备份。

【例 12.3】 为 sales 数据库创建一个完全备份和一个差异备份，将备份保存到 sales_backup 备份设备上。

```
BACKUP DATABASE sales
TO sales_backup
WITH INIT
GO
BACKUP DATABASE sales
TO sales_backup
WITH DIFFERENTIAL,NOINIT
GO
```

2. 使用 BACKUP LOG 命令进行事务日志备份

语法格式如下：

```
BACKUP LOG database_name TO backup_device
```

【例 12.4】 为 sales 数据库创建一个事务日志备份。

```
BACKUP LOG sales TO sales_backup
```

数据库备份非常重要，而且数据库备份操作非常频繁，为了减少数据库管理员的工作负担，SQL Server 2014 可以建立自动备份维护计划，自动完成备份工作，具体操作可以查看联机帮助。

12.3 恢复操作

恢复数据库是加载备份并应用事务日志重建数据库的过程。在数据库的恢复过程中，用户不能进入数据库，即数据库是不能使用的。恢复数据库时，SQL Server 自动执行安全性检查，防止用户从不完整、不正确的备份或其他数据库备份恢复数据库。在恢复数据库之前，必须保证备份文件是正确的。在 SQL Server 中，可以使用图形化界面和 Transact-SQL 语句进行数据库恢复。

12.3.1 使用 SQL Server Management Studio 恢复数据库

使用 SQL Server Management Studio 进行数据库恢复的具体操作步骤如下：

1）打开 SQL Server Management Studio 的"对象资源管理器"。

2）展开"数据库"节点，右击数据库，从弹出的快捷菜单中选择"任务"→"还原"→"数据库"命令，弹出"还原数据库"窗口，如图 12-7 所示。

3）在"常规"选择页的"源"设置区中，单击"数据库"，从下列列表中选择要还原的数据库。如果要将另一服务器上的数据库备份恢复到目标服务器上，应选择"设备"，单击"..."按钮打开"选择备份设备"对话框。在"备份介质类型"下拉列表框中，选择一种设备类型。若要选择一个或多个设备，则单击"添加"按钮，如图 12-8 所示。

4）在"目标"设置区中，"数据库"文本框自动填充要还原的数据库的名称，若要更改数据库名称，则在"数据库"文本框中输入新的数据库名称。

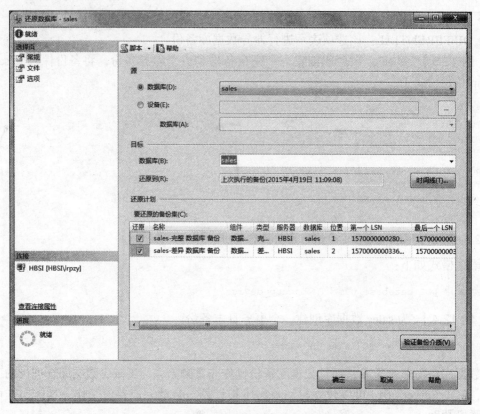

图 12-7 "还原数据库"窗口

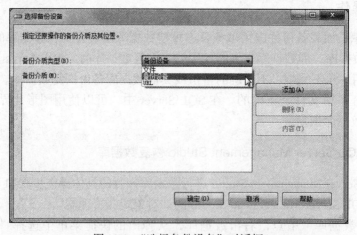

图 12-8 "选择备份设备"对话框

5）在"还原到"文本框中，可以保留默认值"至最近一次进行的备份"，也可以单击"时间线"按钮，打开"备份时间线"对话框，选择具体的日期和时间。

6）在"要还原的备份集"列表中，单击要还原的数据库备份。

7）单击"文件"选择页，可以在"将数据库文件还原为"设置区中指定每个文件新的还原目标，将数据库还原到新的位置。

8）单击"选项"选择页，根据需要设置各选项，如图 12-9 所示。

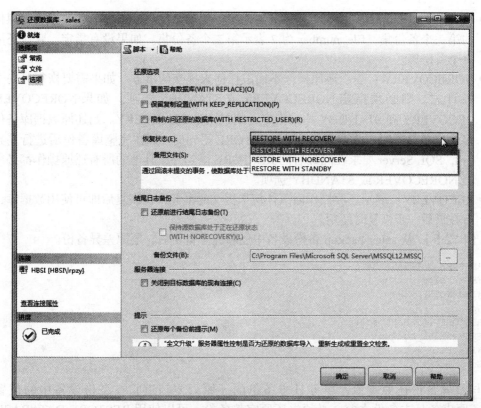

图 12-9　"还原数据库"窗口的"选项"选择页

在"还原选项"设置区，可以根据实际情况选择。

在"恢复状态"下拉列表框中，确定还原操作之后的数据库状态。包括以下选项：

- RESTORE WITH RECOVERY：通过回滚未提交的事务，使数据库处于可以使用的状态。无法还原其他事务日志。表示这是最后一次恢复，执行完这次恢复后，不能再恢复其他事务日志。此为默认选项。

- RESTORE WITH NORECOVERY：不对数据库执行任何操作，不回滚未提交的事务。可以还原其他事务日志。表示这是恢复的中间步骤，数据库不能使用，还要继续恢复其他事务日志。

- RESTORE WITH STANDBY：使数据库处于只读模式，撤销未提交的事务，但将撤销操作保存在备用文件中，以便能够还原恢复结果。数据库为只读，并且允许还原其他事务日志，必须指定要撤销的文件的名称。

9）单击"确定"按钮开始恢复数据库。

12.3.2　使用 Transact-SQL 语句恢复数据库

使用 Transact-SQL 语句恢复数据库的语法格式如下：

```
RESTORE DATABASE database_name FROM <backup_device>
[ WITH [FILE=file_number ]
[[,]{ NORECOVERY | RECOVERY | STANDBY = undo_file_name } ] ]
```

其中：

- FILE = file_number：标识要还原的备份集。例如，file_number 为 1 表示备份媒体上的第一个备份集，file_number 为 2 表示第二个备份集。如果没有指定，默认还原第一个备份集。
- NORECOVERY：表示还原操作不回滚任何未提交的事务。如果需要恢复另一个事务日志，则必须指定 NORECOVERY 或 STANDBY 选项。如果 NORECOVERY、RECOVERY 和 STANDBY 均未指定，则默认为 RECOVERY。当还原数据库备份和多个事务日志时，或在需要多个 RESTORE 语句时（如在完整库备份后进行差异备份），SQL Server 要求在除最后的 RESTORE 语句外，其他的所有还原操作都必须加上 NORECOVER 或 STANDBY 选项。
- RECOVERY：表示还原操作回滚任何未提交的事务，在恢复后即可使用数据库，只有在最后一步恢复时使用。

【例 12.5】 从 sales_backup 备份设备中还原完全备份后，还原差异备份。

```
RESTORE DATABASE sales
FROM sales_backup
WITH NORECOVERY
Go
RESTORE DATABASE sales
FROM sales_buckup
WITH FILE = 2
Go
```

与差异备份还原类似，事务日志备份的还原只要知道它在备份设备中的位置即可。还原事务日志备份之前，必须先还原完整备份。可以使用 RESTORE DATABASE 和 RESTORE LOG 来还原事务日志备份。

12.4 恢复数据库的其他方法

12.4.1 数据库的脱机和联机

在数据库联机的情况下，不允许用户复制数据库文件。解决的办法是使数据库脱机，然后再复制。下面以复制 sales 数据库文件为例，其具体操作步骤如下：

1）打开 SQL Server Management Studio 的"对象资源管理器"。

2）展开"数据库"节点，右击 sales 数据库，从弹出的快捷菜单中选择"任务"→"脱机"命令，弹出"使数据库脱机"窗口，如图 12-10 所示，同时在 sales 数据库旁出现"脱机"两字。

3）单击"关闭"按钮，完成脱机操作。这时可以复制 sales 的数据库文件。

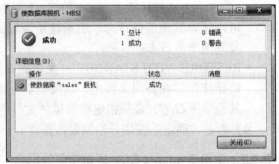

图 12-10 "使数据库脱机"窗口

脱机的数据库要恢复使用，则使用联机操作。

12.4.2 分离和附加数据库

SQL Server 允许分离数据库的数据文件和事务日志文件，然后将其重新附加到另一台服务器，甚至同一台服务器上。分离数据库将从 SQL Server 中删除数据库，但是保持组成该数据库的数据文件和事务日志文件完好无损。这些分离后的数据文件和事务日志文件可以用来将数据库附加到任何 SQL Server 实例上，包括从中分离该数据库的服务器。数据库附加后的使用状态与它分离时的状态完全相同。只有 sysadmin 固定服务器角色成员，才能执行分离数据库。无法分离系统数据库。

如果想将数据库从一台计算机移到另一台计算机，或者从一个物理磁盘移到另一物理磁盘上，则分离和附加数据库很有用：一般先分离数据库，然后将数据库文件移到另一服务器或磁盘，最后通过指定移动文件的新位置附加数据库。当附加数据库时，必须指定主要数据文件的名称和物理位置。

1. 分离 sales 数据库

具体操作步骤如下：

1）打开 SQL Server Management Studio 的"对象资源管理器"。

2）展开"数据库"节点，右击需要分离的数据库 sales，从弹出的快捷菜单中选择"任务"→"分离"命令，弹出"分离数据库"窗口，如图 12-11 所示。

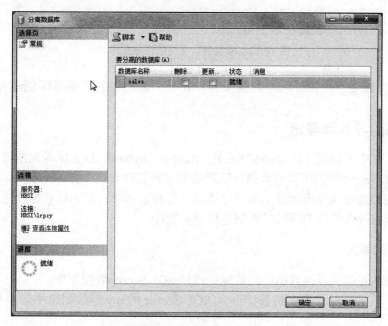

图 12-11　"分离数据库"窗口

3）单击"确定"按钮。sales 数据库即从"数据库"节点中删除。

2. 附加 sales 数据库

1）打开 SQL Server Management Studio 的"对象资源管理器"，展开"服务器"。

2）右击"数据库"，在弹出的快捷菜单中选择"附加"，弹出"附加数据库"窗口，单击"添加"按钮，选择要附加的数据库的主要数据文件的名称（sales.mdf 数据文件），如图 12-12 所示。在"要附加的数据库"区中列出了选中的 MDF 文件；"'sales'数据库详细信息"区中列出了数据库中的所有文件（数据文件和日志文件）。

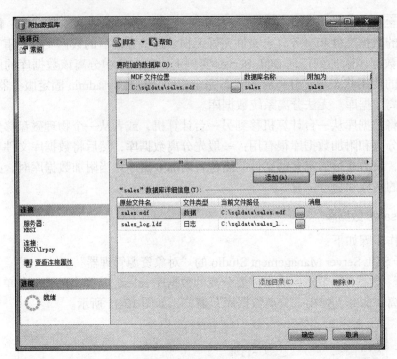

图 12-12　添加数据文件附件数据库

3）单击"确定"按钮，附加数据库操作完成。新附加的数据库即创建在"数据库"节点中。

12.5　数据的导入和导出

在实际工作中，数据可能存储在 Excel、Access、Sybase、Oracle 等数据库中，用户有时需要在 SQL Server 中利用这些数据，这就需要将数据转换到 SQL Server 中。SQL Server 提供了强大的数据导入导出功能，用户可以访问各种数据源，在不同数据源之间进行数据传输，并且能在导入导出的同时对数据进行灵活处理。

12.5.1　数据的导入

数据的导入是指将其他数据源的数据加载到 SQL Server 数据库中。

【例 12.7】 将 Excel 表中的数据导入 SQL Server 的 mydb 数据库中。具体操作步骤如下：

1）打开 SQL Server Management Studio 的"对象资源管理器"，展开"服务器"。

2）右击"mydb"数据库，从弹出的快捷菜单中选择"任务"→"导入数据"选项，弹出"SQL Server 导入和导出向导"的欢迎页面。也可以在"开始"菜单中，选择"所有程序"→"Microsoft SQL Server 2014"→"SQL Server 2014 导入和导出数据"命令。

3）单击"下一步"按钮，出现"选择数据源"窗口，在"数据源"下拉列表框中选择"Microsoft Excel"，在"Excel 文件路径"框中选择需要导入的文件，在"Excel 版本"下拉列表框中选择"Microsoft Excel 2007"，如图 12-13 所示。

4）单击"下一步"按钮，出现"选择目标"窗口，如图 12-14 所示。在"目标"下拉列表框中选择要将数据复制到的目的地。现在要将数据导入本地 SQL Server 服务器，因此在"目标"中选择"SQL Server Native Client";服务器名称是本地服务，在"数据库"下拉列表框中选择 mydb。

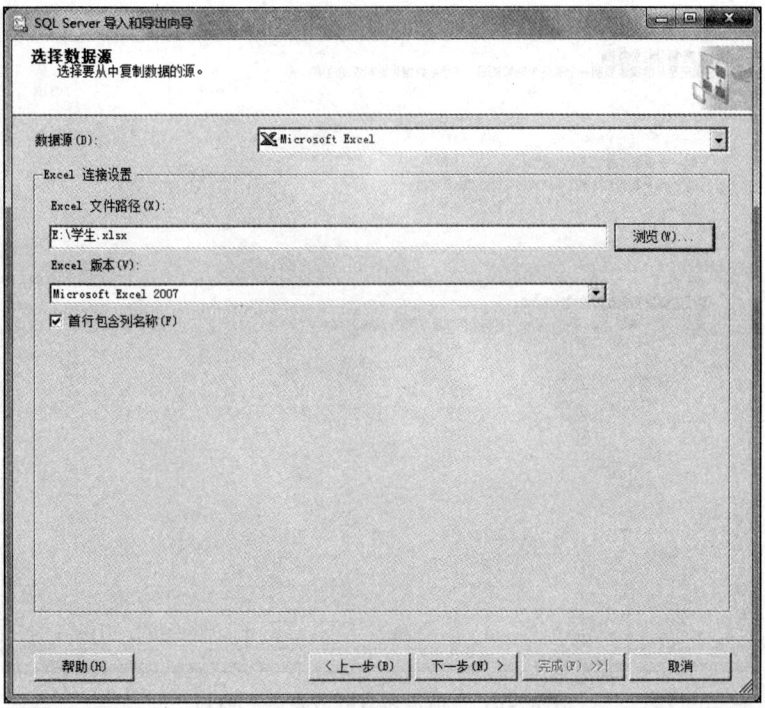

图 12-13 "选择数据源"窗口

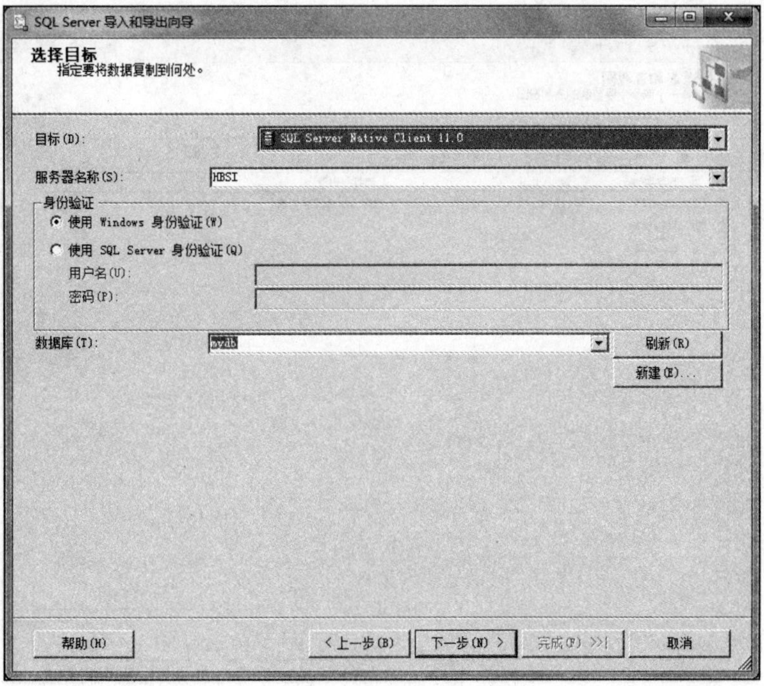

图 12-14 "选择目标"窗口

5）单击"下一步"按钮，出现"指定表复制或查询"窗口，如图 12-15 所示，选中"复制一个或多个表或视图的数据"。

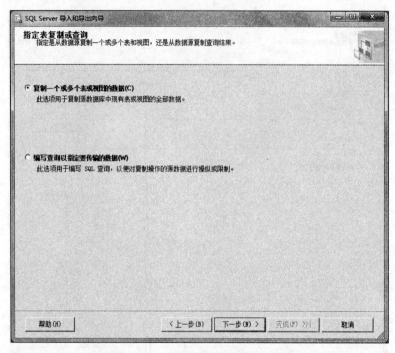

图 12-15　"指定表复制或查询"窗口

6）单击"下一步"按钮，出现如图 12-16 所示的窗口，选择需要复制的表和视图。

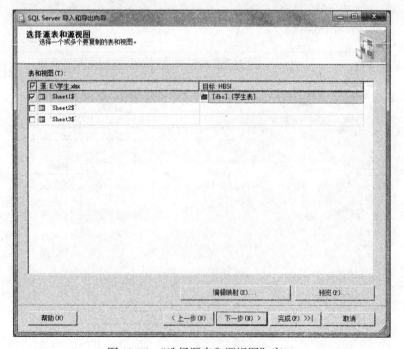

图 12-16　"选择源表和源视图"窗口

7）单击"下一步"按钮，出现"保存并运行包"窗口，如图 12-17 所示，选择"立即运行"复选框。

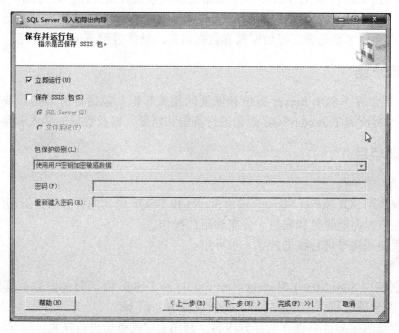

图 12-17 "保存并运行包"窗口

8）单击"下一步"，出现完成对话框，单击"完成"按钮，开始复制数据，弹出"执行成功"窗口，如图 12-18 所示。

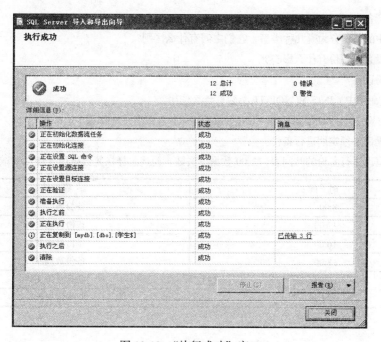

图 12-18 "执行成功"窗口

12.5.2　数据的导出

数据的导出是指将 SQL Server 中的数据复制到其他数据文件，转为用户指定的格式。例如将 SQL Server 表的内容复制到 Microsoft Access 数据库中。使用向导导出数据的步骤和导入数据相似，主要是确定好数据源和数据目的，具体过程不再详细介绍。

12.6　本章小结

本章主要介绍了 SQL Server 备份和恢复的相关知识，包括备份类型、备份设备的创建、通过图形界面和 Transact-SQL 语句进行备份和恢复，以及数据的导入和导出等内容。

12.7　实训项目

实训目的

1）掌握使用 SQL Server Management Studio 和 T-SQL 语句两种方法备份和恢复数据库。

2）掌握数据库的脱机和联机、分离和附加操作。

3）掌握使用向导进行数据的导入和导出。

实训内容

1）分别使用 SQL Server Management Studio 和 T-SQL 语句对 xsgl 数据库进行完整数据库备份、差异备份和事务日志备份。备份设备为 xsgl_bk。

2）修改或删除 xsgl 数据库的部分内容，利用上题的备份进行恢复。

3）将 xsgl 数据库分离，然后再将其附加到 SQL Server 中。

4）将 xsgl 数据库中的 Student 表导出到 Excel 中。

12.8　习题

1. 为什么要进行备份？

2. SQL Server 中的备份分为哪几种类型，它们之间有什么区别？

3. 恢复模式的设置对备份有什么影响？

4. 如何创建备份设备？

5. 在 BACKUP 命令中，INIT 和 NOINIT 参数有什么作用？

6. 在 RESTORE 命令中，RECOVERY 和 NORECOVERY 参数有什么作用？

7. 哪些系统数据库必须定期进行备份？

8. 下面是某数据库进行备份的时间表，22:00 数据库失败，简述怎样恢复数据库才能尽量减少数据的损失。

时　间	事　件
8:00	备份数据库
12:00	备份日志文件
16:00	备份日志文件
18:00	备份数据库
20:00	备份日志文件
22:00	数据库失败

第13章 SQL Server 提供的应用程序接口

应用程序访问数据库中的数据是数据库应用的基本内容,但不同数据库提供数据访问的数据接口是不同的。SQL Server 支持各种数据的访问方式,不同的客户端及应用程序可以使用不同的方式来访问 SQL Server。SQL Server 2014 提供了丰富的应用程序接口(API)。API 的主要功能是帮助用户实现前端程序与本地服务器或远程服务器上的数据库的连接和访问。常规的数据库访问 API 支持多种编程方式,本章主要介绍 ODBC、ADO.NET 和 JDBC。

本章学习要点:
- 通过 ODBC 连接 SQL Server
- 通过 ADO.NET 对象连接 SQL Server
- 通过 JDBC 连接 SQL Server

13.1 ODBC 与 SQL Server

13.1.1 ODBC 概述

开放式数据库连接(Open Database Connectivity,ODBC)是数据库服务器的一个标准协议,它向访问数据库的应用程序提供了一种通用的语言,应用程序开发人员不必知道所连接的数据库类型,就可以用标准的 SQL 访问数据库中的数据。ODBC 通过 ODBC 的驱动程序来将 SQL 语句转换成特定数据库的访问函数,驱动程序在客户机应用和数据库服务器之间提供一个通信层。对于不同的数据库就要求使用不同的驱动程序,因此在使用 ODBC 时,应根据数据库类型的不同选择不同的数据源名称(Data Source Name,DSN)。在 DSN 中指定与后台数据库服务器的连接驱动程序、连接方式等信息。

13.1.2 建立 ODBC 数据源

ODBC(Open DataBase Connectivity)接口是访问关系数据库的公共标准,SQL Server 内置了该接口,通过这个接口,客户端和应用程序可以使用统一的方式访问不同的数据库。由于 ODBC 相对 OLE DB 来说使用得更为普遍,支持 ODBC 接口的远比支持 OLE DB 接口的要多,因此,当数据库不支持 OLE DB 接口时,就只能使用 ODBC 接口了。

建立 ODBC 数据源的具体操作步骤如下:

1)在"控制面板"中的"管理工具"下双击"数据库(ODBC)"图标,打开"ODBC 数据源管理器"对话框,如图 13-1 所示。在" ODBC 数据库管理器"中可以选择"用户 DSN"、"系统 DSN"、"文件 DSN"等。

2)要添加一个新的数据源,可以单击"添加"按钮,弹出"创建新数据源"对话框,如图 13-2 所示。在"选择您想为其安装数据源的驱动程序"列表框中,有 3 种 SQL Server 客户端驱动程序,在此选择" ODBC Driver 11 for SQL Server"。从 SQL Server 2012 开始引入了 Microsoft ODBC Driver 11 for SQL Server,以支持 SQL Server 的新特性。SQL Native Client

是 SQL Server 2005 开始出现的一种数据访问技术，可以根据实际需要选择相应的驱动程序。

图 13-1   ODBC 数据源管理器

图 13-2   "创建新数据源"对话框

3）单击"完成"按钮，弹出"创建到 SQL Server 的新数据源"对话框，如图 13-3 所示。在"名称"文本框中输入新的数据源名"XSGL"（销售管理），在"描述"文本框中输入数据源的描述信息（也可以为空），在"服务器"文本框中输入想连接的 SQL Server 服务器名"HBSI"（也可以从下拉列表中选择）。

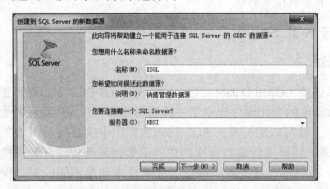

图 13-3   选择数据源和连接服务器的名称

4）单击"下一步"按钮，出现 SQL Server 如何验证登录 ID 的对话框，如图 13-4 所示，可以选择 Window 身份验证或 SQL Server 身份验证。

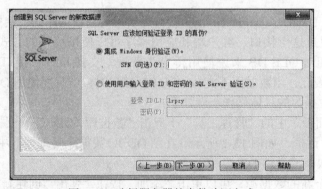

图 13-4   选择服务器的身份验证方式

5）单击"下一步"按钮，在弹出的对话框的"更改默认的数据库为"下拉列表框中选择"sales"，如图 13-5 所示。

图 13-5 选择数据源默认的数据库

6）单击"下一步"按钮，弹出如图 13-6 所示的对话框，单击"完成"按钮，弹出对话框显示配置创建的 ODBC 数据源的情况，如图 13-7 所示。

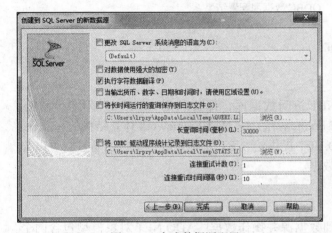

图 13-6 完成数据源配置

图 13-7 创建的数据源的配置情况

7）可以单击"测试数据源"按钮进行测试。如果成功，则出现测试成功的提示信息，如图 13-8 所示；如果不成功，可以返回前面的步骤修改。

图 13-8 数据源测试成功

8）单击"确定"按钮，出现"ODBC 数据源管理器"对话框，如图 13-9 所示，在"用户数据源"列表中出现了刚才创建的 XSGL 数据源，单击"确定"按钮，完成数据源的配置操作。

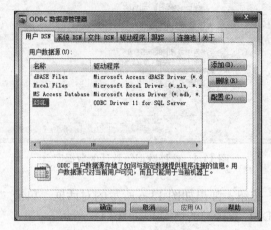

图 13-9　ODBC 数据源配置结果

13.2　ADO.NET 与 SQL Server

13.2.1　ADO.NET 概述

无论是用 C#、C++，还是 ASP.NET 访问数据库，都要利用 ADO.NET 对象。ADO.NET（ActiveX Data Objects for the .NET Framework）是 .NET Framework 体系结构的一部分，是一种全新的数据库访问技术。ADO.NET 提供给 .NET 开发人员一组类，通过它可以与数据库通信，用来检索、访问和更新数据。

13.2.2　ADO.NET 对象模型

通过 ADO.NET，应用程序连接到数据源并操作数据。ADO.NET 对象模型包含两个核心组件，分别是 .NET Framework 数据提供程序和数据集 DataSet。ADO.NET 的对象模型如图 13-10 所示。

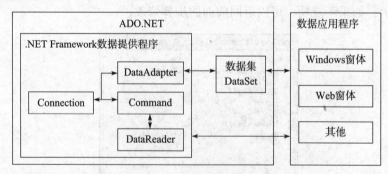

图 13-10　ADO.NET 对象模型

1. 数据提供程序

数据提供程序主要用来连接到数据库、检索和存储数据集中的数据、读取检索的数据和更新数据库。为客户端应用程序选择适当的数据提供程序取决于要访问的数据源的类型。.NET Framework 提供了 4 种数据提供程序，在此主要介绍用于 SQL Server 的 .NET Framework 数据提供程序。SQL Server.NET Framework 数据提供程序主要使用它自身的协议与 SQL Server 通信。由于它经过了优化，所以对 SQL Server 数据库的访问性能较高。该数据提供程序中的类包含在 System.Data.SqlClient 名称空间中。

数据提供程序中包含的 4 个主要对象为：

- Connection：建立与特定数据源的连接。
- Command：对数据源执行操作命令，包括查询、插入、修改和删除数据源中的数据。
- DataReader：以顺序且只读的方式从数据源中读取数据。
- DataAdapter：将数据从数据库检索到数据集（DataSet），是数据源与数据集之间的桥梁。
- SQL Server .NET Framework 数据提供程序使用的对象名称分别为：SqlConnection、SqlCommand、SqlDataReader、SqlDataAdapter。

2. 数据集（DataSet）

DataSet 是从数据源中检索到的数据在内存中驻留的表示形式（即缓存），是 ADO.NET 的断开式数据库操作的核心组件，无论数据源是什么，它都会提供一致的关系编程模型。DataSet 的类包含在 System.Data.DataSet 名称空间中，它包含的主要对象为：

- DataTable：内存中数据集合中的一个表。
- DataRow：DataTable 中的行。
- DataColumn：DataTable 中的列。

DataSet 独立于各种数据源，既可以以离线方式，也可以以实时连接来操作数据库中的数据。DataSet 可以用 XML 形式表示数据。

13.2.3 ADO.NET 数据访问

客户端应用程序可以通过数据集或 DataReader 对象来访问数据。

1. 使用数据集的断开式数据访问模式

断开式数据访问模式是指客户不直接对数据库操作，而是先完成数据库连接，通过 DataAdapter 填充 DataSet 对象，然后客户端再通过读取 DataSet 来获取需要的数据。同样，在更新数据库中的数据时，也需要首先更新 DataSet，然后再通过 DataAdapter 来更新数据库中对应的数据。

2. 使用 DataAdapter 的连接式数据访问模式

连接式数据访问模式是指客户在操作过程中，与数据库的连接是打开的。使用 Command 对象进行数据库相关操作，使用 DataReader 对象以顺序只读的方式读取数据。

下面通过一个简单的例子来说明使用 ADO.NET 实现对 SQL Server 2014 数据的操作。要求查询 sales 数据库中所用销售员的信息，具体步骤如下：

1）创建连接对象。

```
String connStr="DataSource=HBSI;Initial Catalog=sales;User ID=sa;Password=123456";
SqlConnection connection=new SqlConnectiion();
```

```
connection.ConnectionString=connStr;
```

此连接使用 SQL Server .NET Framework 数据提供程序作为默认的提供程序。如果使用集成身份验证，则可以使用 Integrated Security 参数。

2）打开连接。

```
connection.Open();
```

3）创建命令对象。

```
SqlCommand cmd=new SqlCommand（"SELECT * FROM Seller",connection);
```

4）在命令对象中执行 SQL 语句。

```
SqlDataReader myReader=cmd.ExecuteReader();
myReader.Read();// 可以通过循环遍历表中的数据
```

5）关闭连接对象。

```
connection.Close();
```

13.3　JDBC 与 SQL Server

13.3.1　JDBC 概述

为支持 Java 程序的数据库操作功能，Java 语言采用了专门的 Java 数据库连接（Java Database Connectivity，JDBC）。JDBC 与 ODBC 相类似，都通过编程接口将数据库的功能以标准的形式呈现给应用程序开发人员。JDBC 是一系列 Java 类与接口的集合，Java 程序利用它就可以访问数据库。Java 应用程序不能直接与数据库通信，这是因为数据库只能解释 SQL 语句而不能解释 Java 语句，所以需要一种将 Java 语句转化为 SQL 语句的机制，JDBC 结构提供了这种转化的机制。JDBC 使用的类和接口是 java.sql 包的一部分。JDBC API 通过 JDBC 驱动程序与特定的数据库通信，如图 13-11 所示。

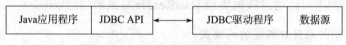

图 13-11　JDBC API 与数据库的通信

不同数据库厂商提供的 JDBC 驱动程序的类型不同。

1. JDBC-ODBC 桥驱动程序（类型 1）

这种驱动程序的工作原理是：JDBC 驱动程序管理器并不直接操纵数据库驱动程序，而是由 JDBC-ODBC 桥驱动程序操作 ODBC 驱动程序，进而连接各种类型的数据库。Java 程序不可直接与 ODBC 驱动程序通信。JDBC-ODBC 桥驱动程序把 JDBC API 翻译成 ODBC API，其结构如图 13-12 所示。ACCESS 和 SQL Server 均可采用这种方式。

2. Native-API Partly-Java 驱动程序（类型 2）

这种类型的驱动程序使用数据库厂商提供的本地库访问数据库。JDBC 驱动程序将 JDBC 调用转换成 Oracle、Sybase、Informix、DB2 或其他 DBMS 的本地方式调用，它们会被传送到本地调用级接口，此接口包含由 C 语言编写的用来访问数据库的函数。其结构如图 13-13 所示。

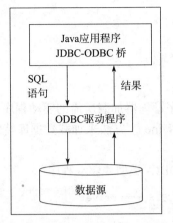

图 13-12　JDBC 类型 1 驱动程序

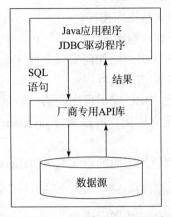

图 13-13　JDBC 类型 2 驱动程序

3. JDBC-Net Pure-Java 驱动程序（类型 3）

当 Java 小应用程序连接到数据库时，可以通过网络使用此驱动程序。此驱动程序包含客户端和服务器端，客户端包含纯 Java 函数，而服务器端包含 Java 和本地方法。Java 应用程序将 JDBC 调用发送到 JDBC-Net Pure-Java 驱动程序的客户端，进而将 JDBC 调用转化为数据库调用。数据库调用被发送到 JDBC-Net Pure-Java 驱动程序的服务器端，从而转发给数据库。该驱动程序的结构如图 13-14 所示。

4. Native-Protocol Pure-Java 驱动程序（类型 4）

这种类型的驱动程序是直接使用特定厂商专用的网络协议，将 JDBC 调用转换为直接网络调用，这是在实际应用中最简单的驱动程序。主要的数据库厂商都为它们的数据库提供了这种类型的 JDBC 驱动程序。该类驱动程序的结构如图 13-15 所示。

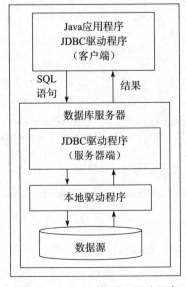

图 13-14　JDBC 类型 3 驱动程序

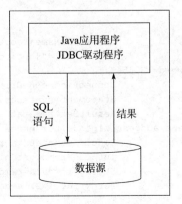

图 13-15　JDBC 类型 4 驱动程序

使用 JDBC API 检索数据库的一般步骤是：

• 加载驱动程序。

• 建立数据库连接。

• 查询数据库。

下面简单介绍如何实现上面 3 个步骤。

（1）加载驱动程序

开发 JDBC 应用程序的第一步就是利用驱动程序管理器加载所需的驱动程序。为了与数据库建立连接，可以通过 java.lang.Class 类的 forName () 方法来加载数据库特定的驱动程序。

可以使用下面的语句为 SQL Server 2014 加载 JDBC- 类型 4 驱动程序。

```
Class.forName("com.microsoft.sqlserver.jdbc.SQLServerDriver");
```

（2）建立数据库连接

加载驱动程序后，需要建立与数据库的连接。利用驱动程序管理器提供的 getConnection () 方法可以创建一个 Connection 连接对象。只有连接成功后，才能执行发送给数据库的 SQL 语句并返回结果。

3）查询数据库

在创建连接之后，可以编写语句来检索数据库中的数据。首先需要创建一个 Statement 对象将查询请求发送到数据库。利用 Connection 对象提供的 createStatement () 可以创建 Statement 对象。Statement 对象的 executeQuery () 方法能以 ResultSet 结果集的形式返回查询结果。

13.3.2　JDBC 的基本应用

【例 13.1】 通过 Java 应用程序显示 sales 数据库的 Customer 表中的所有记录。程序清单如下：

```
//JDBCExample.java
import java.sql.*;
public class JDBCExample
{
    public static void main(String arg[])
    {
        try
        {
            Class.forName("com.microsoft.sqlserver.jdbc.SQLServerDriver");
            String url="jdbc:sqlserver://HBSI:1433;databaseName=sales;user=sa;pas
sword=123456";
            Connection con=DriverManager.getConnection(url);
            Statement stat=con.createStatement();
            ResultSet rs=stat.executeQuery("select customerid,companyname,connect
name,address,zipcode,telephone from Customer");
            ResultSetMetaData rsmd=rs.getMetaData();
            int col=rsmd.getColumnCount();
            String rowdata=rsmd.getColumnName(1).trim();
            for ( int i=2;i<=col;i++)
            {
                rowdata=rowdata+"\t"+rsmd.getColumnName(i).trim();
```

```
        }
        System.out.println(rowdata);
        while(rs.next())
        {
            rowdata=rs.getString(1).trim();
            for(int i=2;i<=col;i++)
            {
                rowdata=rowdata+"\t"+rs.getString(i).trim();
            }
            System.out.println(rowdata);
            System.out.println("\n");
        }
    }
    catch(Exception e)
    {
        e.printStackTrace();
    }
    }
}
```

13.4　本章小结

本章主要介绍了通过 ODBC、ADO.NET、JDBC 与 SQL Server 连接，来实现应用程序访问 SQL Server 服务器中的数据。通过本章的学习，读者应该对 SQL Server 的应用编程有一个初步认识，以后在遇到相关问题时，可以进一步深入学习。

13.5　实训项目

实训目的

1）掌握建立 ODBC 数据源的方法。

2）掌握利用 ADO.NET 连接 SQL Server。

3）掌握 JDBC 连接 SQL Server 的一般方法。

实训内容

1）建立一个 ODBC 数据源 DSN，要求连接 sales 数据库。

2）利用 ADO.NET 查询 sales 数据库中所用产品的信息。

3）通过 JDBC 显示 sales 数据库中 Product 表中的所有记录。

13.6　习题

1. ODBC 是什么？

2. ADO.NET 的对象模型包含哪些核心组件？

3. 简述用 JDBC 连接 SQL Server 的一般步骤。

第 14 章　应用实例——销售管理系统

本章实现一个简单的销售管理系统，该系统使用 SQL Server 2014 作为后台数据库，Visual C# 2013 作为前台的开发工具，应用程序通过 ADO .NET 数据库访问技术实现对数据库的连接、数据查询、修改、更新等操作。

Visual C# 2013 是 Microsoft 公司的 Visual Studio .NET 2013 开发套件中最流行的开发工具，是一种完全面向对象的开发工具。ADO .NET 是 Visual Studio .NET 中的一个核心技术，是一个功能强大的数据访问类。ADO .NET 数据组件以不同方式封装数据访问功能，它具有平台无关性、可伸缩性和高性能的数据访问优点。Visual C#、ADO .NET 和 Windows 操作系统的完全兼容决定了它拥有越来越庞大的使用群体，并且能够与 SQL Server 2014 无缝连接。

设计一个销售管理系统，首先需要进行系统设计和数据库设计，这也是本章的重点内容。其次是系统的基本信息设定部分和销售管理部分，这需要读者对销售领域的基本知识有一定的了解。要实现的各个功能模块具体划分如下：

- 用户登录模块。
- 基本信息管理模块。
- 销售信息管理模块。
- 帮助模块。

14.1　系统设计

14.1.1　系统功能分析

系统开发的总体任务是实现销售信息的系统化、规范化和自动化。系统功能分析是在系统开发总体任务的基础上完成的。本销售管理系统要实现的主要功能有：

1）用户登录管理：主要完成用户信息的确认，确保只有合法的用户才能使用本系统。

2）基本信息管理：主要包括销售员信息管理、客户信息管理、产品信息管理、产品分类信息管理。

3）销售信息管理：主要包括订单管理和订单信息的查询统计。其中，订单信息的查询统计部分具体有：按照订单编号的查询统计、按照销售员的查询统计、按照客户的查询统计、按照产品的查询统计、按照产品分类的查询统计等功能。

4）帮助信息：主要包括帮助信息和本系统信息说明两部分。

14.1.2　系统功能模块设计

根据上述的各项功能，按照结构化程序设计的要求，系统的功能模块划分如下：

1. 用户登录模块

2. 基本信息管理模块

1）销售员信息管理模块。

2）客户信息管理模块。

3）产品信息管理模块。

4）产品种类信息管理模块。

3. 销售信息管理模块

1）订单管理模块。

2）订单信息的查询统计模块：分别按照订单编号、销售员、客户、产品、产品分类来进行查询统计。

4. 帮助模块。

1）帮助信息模块。

2）本系统信息说明模块。

14.2　数据库设计

数据库在一个信息管理系统中占有非常重要的地位，数据库结构设计的好坏直接对应用系统的效率以及实现的效果产生影响。合理的数据库结构可以提高数据存储的效率，以确保数据的完整性和一致性。

设计数据库系统时应该首先了解用户各个方面的需求，包括现有的以及将来可能增加的需求。数据库设计一般包括如下步骤：

1）数据库需求分析。

2）数据库逻辑结构设计。

14.2.1　数据库需求分析

用户的需求具体体现在各种信息的提供、保存、更新和查询方面，这就要求数据库结构能充分满足各种信息的输出和输入。收集基本数据、数据结构以及数据处理的流程，组成一份详尽的数据字典，为后面的具体设计打下基础。

针对一般的销售管理业务的需求，通过分析销售管理内容和数据流程，设计如下的数据项和数据结构：

- 用户信息：数据项包括用户编号、用户姓名、登录密码等。
- 销售员信息：数据项包括销售员编号、销售员姓名、性别、出生年月、雇佣日期、家庭住址、电话、备注信息等。
- 客户信息：数据项包括客户编号、公司名称、联系人、公司地址、邮政编码、电话等。
- 产品信息：数据项包括产品编号、产品名称、种类编号、价格、库存量等。
- 产品种类信息：数据项包括产品种类编号、产品种类名称、产品描述等。
- 订单信息：数据项包括订单编号、订货的客户编号、销售员编号、订单日期、备注等。
- 订单详细信息：数据项包括订单编号、产品编号、订货数量、总价格等。
- 销售信息表：数据项包括销售员编号和总销售额。

有了上面的数据结构、数据项和对数据流程的了解，就可以设计数据库逻辑结构了。

14.2.2 数据库逻辑结构设计

将上面的数据库概念结构转化为 SQL Server 2014 数据库系统支持的实际数据模型，也就是数据库的逻辑结构。

根据数据库的需求分析和概念结构，设计名称为 sales 的数据库。数据库各个表的设计结果如表 14-1～表 14-8 所示。

表 14-1 用户信息表（User）

字段名称	说　明	字段类型	字段长度	是否允许空	约　束
ID	编号	int		否	主键
UserName	姓名	nvarchar	20	是	
Password	登录密码	nvarchar	8	是	

表 14-2 销售员信息表（Seller）

字段名称	说　明	字段类型	字段长度	是否允许空	约　束
SaleID	编号	char	3	否	主键
Salename	姓名	char	8	否	
Sex	性别	char	2	是	检查约束（男，女）默认值约束：男
Birthday	出生年月	datetime		是	
HireDate	雇佣日期	datetime		是	
Address	住址	char	60	是	
Telephone	电话	char	13	是	
Notes	备注	char	200	是	

表 14-3 客户信息表（Customer）

字段名称	说　明	字段类型	字段长度	是否允许空	约　束
CustomerID	客户编号	char	3	否	主键
CompanyName	公司名称	char	60	否	
ConnectName	联系人	char	8	是	
Address	公司地址	char	40	是	
ZipCode	邮政编码	char	14	是	
Telephone	电话	char	13	是	

表 14-4 产品信息表（Product）

字段名称	说　明	字段类型	字段长度	是否允许空	约　束
ProductID	产品编号	char	6	否	主键
ProductName	产品名称	varchar	40	否	
CategoryID	产品种类编号	int		是	
Price	价格	money		是	
stocks	库存量	smallint		是	

表 14-5 产品种类信息表（Category）

字段名称	说　明	字段类型	字段长度	是否允许空	约　束
CategoryID	产品种类编号	int		否	主键
CategoryName	产品种类名称	nvarchar	15	是	
Description	产品描述	nvarchar	200	是	

表 14-6　订单信息表（Orders）

字段名称	说　明	字段类型	字段长度	是否允许空	约　束
OrderID	订单编号	int		否	主键
CustomerID	客户编号	char	3	否	
SaleID	销售员编号	char	3	否	
OrderDate	订单日期	datetime		是	
Notes	备注	char	200	是	

表 14-7　订单详细信息表（OrderDetail）

字段名称	说　明	字段类型	字段长度	是否允许空	约　束
OrderID	订单编号	int		否	主键
ProductID	产品编号	char	6	否	主键
Quantity	订货数量	int		是	
TotalPrice	总价格	money		是	

表 14-8　销售信息表（TotalSale）

字段名称	说　明	字段类型	字段长度	是否允许空	约　束
SaleID	销售员编号	char	3	否	主键
TotalPrice	总销售额	money		是	

订单信息表（Orders）的外键约束为 FK_Orders_Seller，如图 14-1 所示。

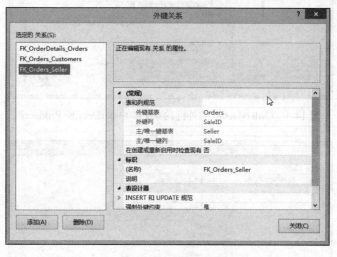

图 14-1　Orders 的外键约束 FK_Orders_Seller

订单信息表（Orders）的外键约束为 FK_Orders_Customers，如图 14-2 所示。

订单明细信息表（OrdersDetail）的外键约束为 FK_OrderDetails_Products，如图 14-3 所示。

订单明细信息表（OrderDetail）的外键约束为 FK_OrderDetails_Orders，如图 14-4 所示。

图 14-2   Orders 的外键约束 FK_Orders_Customers

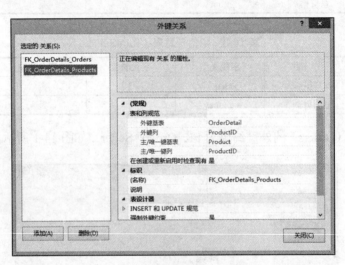

图 14-3   OrdersDetail 的外键约束 FK_OrderDetails_Products

图 14-4   OrderDetail 的外键约束 FK_OrderDetails_Orders

产品信息表（Product）的外键约束为 FK_Products_Categories，如图 14-5 所示。

图 14-5　Product 的外键约束 FK_Products_Categories

各个表之间的关系图请查看图 1-7。

14.3　实现数据库结构和程序

经过上面的需求分析和概念结构设计以后，读者了解了数据库的逻辑结构和系统的程序结构。通过以下步骤，读者在自己的计算机上创建数据库，并通过 SQL Server 2014 的新建查询窗口执行本书提供的 SQL 脚本代码即可创建表结构和各种约束、视图、用户自定义函数、存储过程、触发器等。

14.3.1　设置 SQL Server 2014

为了保证本程序正确运行，需要对 SQL Server 2014 进行相应的设置。启动 SQL Server Management Studio，选择本机的数据库连接实例，然后单击鼠标右键，选择弹出菜单中的"属性"命令，如图 14-6 所示。

出现如图 14-7 所示的"服务器属性"窗口。选择"安全性"选择页，在"服务器身份验证"选项中选中"SQL Server 和 Windows 身份验证模式"。

在"对象资源管理器"中展开"安全性"→"登录名"节点，选择 sa 用户，单击鼠标右键，选择弹出菜单中的"属性"命令，如图 14-8 所示。

图 14-6　SQL Server 2014 连接实例

可以重新设置 sa 的密码，或者把密码设置为空，如图 14-9 所示。

在"状态"页，设置"登录"为启用状态，如图 14-10 所示。

14.3.2　创建数据库

创建数据库、表、视图、存储过程、触发器、用户自定义函数的 SQL 脚本如下：

1. 创建销售管理数据库（sales）

```
CREATE DATABASE sales
```

```
ON
(NAME = 'sales_Data',
FILENAME = 'E:\sqldata\sales_Data.MDF' ,
SIZE = 2,
FILEGROWTH = 10%)
LOG ON (NAME = N'sales_Log',
FILENAME = N'E:\sqldata\sales_Log.LDF' ,
SIZE = 1,
FILEGROWTH = 10%)
GO
```

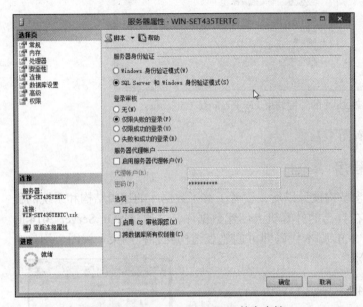

图 14-7 设置 SQL Server 2014 的安全性

图 14-8 选择"属性"命令

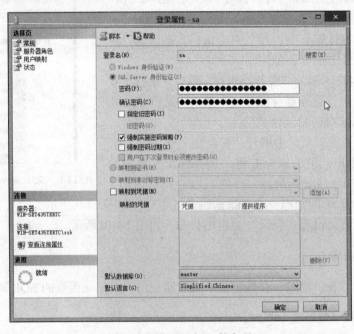

图 14-9 设置用户 sa 的密码

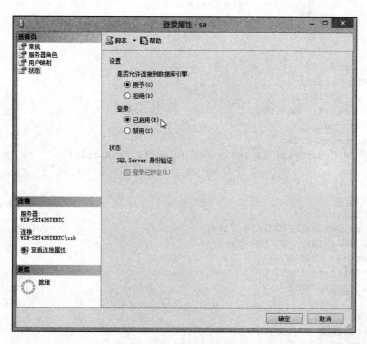

图 14-10 设置用户 sa 的登录状态

2. 分别创建各个数据表

```
use sales
GO
-- 创建表 Seller
CREATE TABLE Seller (
SaleID char (3)  NOT NULL  PRIMARY KEY,
Salename char (8)  NOT NULL ,
Sex char (2)  NULL ,
Birthday datetime  NULL ,
HireDate datetime  NULL ,
Address char (60)  NULL ,
Telephone char (13)  NULL ,
Notes char (200)  NULL
)
GO
-- 创建表 Category
CREATE TABLE Category (
CategoryID int  NOT NULL  PRIMARY KEY,
CategoryName nvarchar (15)  NULL ,
Description nvarchar (200)  NULL
)
GO
-- 创建表 Customer
CREATE TABLE Customer (
CustomerID char (3)  NOT NULL  PRIMARY KEY,
CompanyName char (60)  NOT NULL ,
ConnectName char (8)  NULL ,
Address char (40)  NULL ,
ZipCode char (10)  NULL ,
```

```
Telephone char (13)  NULL
)
GO
-- 创建表 OrderDetail
CREATE TABLE OrderDetail (
OrderID int  NOT NULL ,
ProductID char (6)  NOT NULL ,
Quantity int  NULL ,
TotalPrice money  NULL,
CONSTRAINT PK_OrderDetail PRIMARY KEY (OrderID,ProductID)
)
GO
-- 创建表 Orders
CREATE TABLE Orders (
OrderID int  NOT NULL PRIMARY KEY ,
CustomerID char (3)  NOT NULL ,
SaleID char (3)  NOT NULL ,
OrderDate datetime  NULL ,
Notes char (200)  NULL
)
GO
-- 创建表 Product
CREATE TABLE Product (
ProductID char (6)  NOT NULL  PRIMARY KEY,
ProductName varchar (40)  NOT NULL ,
CategoryID int  NULL ,
Price money  NULL ,
stocks smallint  NULL
)
GO
-- 创建表 TotalSale
CREATE TABLE TotalSale (
SaleID char (3)  NOT NULL  PRIMARY KEY,
Total money  NULL
)
GO
-- 创建表 User
CREATE TABLE dbo.User (
ID int  NOT NULL PRIMARY KEY ,
UserName nvarchar (20)  NULL ,
Password nvarchar (8)  NULL
)
GO
```

3. 为表创建外键约束

```
ALTER TABLE OrderDetail WITH NOCHECK
ADD CONSTRAINT FK_OrderDetails_Orders FOREIGN KEY(OrderID)
REFERENCES Orders (OrderID)
GO
ALTER TABLE OrderDetail  WITH CHECK
ADD CONSTRAINT FK_OrderDetails_Products FOREIGN KEY(ProductID)
REFERENCES Product (ProductID)
GO
ALTER TABLE Orders WITH NOCHECK
ADD CONSTRAINT FK_Orders_Customers FOREIGN KEY(CustomerID)
```

```
REFERENCES Customer (CustomerID)
GO
ALTER TABLE Orders  WITH NOCHECK
ADD CONSTRAINT FK_Orders_Seller FOREIGN KEY(SaleID)
REFERENCES Seller (SaleID)
ON UPDATE CASCADE
GO
ALTER TABLE Product  WITH NOCHECK
ADD CONSTRAINT FK_Products_Categories FOREIGN KEY(CategoryID)
REFERENCES Category (CategoryID)
ON UPDATE CASCADE
GO
ALTER TABLE TotalSale WITH NOCHECK
ADD CONSTRAINT FK_TotalSales_Salers FOREIGN KEY(SaleID)
REFERENCES Seller (SaleID)
GO
```

4. 创建视图

```
CREATE VIEW dbo.V_OrderInfo
AS
SELECT Orders.OrderID, Orders.OrderDate,
    Orders.CustomerID + ' ' + dbo.Customer.CompanyName AS Customer,
    dbo.Orders.SaleID + ' ' + dbo.Seller.Salename AS Seller,
    dbo.Product.ProductID + ' ' + dbo.Product.ProductName AS Product,
    dbo.OrderDetail.Quantity, ISNULL(dbo.OrderDetail.TotalPrice, 0) AS TotalPrice,
    dbo.Customer.CustomerID, dbo.Seller.SaleID, dbo.Product.ProductID
FROM dbo.Product INNER JOIN
    dbo.OrderDetail ON
    dbo.Product.ProductID = dbo.OrderDetail.ProductID INNER JOIN
    dbo.Orders INNER JOIN
    dbo.Customer ON dbo.Orders.CustomerID = dbo.Customer.CustomerID INNER JOIN
    dbo.Seller ON dbo.Orders.SaleID = dbo.Seller.SaleID ON
    dbo.OrderDetail.OrderID = dbo.Orders.OrderID
GO
```

5. 创建存储过程

```
-- 向 Category 表插入数据
CREATE PROCEDURE InsertCategory
@CategoryID int,
@CategoryName nvarchar(15),
@Description nvarchar(200)
AS
DELETE FROM Category Where CategoryID=@CategoryID
INSERT INTO Category(CategoryID, CategoryName, Description)
VALUES(@CategoryID, @CategoryName,@Description)
GO
-- 更新 Category 表的数据
CREATE PROCEDURE UpdateCategory
@CategoryID int,
@CategoryName nvarchar(15),
@Description nvarchar(200)
AS
UPDATE Category
SET CategoryName=@CategoryName, Description=@Description
```

```
WHERE CategoryID=@CategoryID
GO
-- 删除 Category 表的数据
CREATE PROCEDURE DeleteCategory
@CategoryID int
AS
DELETE FROM Category WHERE CategoryID=@CategoryID
GO
-- 向 Customer 表插入数据
CREATE PROCEDURE InsertCustomer
@CustomerID char(3),
@CompanyName char(60),
@ConnectName char(8),
@Address char(40),
@ZipCode char(10),
@Telephone char(13)
AS
DELETE FROM Customer WHERE CustomerID=@CustomerID
INSERT INTO Customer
(CustomerID, CompanyName, ConnectName, Address, ZipCode, Telephone)VALUES
(@CustomerID,@CompanyName,@ConnectName,@Address, ZipCode,@Telephone)
GO
-- 更新 Customer 表的数据
CREATE PROCEDURE UpdateCustomer
@CustomerID char(3),
@CompanyName char(60),
@ConnectName char(8),
@Address char(40),
@ZipCode char(10),
@Telephone char(13)
AS
UPDATE Customer
SET CompanyName=@CompanyName, ConnectName=@ConnectName, Address=@Address,
ZipCode=@ZipCode, Telephone=@Telephone
WHERE CustomerID=@CustomerID
GO
-- 删除 Customer 表的数据
CREATE PROCEDURE DeleteCustomer
@CustomerID char(3)
AS
DELETE FROM Customer WHERE CustomerID=@CustomerID
GO
-- 向 Orders 表插入数据
CREATE PROCEDURE InsertOrders
@OrderID int,
@CustomerID char(3),
@SaleID char(3),
@OrderDate datetime,
@Notes char(200)
AS
DELETE FROM Orders WHERE OrderID=@OrderID
DELETE from OrderDetail WHERE OrderID=@OrderID
INSERT INTO Orders
(OrderID, CustomerID, SaleID, OrderDate, Notes)
VALUES(@OrderID, @CustomerID,@SaleID,@OrderDate,@Notes)
GO
```

```
-- 更新 Orders 表的数据
CREATE PROCEDURE UpdateOrders
@OrderID int,
@CustomerID char(3),
@SaleID char(3),
@OrderDate datetime,
@Notes char(200)
AS
UPDATE Orders
SET CustomerID=@CustomerID, SaleID=@SaleID, OrderDate=@OrderDate, Notes=@Notes
WHERE OrderID=@OrderID
GO
-- 删除 Orders 表的数据
CREATE PROCEDURE DeleteOrders
@OrderID int
AS
DELETE FROM Orders WHERE OrderID=@OrderID
DELETE FROM OrderDetail WHERE OrderID=@OrderID
GO
-- 向 OrderDetail 表插入数据
CREATE PROCEDURE InsertOrdersDetails
@OrderID int,
@ProductID char(6),
@Quantity int,
@TotalPrice money
AS
INSERT INTO OrderDetail
(OrderID, ProductID, Quantity, TotalPrice)
VALUES(@OrderID,@ProductID,@Quantity,@TotalPrice)
UPDATE Product
SET stocks=stocks-@Quantity
WHERE ProductID=@ProductID
GO
-- 更新 OrderDetail 表的数据
CREATE PROCEDURE UpdateOrdersDetails
@OrderID int,
@ProductID char(6),
@Quantity int,
@TotalPrice money
AS
UPDATE OrderDetail
SET ProductID=@ProductID, Quantity=@Quantity, TotalPrice=@TotalPrice
WHERE OrderID=@OrderID
GO
-- 删除 OrderDetail 表的数据
CREATE PROCEDURE DeleteOrdersDetails
@OrderID int
AS
DELETE FROM OrderDetail WHERE OrderID=@OrderID
GO
-- 向 Product 表插入数据
CREATE PROCEDURE InsertProduct
@ProductID char(6),
@ProductName varchar(40),
@CategoryID int,
@Price money,
```

```
@stocks smallint
AS
DELETE FROM Product WHERE ProductID=@ProductID
INSERT INTO Product
(ProductID, ProductName, CategoryID, Price, stocks)
VALUES(@ProductID, @ProductName, @CategoryID,@Price, @stocks)
GO
```
-- 更新 Product 表的数据
```
CREATE PROCEDURE UpdateProduct
@ProductID char(6),
@ProductName varchar(40),
@CategoryID int,
@Price money,
@stocks smallint
AS
UPDATE Product
SET ProductName=@ProductName,CategoryID=@CategoryID,
Price=@Price, stocks=@stocks
Where ProductID=@ProductID
GO
```
-- 删除 Product 表的数据
```
CREATE PROCEDURE DeleteProduct
@ProductID char(6)
AS
DELETE FROM Product WHERE ProductID=@ProductID
```
-- 向 Seller 表插入数据
```
CREATE PROCEDURE InsertSeller
@SaleID char(3),
@Salename char(8),
@Sex char(2),
@Birthday datetime,
@HireDate datetime,
@Address char(60),
@Telephone char(13),
@Notes char(200)
AS
DELETE FROM Seller WHERE SaleID=@SaleID
INSERT INTO Seller
(SaleID,Salename,Sex,Birthday,HireDate,Address,Telephone,Notes)VALUES (@SaleID,
@Salename,@Sex,@Birthday,@HireDate,@Address,@Telephone,@Notes)
GO
```
-- 更新 Seller 表的数据
```
CREATE PROCEDURE UpdateSeller
@SaleID char(3),
@Salename char(8),
@Sex char(2),
@Birthday datetime,
@HireDate datetime,
@Address char(60),
@Telephone char(13),
@Notes char(200)
AS
UPDATE Seller
SET Salename = @Salename,Sex=@Sex,Birthday=@Birthday,HireDate=@HireDate,
Address=@Address, Telephone=@Telephone, Notes=@Notes
WHERE SaleID=@SaleID
```

```
GO
-- 删除 Seller 表的数据
CREATE PROCEDURE DeleteSeller
@SaleID char(3)
AS
DELETE FROM Seller
WHERE SaleID=@SaleID
```

6. 创建自定义函数

F_OrderInfoByID 函数调用上面创建的视图 V_OrderInfo，实现按照订单编号的查询统计订单信息。输入参数为订单编号的区间和订货日期的区间，返回符合条件的结果集。

```
CREATE FUNCTION F_OrderInfoByID
(@OrderID1 int,
@OrderID2 int,
@OrderDate1 datetime,
@OrderDate2 datetime)
RETURNS TABLE
AS
RETURN(SELECT OrderID, OrderDate, Customer, Seller, Product, Quantity, TotalPrice
    FROM V_OrderInfo
    WHERE (OrderID BETWEEN @OrderID1 AND @OrderID2) AND (OrderDate BETWEEN
        CONVERT(DATETIME, @OrderDate1, 102) AND CONVERT(DATETIME,
        @OrderDate2, 102)))
GO
```

F_OrderInfoBySeller 函数调用上面创建的视图 V_OrderInfo，实现按照销售员的查询统计订单信息。输入参数为订单编号的区间，返回符合条件的结果集。

```
CREATE FUNCTION F_OrderInfoBySeller
(@Seller nvarchar(50),
@OrderDate1 datetime,
@OrderDate2 datetime)
RETURNS TABLE
AS
RETURN(SELECT Seller, OrderID, OrderDate, Customer, Product, Quantity, TotalPrice
    FROM dbo.V_OrderInfo
    WHERE (Seller = @Seller) AND (OrderDate BETWEEN
        CONVERT(DATETIME, @OrderDate1, 102) AND CONVERT(DATETIME,
        @OrderDate2, 102)))
GO
```

7. 创建触发器

触发器 TR_UpdateSeller 的作用是，如果用户在查询窗口实现 Seller 表数据的插入、更新和删除操作，将显示操作影响的行数信息。

```
CREATE TRIGGER TR_UpdateSeller ON dbo.Seller
FOR INSERT, UPDATE, DELETE
AS
    DECLARE @msg nvarchar(100)
    SELECT @msg=str(@@rowcount)+' Seller is affected by this statement'
    print @msg
GO
```

触发器 TR_ insertOrderDetail 的作用是实现级联修改操作。如果用户在 OrderDetail 中插入数据，那么将自动更新 TotalSale 表中的总销售额数据。

```
CREATE TRIGGER TR_insertOrderDetail ON dbo.OrderDetail
FOR INSERT
AS
BEGIN
    DECLARE @orderid int,@pid char(6),@quantity int
    DECLARE @price money
    DECLARE @sid char(3)
    SELECT @orderid=Orderid,@pid=productid,@quantity=quantity FROM inserted
    SELECT @price=price FROM Product WHERE productid=@pid
    SELECT @sid=saleid FROM orders WHERE orderid=@orderid
    IF EXISTS(SELECT * FROM TotalSale WHERE saleid=@sid)
        UPDATE TotalSale SET total=total+@quantity*@price WHERE saleid=@sid
    ELSE
        INSERT INTO TotalSale VALUES(@sid,@quantity*@price)
END
GO
```

触发器 TR_ deleteOrder 的作用是实现级联删除操作。如果用户删除 Orders 表的某行数据，那么将自动删除 OrderDetail 表中的相关记录，以保持数据的完整性和一致性。

```
CREATE TRIGGER TR_deleteOrder ON dbo.Orders
FOR DELETE
AS
    DECLARE @OrderID int
    SELECT @OrderID=OrderID FROM Deleted
    PRINT '开始查找并删除表 OrderDetail 中的相关记录 ...'
    DELETE FROM OrderDetail WHERE OrderID=@OrderID
    PRINT '删除表 OrderDetail 中的相关记录条数为 '+str(@@rowcount)+' 条 '
GO
```

至此，运行程序的基本设定完成，下面开始设计程序的窗体。

14.4　创建主窗口

后台数据库的基本结构和系统的设定工作已经完成了，下面使用 Visual C# 2013 来编写该数据库管理系统的客户端应用程序。

14.4.1　新建项目——Sales

启动 Visual Studio 2013 后，单击"文件"→"新建"→"项目"菜单，在"新建项目"模板中选择" Visual C#"下的" Windows 窗体应用程序"模板，将该项目命名为 Sales，如图 14-11 所示。

14.4.2　创建系统的主窗体

新建项目后，系统默认创建一个 Windows 窗体，将该窗体重命名为 FrmMain，创建好的窗体如图 14-12 所示。

在主窗体中加入状态栏菜单，可以实时反映系统中各个状态的变化。

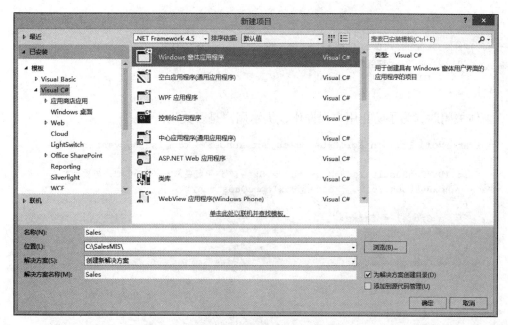

图 14-11 新建项目 Sales

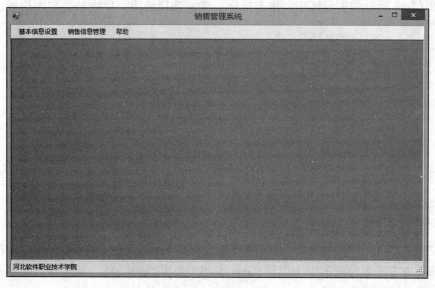

图 14-12 系统主窗体

例如，选择"销售员信息"菜单后，打开对应的窗体。

```
private void mnuSeller_Click(object sender, EventArgs e)
{
    FrmSeller childFrm  = new FrmSeller();
    childFrm.MdiParent =this;
    childFrm.Show();
}
```

例如，选择"订单信息查询统计 – 按照订单号码销售员信息"菜单，打开对应的窗体。

```
private void mnuOrderQOrderID_Click(object sender, EventArgs e)
{
    FrmQueryOrderID childFrm = new FrmQueryOrderID();
    childFrm.MdiParent = this;
    childFrm.Show();
}
```

窗体关闭时，为了防止用户误操作，提示用户是否关闭窗体。

```
private void FrmMain_FormClosing(object sender, FormClosingEventArgs e)
{
    if (DialogResult.Yes==MessageBox.Show("你确定要关闭窗体吗? ", "提示",
MessageBoxButtons.YesNo, MessageBoxIcon.Question))
    {
        e.Cancel = false;
    } else
    {
        e.Cancel = true;
    }

}
```

14.4.3　创建主窗体的菜单

在图 14-12 所示的主窗体中，单击鼠标右键，选择弹出菜单中的菜单编辑器，创建如下菜单结构。

基本信息设置	销售信息管理	帮助
....销售员信息	....订单管理	....内容
....客户信息	....-	....-
....产品信息	....订单信息查询统计	....关于
....产品种类信息	........按照订单号码	
....-	........按照销售员	
....退出	........按照客户	
	........按照产品	
	........按照产品种类	

14.4.4　创建公用类

在 Visual C# 中，可以创建公共类来存取数据库 sales，这样可以极大地提高代码的效率。在解决方案资源管理器中为项目 Sales 添加一个类 DataBase，保存为 DataBase.cs。该公共类主要包括以下几个部分。

1. 引入需要使用的系统包

```
using System;
using System.Collections.Generic;
using System.Text;
using System.Data;
using System.Data.SqlClient;
```

2. 定义两个属性 com 和 con

com 作为命令对象执行 SQL 语句，con 实现和数据库的连接。

```
private SqlConnection con;
public SqlConnection Con
{
    get { return con; }
    set { con = value; }
}

private SqlCommand com;
public SqlCommand Com
{
    get { return com; }
    set { com = value; }
}
```

3. Open() 方法

实现连接数据库并打开连接。

```
public void Open()
{
    if (con == null)
    {
        con = new SqlConnection(DataBase.strCon);
    }

    if (con.State == ConnectionState.Closed)
        con.Open();
}
```

4. Close() 方法

实现关闭数据库连接。

```
public void Close()
{
    if (con != null)
        con.Close();
}
```

5. RunSelectSQL() 方法

系统中各个功能模块都将频繁访问数据库中的各种数据。RunSelectSQL() 是一个重载的方法，根据需要实现 Select 查询语句，返回 DataView 数据视图或者 DataSet 结果集。

```
public DataView RunSelectSQL(string sqlstr)
{
    this.Open();
    DataSet ds = new DataSet();
    SqlDataAdapter ada = new SqlDataAdapter(sqlstr, con);
    ada.Fill(ds);
    return ds.Tables[0].DefaultView;
}
public DataSet RunSelectSQL(string sqlstr, bool b)
{
    this.Open();
    DataSet ds = new DataSet();
    SqlDataAdapter ada = new SqlDataAdapter(sqlstr, con);
    ada.Fill(ds);
```

```
    return ds;
}
```

6. RunModifySQL () 方法

RunModifySQL () 方法实现对表中数据的增加、删除和修改操作，并返回操作是否成功的标志。

```
public bool RunModifySQL(string sqlstr)
{
    this.Open();
    com = new SqlCommand(sqlstr, con);
    try
    {
        com.ExecuteNonQuery();
        return true;
    }
    catch
    {
        return false;
    }
}
```

14.4.5　创建用户登录窗体

系统启动后，首先出现如图 14-13 所示的登录窗体。

用户登录窗体中放置了两个文本框 TextBox，用来输入用户名和密码，两个按钮 Button 用来确定或者取消登录，状态栏显示单位信息。

图 14-13　用户登录窗体

当用户输入完用户名和密码后，单击 btnLogin 按钮判断用户信息，如果输入正确，就进入系统主界面。代码如下：

```
private void btnLogin_Click(object sender, EventArgs e)
{
    DataBase db=new DataBase();
    string str;
    if ((txtUserName.Text.Trim() == "") || (txtPwd.Text.Trim() == ""))
    {
        MessageBox.Show("请输入用户名和密码。", this.Text, MessageBoxButtons.OK,
MessageBoxIcon.Warning);
        return;
    }

    try
    {
        str = "SELECT UserName, Password FROM [User] where UserName = '" +
txtUserName.Text.Trim() + "' AND Password = '" + txtPwd.Text.Trim() + "'";
        if (db.RunSelectSQL(str).Count >= 1)
        {
            frmMain obj = new frmMain();
            obj.Show();
            this.Hide();
        }
        else
        {
```

```
        MessageBox.Show("用户名或者密码有错误。", this.Text, MessageBoxButtons.OK,
MessageBoxIcon.Warning);

        }
    }
    catch
    {
        MessageBox.Show("数据库服务器连接失败。", this.Text, MessageBoxButtons.OK,
MessageBoxIcon.Error);
    }
    finally
    {
        db.Close();
        db = null;
    }
}
```

如果用户单击"取消"按钮，将取消登录。

```
private void btnCancel_Click(object sender, EventArgs e)
{
    this.Close();
}
```

14.5　基本信息管理模块

基本信息设置模块主要实现如下功能：
- 添加、删除和修改销售员信息。
- 添加、删除和修改客户信息。
- 添加、删除和修改产品信息。
- 添加、删除和修改产品种类信息。

14.5.1　销售员信息管理窗体

选择"销售员信息"菜单，出现如图 14-14 所示的销售员信息管理窗体。
这个窗体用来显示销售员信息，对记录进行浏览、添加、删除和修改操作。
在装载窗体时，程序自动装入所有记录，代码如下：

```
private void frmSeller_Load(object sender, EventArgs e)
{
    LoadDataSet();
    if (myDataView.Count > 0)
    {
        iCurrentRow = 0;
        showData();
        btnSave.Enabled = false; ;
        btnCancel.Enabled = false; ;
    }
    else
    {
        iCurrentRow = -1;
        btnAdd.PerformClick();
    }
}
```

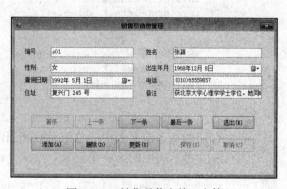

图 14-14　销售员信息管理窗体

LoadDataSet () 方法的作用是装载 Seller 表的所有记录。

```
private void LoadDataSet()
{
    DataBase db = new DataBase();
    myDataView = db.RunSelectSQL("SELECT SaleID, Salename, Sex, Birthday, HireDate,
Address, Telephone, Notes FROM Seller");
    db.Close();
}
```

showData () 方法的作用是把表中的当前记录显示到窗体控件上。

```
private void showData()
{
    if (myDataView.Count > 0)
    {
        myRow = myDataView[iCurrentRow];

        this.txtNo.Text = myRow["SaleID"].ToString();
        this.txtName.Text = myRow["Salename"].ToString();
        this.txtSex.Text = myRow["Sex"].ToString();
        this.dtpBirthday.Text = myRow["Birthday"].ToString();
        this.dtpHiretime.Text = myRow["HireDate"].ToString();
        this.txtAddress.Text = myRow["Address"].ToString();
        this.txtPhone.Text = myRow["Telephone"].ToString();
        this.txtNotes.Text = myRow["Notes"].ToString();
    }
    else
    {
        this.txtNo.Text = "";
        this.txtName.Text = "";
        this.txtSex.Text = "";
        this.dtpBirthday.Text = "";
        this.dtpHiretime.Text = "";
        this.txtAddress.Text = "";
        this.txtPhone.Text = "";
        this.txtNotes.Text = "";

        this.btnNavFirst.Enabled = false;
        this.btnNavPrev.Enabled = false;
        this.btnNavNext.Enabled = false;
        this.btnLast.Enabled = false;

        this.btnAdd.Enabled = false;
        this.btnDelete.Enabled = false;
        this.btnUpdate.Enabled = false;

        this.btnSave.Enabled = true;
        this.btnCancel.Enabled = true;
        this.txtNo.Focus();
    }
}
```

各个按钮的状态根据表中的总记录数和当前记录数而变化，各个按钮的功能如下：
【首条】：显示表中的第一条记录。

```
private void btnNavFirst_Click(object sender, EventArgs e)
```

```
{
    iCurrentRow = 0;
    btnNavFirst.Enabled = false;
    btnNavPrev.Enabled = false;
    btnNavNext.Enabled = true;
    btnLast.Enabled = true;
    showData();
}
```

【上一条】：显示表中当前记录的上一条记录。

```
private void btnNavPrev_Click(object sender, EventArgs e)
{
    btnNavNext.Enabled = true;
    btnLast.Enabled = true;
    iCurrentRow = iCurrentRow - 1;
    if (iCurrentRow < 0)
    {
        iCurrentRow = 0;
        btnNavPrev.Enabled = false;
        btnNavFirst.Enabled = false;
    }
    showData();
}
```

【下一条】：显示表中当前记录的下一条记录。

```
private void btnNavNext_Click(object sender, EventArgs e)
{
    btnNavPrev.Enabled = true;
    btnNavFirst.Enabled = true;
    iCurrentRow = iCurrentRow + 1;
    if (iCurrentRow > myDataView.Count - 1)
    {
        iCurrentRow = myDataView.Count - 1;
        btnNavNext.Enabled = false;
        btnLast.Enabled = false;
    }
    showData();
}
```

【最后一条】：显示表中的最后一条记录。

```
private void btnLast_Click(object sender, EventArgs e)
{
    iCurrentRow = myDataView.Count - 1;
    btnLast.Enabled = false;
    btnNavNext.Enabled = false;
    btnNavFirst.Enabled = true;
    btnNavPrev.Enabled = true;
    if (iCurrentRow > 0)
        showData();
}
```

在销售员信息管理窗体中单击"添加"按钮，将清空当前窗体内容，系统转为"新增"状态，待用户录入数据后"保存"数据或者"取消"录入数据，如图 14-15 所示。

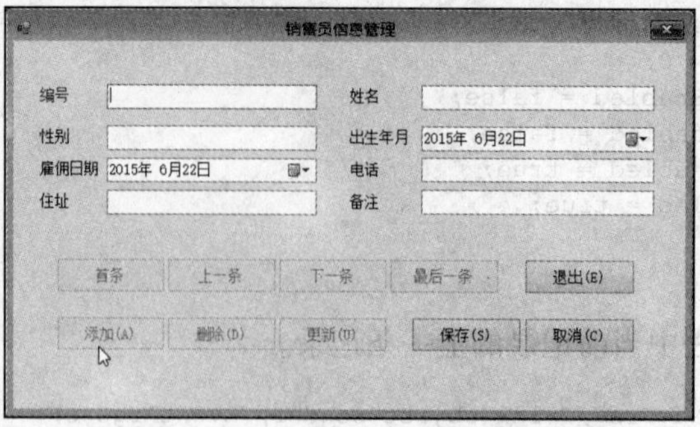

图 14-15　添加销售员信息窗体

代码如下：

```
private void btnAdd_Click(object sender, EventArgs e)
{
    txtNo.Text = "";
    txtName.Text = "";
    txtSex.Text = "";
    dtpBirthday.Text = "";
    dtpHiretime.Text = "";
    txtAddress.Text = "";
    txtPhone.Text = "";
    txtNotes.Text = "";

    btnNavFirst.Enabled = false;
    btnNavPrev.Enabled = false;
    btnNavNext.Enabled = false;
    btnLast.Enabled = false;

    btnAdd.Enabled = false;
    btnDelete.Enabled = false;
    btnUpdate.Enabled = false;

    btnSave.Enabled = true;
    btnCancel.Enabled = true;
    txtNo.Focus();
}
```

用户录入数据后，通过"保存"按钮保存数据。保存数据操作通过调用存储过程 InsertSeller () 实现。

```
private void btnSave_Click(object sender, EventArgs e)
{
    DataBase db = new DataBase();
    if (txtNo.Text.Trim().Length == 0)
    {
        MessageBox.Show(" 编号不能为空！ ");
        txtNo.Focus();
        return;
    }
    try
    {
        db.Open();
        SqlCommand cmd = new SqlCommand("InsertSeller", db.GetConnection());
```

```
        cmd.CommandType = CommandType.StoredProcedure;

        cmd.Parameters.Add("@SaleID", SqlDbType.NVarChar, 3).Value = txtNo.Text;
        cmd.Parameters.Add("@Salename", SqlDbType.NVarChar, 8).Value = txtName.Text;
        cmd.Parameters.Add("@Sex", SqlDbType.NVarChar, 2).Value = txtSex.Text;
        cmd.Parameters.Add("@Birthday", SqlDbType.DateTime).Value = dtpBirthday.Value.
ToShortDateString();
        cmd.Parameters.Add("@HireDate", SqlDbType.DateTime).Value = dtpHiretime.Value.
ToShortDateString();
        cmd.Parameters.Add("@Address", SqlDbType.NVarChar, 60).Value = txtAddress.Text;
        cmd.Parameters.Add("@Telephone", SqlDbType.NVarChar, 13).Value = txtPhone.Text;
        cmd.Parameters.Add("@Notes", SqlDbType.NVarChar, 200).Value = txtNotes.Text;

        cmd.ExecuteNonQuery();
        db.Close();
        db = null;
MessageBox.Show("添加记录成功。",this.Text, MessageBoxButtons.OK, MessageBoxIcon.
Information);
        LoadDataSet();
        iCurrentRow = myDataView.Count - 1;
        showData();

        /* 恢复按钮状态 */
        btnNavFirst.Enabled = true;
        btnNavPrev.Enabled = true;
        btnNavNext.Enabled = true;
        btnLast.Enabled = true;

        btnAdd.Enabled = true;
        btnDelete.Enabled = true;
        btnUpdate.Enabled = true;

        btnSave.Enabled = false;
        btnCancel.Enabled = false;
        btnAdd.Focus();
    }
    catch (Exception ex)
    {
        MessageBox.Show("添加记录失败。" + ex.Message, this.Text, MessageBoxButtons.OK,
MessageBoxIcon.Error);
    }
}
```

在销售员信息管理窗体中单击"更新"按钮，将窗体上修改的内容更新回数据库中。除去销售员编号不可修改外，其他信息都可以修改并更新。

更新操作通过调用存储过程 UpdateSeller() 实现。

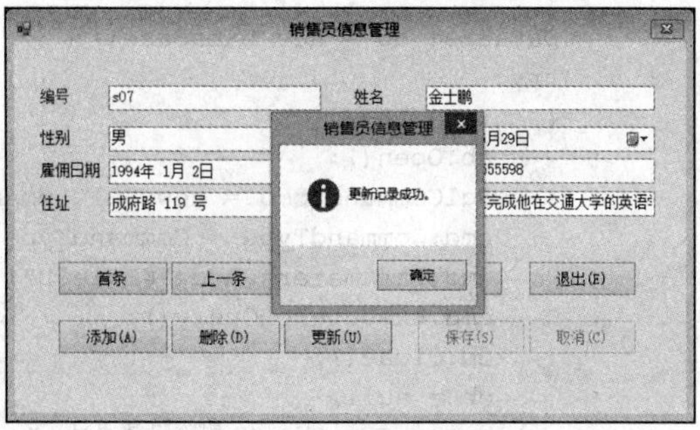

图 14-16　修改销售员信息窗体

代码如下：

```
private void btnUpdate_Click(object sender, EventArgs e)
{
    DataBase db = new DataBase();
    try
    {
```

```
        db.Open();
        SqlCommand cmd = new SqlCommand("UpdateSeller", db.GetConnection());
        cmd.CommandType = CommandType.StoredProcedure;
        cmd.Parameters.Add("@SaleID", SqlDbType.NVarChar, 3).Value = txtNo.Text;
        cmd.Parameters.Add("@Salename", SqlDbType.NVarChar, 8).Value = txtName.Text;
        cmd.Parameters.Add("@Sex", SqlDbType.NVarChar, 2).Value = txtSex.Text;
        cmd.Parameters.Add("@Birthday", SqlDbType.DateTime).Value = dtpBirthday.Value.
ToShortDateString();
        cmd.Parameters.Add("@HireDate", SqlDbType.DateTime).Value = dtpHiretime.Value.
ToShortDateString();
        cmd.Parameters.Add("@Address", SqlDbType.NVarChar, 60).Value = txtAddress.Text;
        cmd.Parameters.Add("@Telephone", SqlDbType.NVarChar, 13).Value = txtPhone.Text;
        cmd.Parameters.Add("@Notes", SqlDbType.NVarChar, 200).Value = txtNotes.Text;

        cmd.ExecuteNonQuery();
        db.Close();
        db = null;
        LoadDataSet();
        MessageBox.Show("更新记录成功。", this.Text,MessageBoxButtons.OK, MessageBoxIcon.
Information );
    }
    catch (Exception ex)
    {
        MessageBox.Show("更新记录失败。" + ex.Message, this.Text, MessageBoxButtons.
OK, MessageBoxIcon.Error);
    }
}
```

如果选择"删除"按钮,将弹出是否删除当前选中记录的提示框,如图 14-17 所示。删除操作通过调用存储过程 DeleteSeller () 实现。代码如下:

```
private void btnDelete_Click(object sender, EventArgs e)
{
    if (MessageBox.Show("确定要删除该记录吗? ", "确认信息", MessageBoxButtons.OKCancel,
MessageBoxIcon.Question) == DialogResult.Cancel)
    {
        return;
    }
    DataBase db = new DataBase();
    try
    {
        db.Open();
        SqlCommand cmd = new SqlCommand("DeleteSeller", db.GetConnection());
        cmd.CommandType = CommandType.StoredProcedure;
        cmd.Parameters.Add("@SaleID", SqlDbType.NVarChar, 3).Value = txtNo.Text;
        cmd.ExecuteNonQuery();
        db.Close();
        db = null;
        MessageBox.Show("删除记录成功。", this.Text, MessageBoxButtons.OK, MessageBoxIcon.
Information);

        if (iCurrentRow > 0)
            iCurrentRow = iCurrentRow - 1;
        else
            iCurrentRow = 0;
```

```
        LoadDataSet();
        showData();
    }
    catch (Exception ex)
    {
        MessageBox.Show(" 删除记录失败。"+ex.Message, this.Text, MessageBoxButtons.OK,
MessageBoxIcon.Error);
    }
}
```

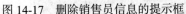

图 14-17　删除销售员信息的提示框

图 14-18　删除销售员信息成功的提示窗体

为了适应很多用户的操作习惯，方便操作，当用户在某个控件输入回车键后，自动跳转到下一个控件。代码如下：

```
private void frmSeller_KeyPress(object sender, KeyPressEventArgs e)
{
    if (e.KeyChar == (char)Keys.Return)
    {
        e.Handled = true;
        SendKeys.Send("{TAB}");
    }
}
```

至此，整个销售员信息设定窗体的功能实现完毕。

14.5.2　其他管理窗体

客户信息管理窗体、产品信息管理窗体、产品种类信息管理窗体的实现代码与销售员信息管理窗体基本相似，在此不再赘述，请读者自行完成。

14.6　销售信息管理模块的创建

销售信息管理模块主要实现如下功能：
1）订单管理。
2）订单信息查询统计。
①按照订单编号。
②按照销售员。
③按照客户。
④按照产品。
⑤按照产品分类。

14.6.1　订单管理

与销售员信息管理窗体的代码实现基本相似，在此不再赘述，请读者自行完成。

14.6.2　订单信息查询统计

订单可以按照各种方式进行查询，本程序只列出了几种常见的方式，读者可以自己补充其他的查询方式。

1. 按照订单编号

选择"销售信息管理"→"订单信息查询统计"→"按照订单编号"菜单，出现如图 14-19 所示的查询窗体。

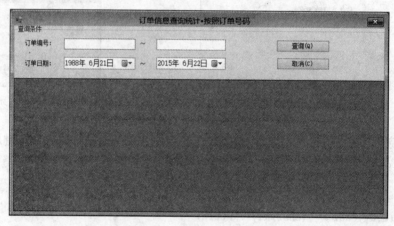

图 14-19　按订单编号查询窗体

查询操作需要选择订单编号区间和订单日期区间，单击"查询"按钮，查询结果将显示在表格中。代码如下：

```
DataView myDataView;
private void btnQuery_Click(object sender, EventArgs e)
{
    string strSQL = "SELECT * FROM F_OrderInfoByID('" + (txtNo1.Text == "" ? "00000" :
txtNo1.Text) + "','" +
        (txtNo2.Text == "" ? "99999" : txtNo2.Text) + "','" + dtpDate1.Value.
ToShortDateString() + "','" +
        dtpDate2.Value.ToShortDateString() + "') Order by OrderID";

    DataBase db = new DataBase();
    myDataView = db.RunSelectSQL(strSQL);
    grdQuery.DataSource = null;

    if (myDataView.Count <= 0)
    {
        MessageBox.Show("没有查询到记录。", this.Text, MessageBoxButtons.OK,
MessageBoxIcon.Warning);
        db.Close();
        return;
    }
```

```
        else
        {
            grdQuery.DataSource = myDataView;
            db.Close();
        }
    }
```

例如，订单编号区间输入 10248 和 10255，订单日期区间输入 2008 年 6 月 21 日和
2015 年 6 月 22 日，查询结果如图 14-20 所示。

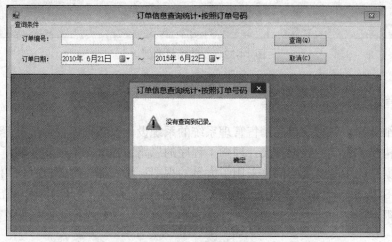

图 14-20　按照订单编号查询

例如，订单日期区间输入 2010 年 6 月 21 日和 2015 年 6 月 22 日，查询结果为空时，
查询结果如图 14-21 所示。

图 14-21　订单信息查询统计·按照订单号码

对于其他查询窗体，请参照订单编号查询窗体的代码自行完成。

14.7 帮助模块的创建

帮助信息是应用程序必不可少的一部分，拥有友好的帮助系统是成熟软件产品的重要

标志。由于这不是本章的重点内容，所以请读者使用 Microsoft Help WorkShop 或者其他的帮助系统制作软件自己完成。

14.8 项目的编译和发行

完成项目的编程和调试工作后，下一步就是项目的编译生成和解决方案的编译生成。解决方案编译生成后，可以再创建一个安装和部署项目来发行该项目。

单击"文件"→"新建 | 项目"菜单，在新建项目模板中选择"其他项目类型"下的"安装项目"模板，将该项目命名为 SalesSetup。如图 14-22 所示。用户可以使用系统提供的安装向导，按步骤创建部署项目。

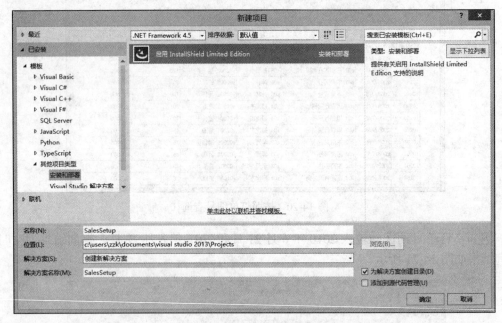

图 14-22　安装项目的创建

14.9 本章小结

本章详细介绍了一个简单的销售管理系统的系统设计及数据库设计部分等。系统设计为整个程序构建了骨架，数据库设计理顺了程序的思路，各个功能模块实现了各个细节部分。作为数据库应用的一个实例，采用了大量的视图、触发器、存储过程、用户自定义函数来实现对 SQL Server 2014 数据库的快速、高效访问，简化了程序代码，增强了程序的可读性和可维护性。

附录 样本数据库

1. 销售员信息表（Seller）

编号	姓名	性别	出生年月	雇佣日期	地址	电话
s01	张颖	女	1968-12-08	1992-05-01	复兴门 245 号	(010) 65559857
s02	王伟	男	1962-02-19	1992-08-14	罗马花园 890 号	(010) 65559482
s03	李芳	女	1973-08-30	1992-04-01	芍药园小区 78 号	(010) 65553412
s04	郑建杰	男	1968-09-19	1993-05-03	前门大街 789 号	(010) 65558122
s05	赵军	男	1965-03-04	1993-10-17	学院路 78 号	(010) 65554848
s06	孙林	男	1967-07-02	1993-10-17	阜外大街 110 号	(010) 65557773
s07	金士鹏	男	1960-05-29	1994-01-02	成府路 119 号	(010) 65555598
s08	刘英玫	女	1969-01-09	1994-03-05	建国门 76 号	(010) 65551189
s09	张雪眉	女	1969-07-02	1994-11-15	永安路 678 号	(010) 65554444

2. 客户信息表（Customer）

客户编号	公司名称	联系人	公司地址	邮政编码	电话
c01	三川实业有限公司	刘小姐	大崇明路 50 号	343567	(030) 30074321
c02	东南实业	王先生	承德西路 80 号	234575	(030) 35554729
c03	坦森行贸易	王炫皓	黄台北路 780 号	985060	(0321) 5553932
c04	国顶有限公司	方先生	天府东街 30 号	890879	(0571) 4555778
c05	通恒机械	黄小姐	东园西甲	798089	(0921) 9123465
c06	森通	王先生	常保阁东 80 号	787045	(030) 30058460
c07	国皓	黄雅玲	发北路 10 号	565479	(0671) 8860153
c08	迈多贸易	陈先生	临翠大街 80 号	907987	(091) 85552282
c09	光明杂志	谢丽秋	黄石路 50 号	760908	(0571) 4555121

3. 产品种类信息表（Category）

产品种类编号	产品种类名称	产品描述
1	饮料	软饮料、咖啡、茶、啤酒和淡啤酒
2	调味品	香甜可口的果酱、调料、酱汁和调味品
3	点心	甜点、糖和面包

4. 产品信息表（Product）

产品编号	产品名称	产品种类编号	价格	库存量
p01001	啤酒	1	6	111
p01002	蜜桃汁	1	4	200
p01003	绿茶	1	54	170

（续）

产品编号	产品名称	产品种类编号	价格	库存量
p01004	牛奶	1	1.5	170
p01005	矿泉水	1	2.5	520
p01006	苹果汁	1	3	390
p01007	汽水	1	2	200
p02001	蚝油	2	19	270
p02002	盐	2	1	530
p02003	麻油	2	8	0
p02004	酱油	2	4.5	120
p02005	胡椒粉	2	5	60
p02006	味精	2	2	390
p02007	番茄酱	2	1.2	130
p03001	蛋糕	3	9.5	360
p03002	薯条	3	5	100
p03003	山楂片	3	3.5	170
p03004	饼干	3	5.8	290
p03005	巧克力	3	9	760

5. 订单信息表（Orders）

订单编号	客户编号	销售员编号	订单日期
10248	c01	s05	2008-07-04
10248	c01	s05	2008-07-05
10249	c02	s06	2008-07-08
10250	c03	s04	2008-07-08
10251	c02	s03	2008-07-09
10252	c04	s04	2008-07-10
10253	c03	s03	2008-07-11
10254	c05	s05	2008-07-12

6. 订单详细信息表（OrderDetail）

订单编号	产品编号	订货数量
10248	p01003	50
10248	p01005	100
10248	p02002	120
10249	p01005	90
10249	p03001	100
10250	p01001	80
10250	p01002	70
10250	p02004	45
10251	p02005	75
10251	p03001	86
10251	p03002	40

（续）

订单编号	产品编号	订货数量
10252	p01005	25
10252	p01006	50
10252	p03002	45
10253	p01001	42
10253	p02002	40
10253	p02004	20
10254	p01007	87
10254	p03001	47
10254	p03004	21
10255	p01006	30
10255	p02001	20
10255	p02006	55
10255	p03001	87

参 考 文 献

［1］ Paul Atkinson. SQL Server2012 编程入门经典［M］. 王军，牛志玲，译. 4 版 . 北京：清华大学出版社，2013.

［2］ 王英英，张少军，刘增杰. SQL Server 2012 从零开始学［M］. 北京：清华大学出版社，2012.

［3］ 王征，吕雷. SQL Server 2008 中文版关系数据库基础与实践教程［M］. 北京：电子工业出版社，2009.

［4］ 刘智勇，刘径舟. SQL Server2008 宝典 [M]. 北京：电子工业出版社，2010.

［5］ 崔群法，祝红涛，赵喜来. SQL Server2008 中文版从入门到精通［M］. 北京：电子工业出版社，2010.

［6］ Joseph Sack. SQL+Server+2008 实战［M］. 金迎春，译. 北京：人民邮电出版社，2010.

［7］ SQL Server 2014 联机丛书［OL］. https://msdn.microsoft.com/zh-cn/library/ms130214.aspx.

［8］ 刘志成，陈承欢，吴海波. SQL Server 2005 实例教程［M］. 北京：电子工业出版社，2008.

［9］ 郭江峰，刘芳副. SQL Server 2005 数据库技术与应用［M］. 北京：人民邮电出版社，2007.

［10］ 周惠，施乐军，周阿连，张津铭. 数据库应用技术（SQL Server 2005）［M］. 北京：人民邮电出版社，2009.

［11］ 萨师煊，王珊. 数据库系统概论［M］. 3 版. 北京：高等教育出版社，2002.

［12］ 刘瑞挺. 全国计算机等级考试数据库技术三级教程［M］. 北京：清华大学出版社，2000.

推荐阅读

大数据分析：数据驱动的企业绩效优化、过程管理和运营决策

作者：Thomas H. Davenport ISBN：978-7-111-49184-2 定价：59.00元

统计学习导论——基于R应用

作者：加雷斯·詹姆斯 等 ISBN：978-7-111-49771-4 定价：79.00元

机器学习与R语言

作者：Brett Lantz ISBN：978-7-111-49157-6 定价：69.00元

商务智能：数据分析的管理视角（原书第3版）

作者：拉姆什·沙尔达 等 ISBN：978-7-111-49439-3 定价：69.00元

推荐阅读

深入理解计算机系统（第2版）

作者：Randal E. Bryant David R. O'Hallaron
译者：龚奕利 雷迎春
中文版：978-7-111-32133-0，99.00元
英文版：978-7-111-32631-1，128.00元

计算机系统概论（第2版）

作者：Yale N. Patt Sanjay J. Patel
译者：梁阿磊 蒋兴昌 林凌
中文版：7-111-21556-1，49.00元
英文版：7-111-19766-6，66.00元

数字设计和计算机体系结构（第2版）

作者：David Harris Sarah Harris
译者：陈俊颖
英文版：978-7-111-44810-5，129.00元
中文版：2016年4月出版

计算机系统：系统架构与操作系统的高度集成

作者：Umakishore Ramachandran William D. Leahy, Jr
译者：陈文光 等
中文版：978-7-111-50636-2，99.00元
英文版：978-7-111-31955-9，69.00元